Number Bonds Essentials

Mastering Addition and Subtraction

1st-3rd Grades

This Book Belongs To:

_____

Tips for Parents

Welcome to the "Number Bonds Essentials: Mastering Addition and Subtraction"! We are excited to have you and your child embark on this math journey together. Here are some tips to help you support your child in making the most out of this workbook:

Create a Positive Learning Environment

• **Set a Routine:** Establish a regular time each day for your child to work on their math exercises. Consistency helps build good study habits.

• **Comfortable Space:** Ensure your child has a quiet, well-lit, and comfortable place to work on the workbook.

Engage with the Material

• **Work Together:** Spend time with your child as they work through the problems. Encourage them and provide guidance when needed.

• **Ask Questions:** Stimulate your child's thinking by asking open-ended questions like, "How did you get that answer?" or "Can you explain your thinking?"

Encourage a Growth Mindset

• **Celebrate Efforts:** Praise your child for their effort and persistence, not just for getting the right answers. This helps build resilience and a positive attitude toward learning.

• **Learn from Mistakes:** Help your child see mistakes as learning opportunities. Discuss what went wrong and how to approach the problem differently.

Utilize the Workbook Features

• **Instruction Pages:** Read through the problem-solving instructions with your child to ensure they understand how to use the two-step number bonds.

• **Varying Difficulty:** Start with problems that match your child's current skill level and gradually move to more challenging ones as they gain confidence.

• **Answer Key:** Use the answer key at the back of the book to check your child's work. Review any incorrect answers together and discuss how to find the correct solution.

Make Learning Fun

• **Incorporate Games:** Turn some of the exercises into fun games or challenges. Use small rewards to motivate your child.

• **Use Real-Life Examples:** Relate number bonds to everyday activities, like counting toys, snacks, or steps, to make learning more relevant and engaging.

Monitor Progress

• **Track Improvements:** Keep a record of your child's progress. Note areas of strength and areas that need more practice.

• **Set Goals:** Set achievable goals and celebrate when your child reaches them. This helps maintain motivation and a sense of accomplishment.

Encourage Independence

• **Build Confidence:** Gradually encourage your child to work independently. Start by offering support, then slowly reduce your involvement as their confidence grows.

• **Problem-Solving Skills:** Teach your child strategies to approach difficult problems, such as breaking them into smaller steps or drawing a picture.

By following these tips, you can create a supportive and encouraging environment that helps your child thrive in their math studies. Thank you for partnering with us to make math learning a positive and rewarding experience for your child!

Table of Contents

Understanding Number Bonds

Addition & Subtraction

Two Step Number Bonds Problem-Solving Instruction

Basic Number Bonds

Advanced Number Bonds

Answer Key

Number Bonds

Understanding Number Bonds

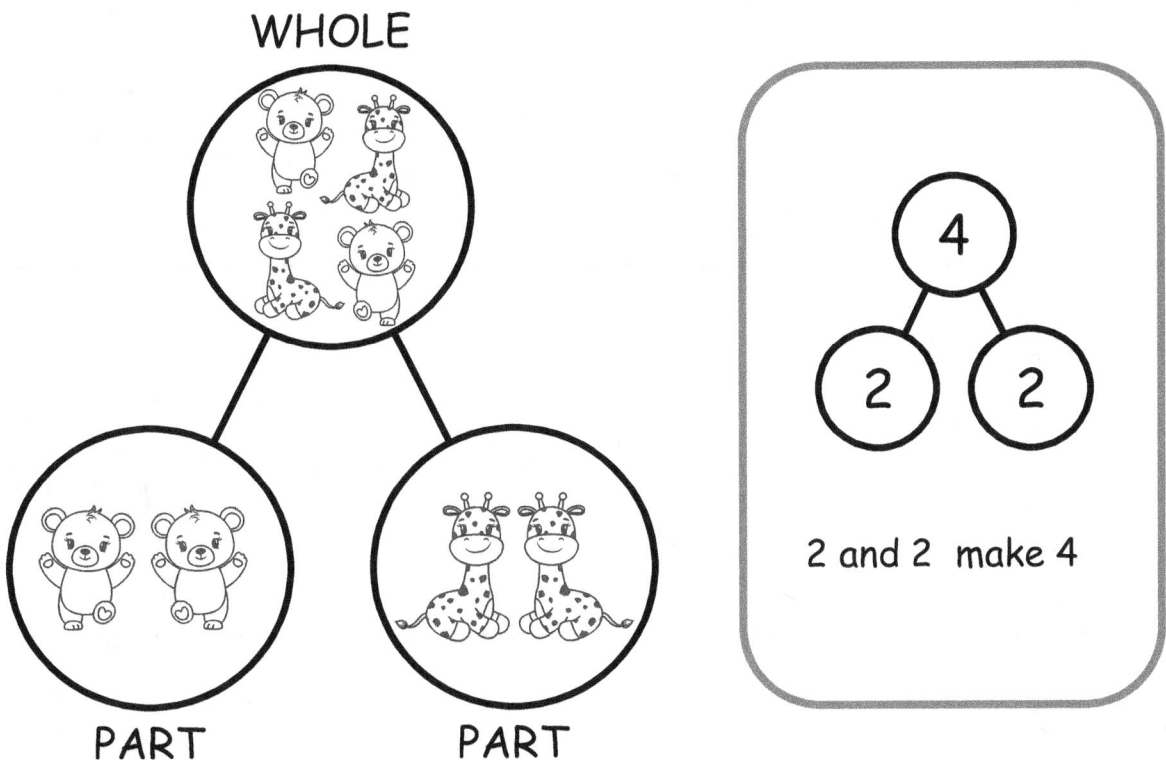

Number bonds help us understand how numbers work together. In a number bond, we have:
- **Whole**: The total amount.
- **Parts**: The pieces that make up the whole.

In a number bond, the whole is the sum of its parts. We can use this to learn addition and subtraction.

Numbers as a Whole, Made Up of Parts

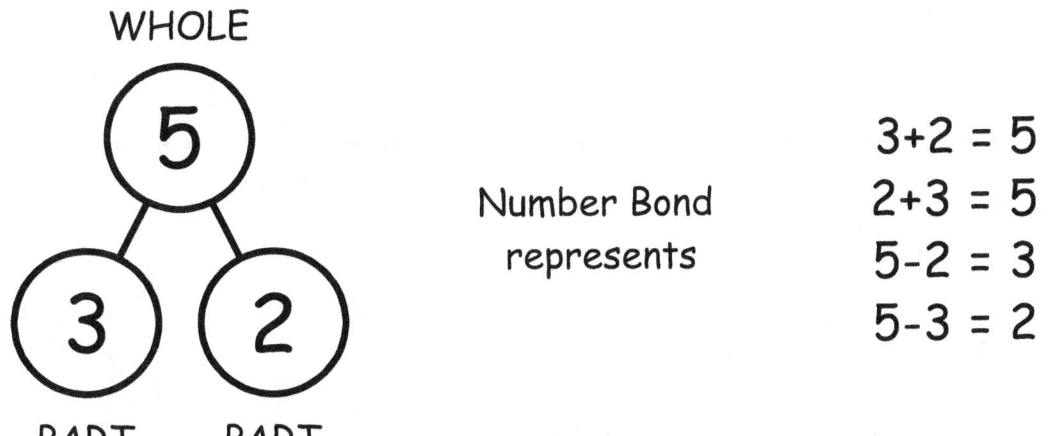

WHOLE

Number Bond represents

$3+2 = 5$
$2+3 = 5$
$5-2 = 3$
$5-3 = 2$

PART   PART

Addition

1 + 4 = 5

 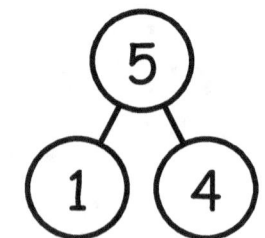

2 + 3 = 5

 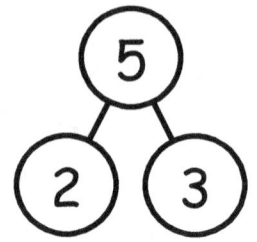

3 + 2 = 5

 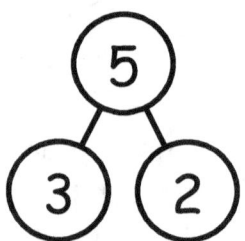

4 + 1 = 5

 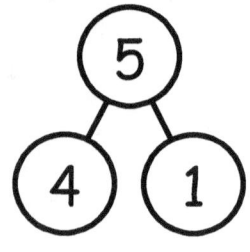

5 + 0 = 5

 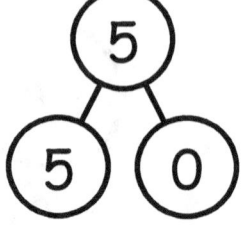

Subtraction

$5 - 1 = 4$

5
1   4

$5 - 2 = 3$

5
2   3

$5 - 3 = 2$

5
3   2

$5 - 4 = 1$

5
4   1

$5 - 5 = 0$

5
5   0

Number Bonds Problem-Solving Instruction

Example Number Bonds

Let's look at the example number bonds provided:

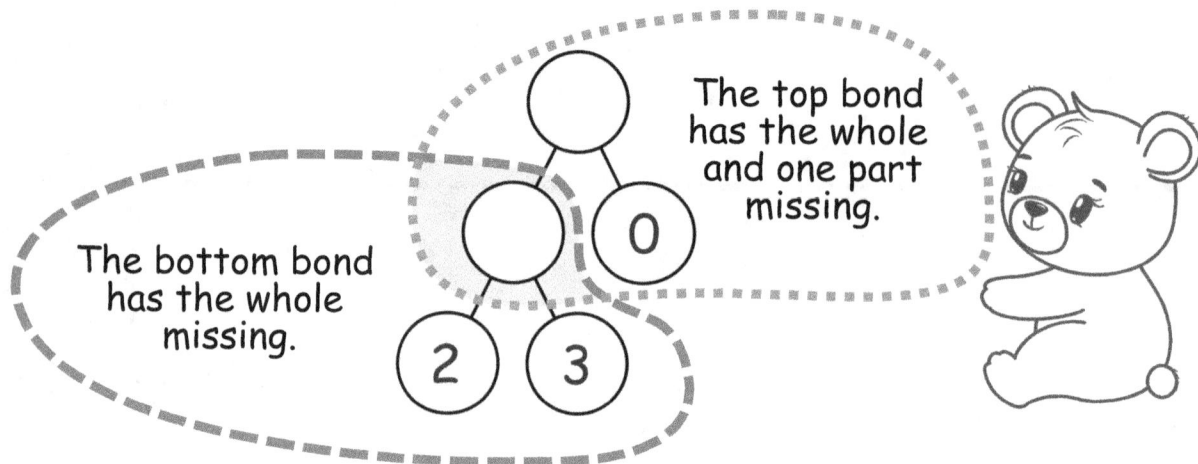

In this picture, we have two number bonds that are connected:
- The top bond has a whole that is unknown.
- The bottom bond has two parts, 2 and 3, which add up to form the whole of the bottom bond. This whole is part of the top bond.

Steps to Solve the Number Bonds

Step 1: Solve the Bottom Bond

1. **Identify the Parts**: Look at the two numbers in the parts circles of the bottom bond.
 - Part 1: **2**
 - Part 2: **3**
2. **Add the Parts Together**: To find the whole of the bottom bond, add the two parts.

$$2 + 3 = 5$$

3. **Fill in the Whole**: Write the sum in the whole circle of the bottom bond.
 - Whole (of the bottom bond): **5**

Step 2: Solve the Top Bond

   1. **Identify the Whole of the Bottom Bond as a Part of the Top Bond**: The whole from the bottom bond becomes one of the parts in the top bond.

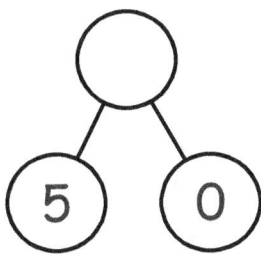

- Part 1 (from bottom bond whole): **5**
- Part 2: **0**
   2. **Add the Parts Together**: To find the whole of the top bond, add the two parts.

$$5 + 0 = 5$$

   3. **Fill in the Whole**: Write the sum in the whole circle of the top bond.
- Whole (of the top bond): **5**

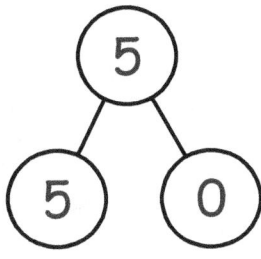

Complete the Number Bonds

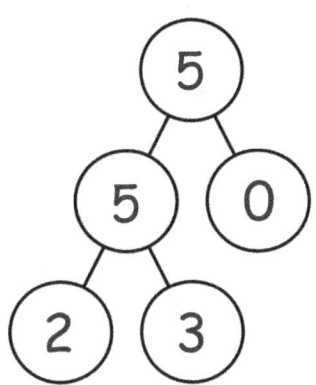

Now, we complete the number bonds:

Now it's your turn! Complete the number bonds next pages.

Number Bonds

Let's create bonds with Numbers 0 - 5.

Date: _____ / _____ / _____

Fill in the empty circle with the missing number.

1.
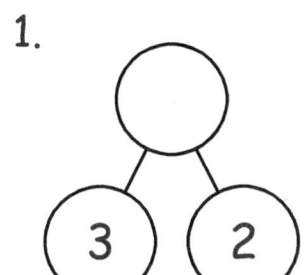

2.
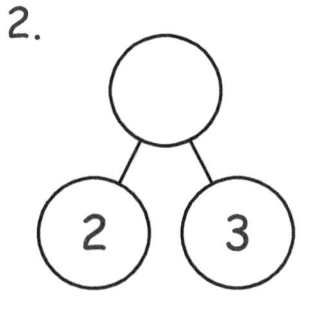

3.
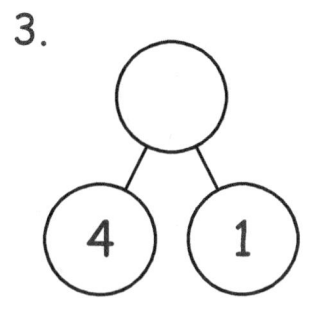

4.
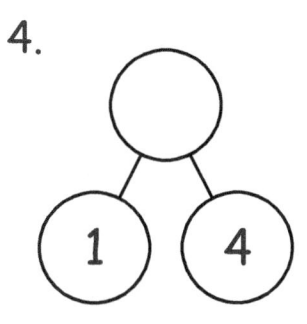

5.
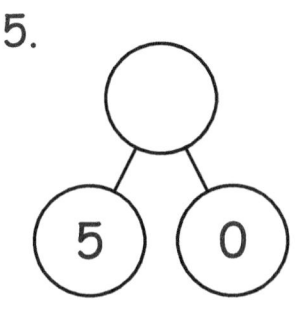

6.
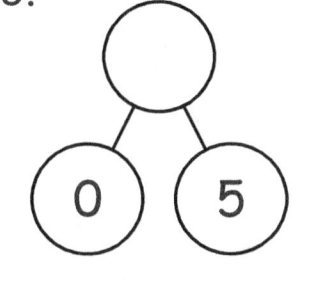

7.
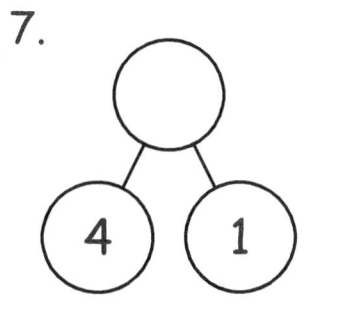

8.
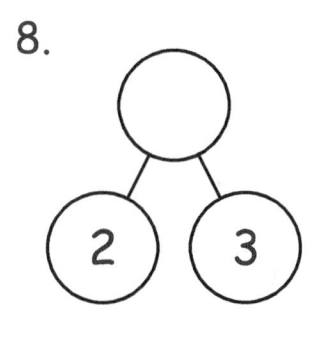

9.
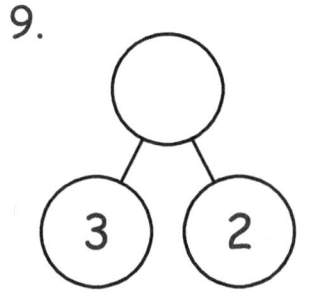

10.
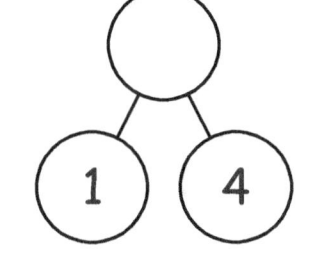

11.
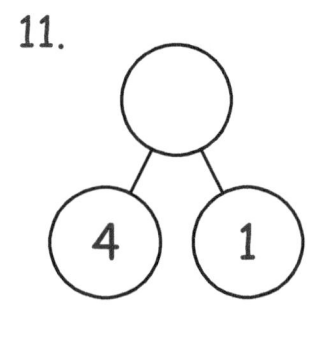

12.
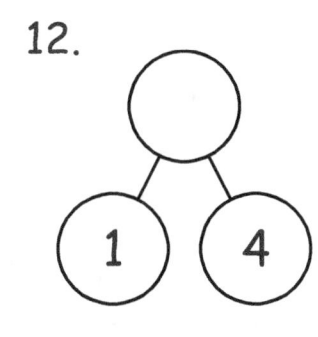

13.
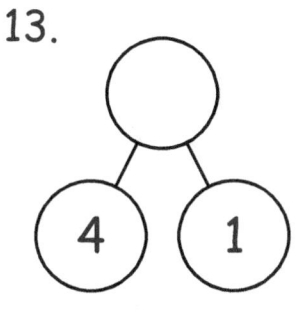

14.
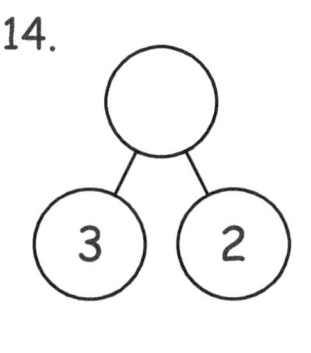

15.
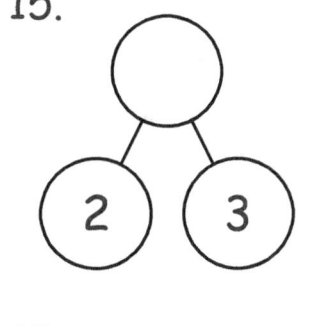

16.
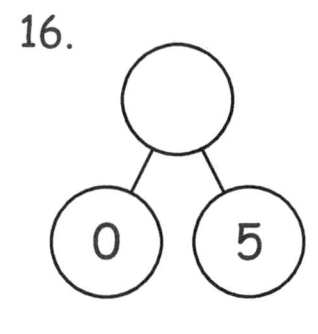

17.
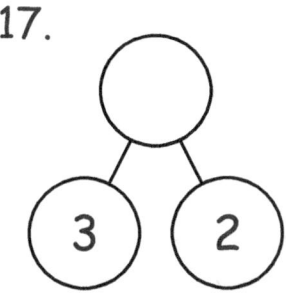

18.
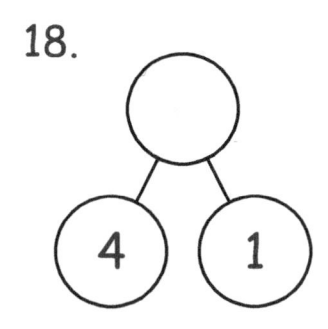

19.
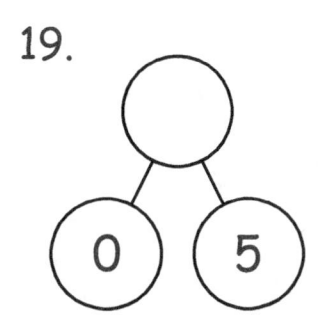

20.
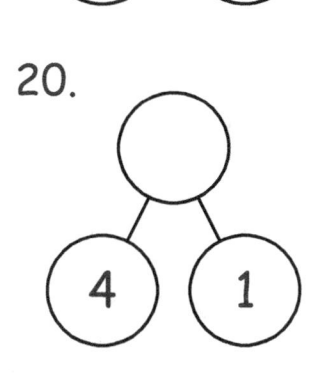

Number Bonds

Let's create bonds with Numbers 0 - 5.

Date: ____ / ____ / _____

Fill in the empty circle with the missing number.

1.
5
◯ 1

2.
5
◯ 2

3.
5
◯ 4

4.
5
◯ 0

5.
5
◯ 3

6.
5
◯ 5

7.
5
◯ 2

8.
5
◯ 0

9.
5
◯ 5

10.
5
◯ 3

11.
5
◯ 2

12.
5
◯ 4

13.
5
◯ 2

14.
5
◯ 4

15.
5
◯ 5

16.
5
◯ 2

17.
5
◯ 5

18.
5
◯ 3

19.
5
◯ 1

20.
5
◯ 5

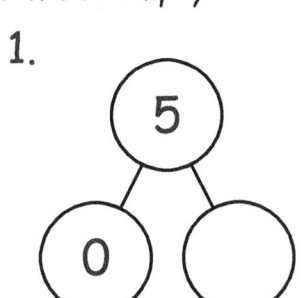

Number Bonds

Let's create bonds with Numbers 0 - 5.

Date: _____ / _____ / _____

Fill in the empty circle with the missing number.

1.
5
0 ◯

2.
5
1 ◯

3.
5
2 ◯

4.
5
5 ◯

5.
5
4 ◯

6.
5
3 ◯

7.
5
4 ◯

8.
5
3 ◯

9.
5
0 ◯

10.
5
4 ◯

11.
5
0 ◯

12.
5
1 ◯

13.
5
3 ◯

14.
5
0 ◯

15.
5
3 ◯

16.
5
0 ◯

17.
5
3 ◯

18.
5
2 ◯

19.
5
1 ◯

20.
5
5 ◯

Number Bonds

Let's create bonds with Numbers 0 - 10.

Date: ___/____/_____

Fill in the empty circle with the missing number.

1.
( )
(10) (0)

2.
( )
(2) (8)

3.
( )
(8) (2)

4.
( )
(4) (6)

5.
( )
(5) (5)

6.
( )
(0) (10)

7.
( )
(9) (1)

8.
( )
(3) (7)

9.
( )
(1) (9)

10.
( )
(7) (3)

11.
( )
(6) (4)

12.
( )
(5) (5)

13.
( )
(9) (1)

14.
( )
(3) (7)

15.
( )
(6) (4)

16.
( )
(3) (7)

17.
( )
(4) (6)

18.
( )
(10) (0)

19.
( )
(0) (10)

20.
( )
(10) (0)

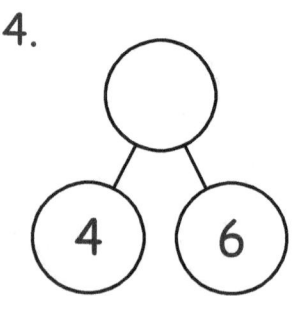
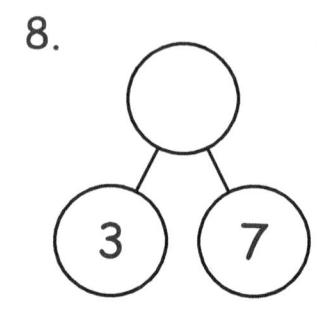
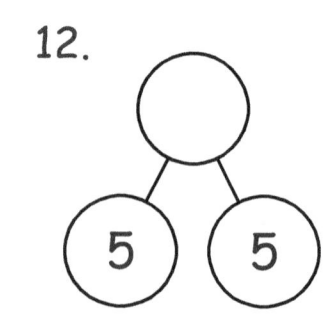
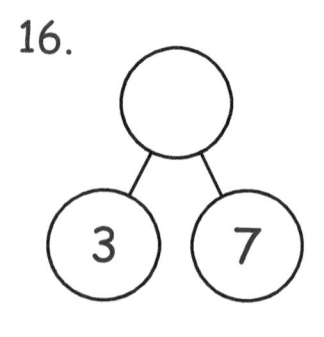
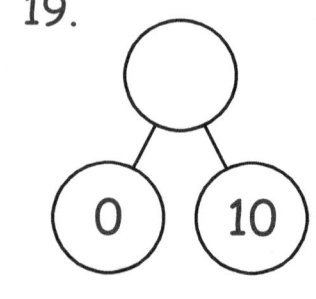
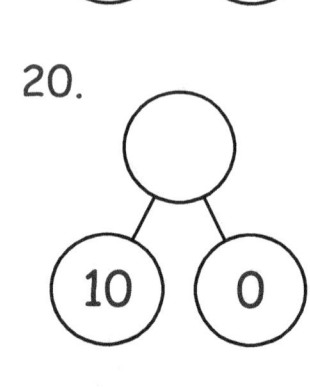

Number Bonds

Let's create bonds with Numbers 0 - 10.

SCORE /20

Date: ___ / ___ / _____

Fill in the empty circle with the missing number.

1.
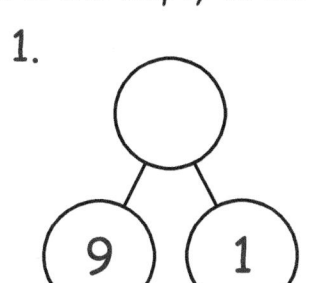

2.
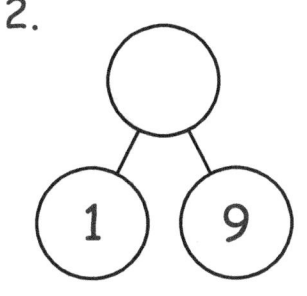

3.
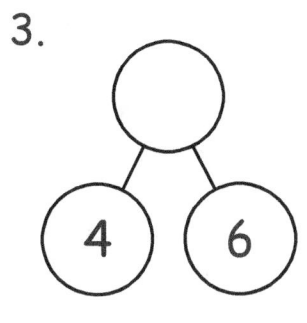

4.
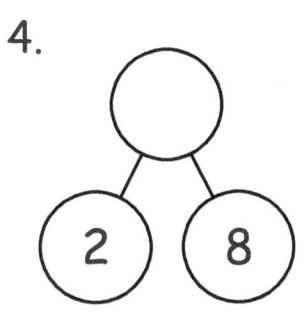

5.
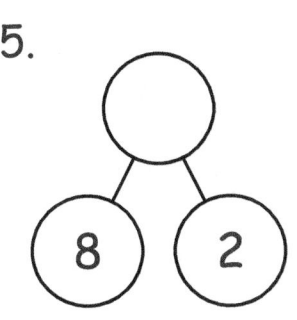

6.
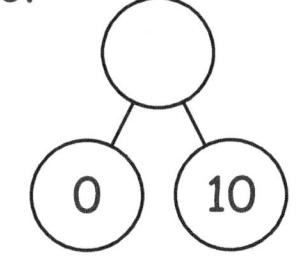

7.
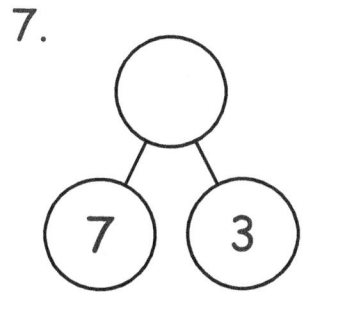

8.
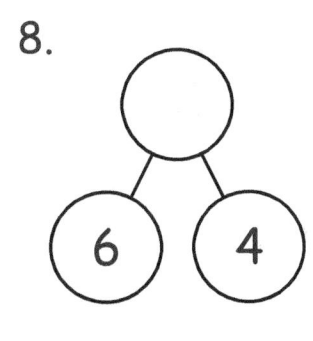

9.
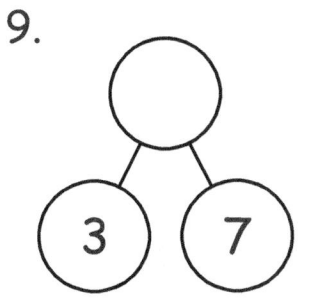

10.
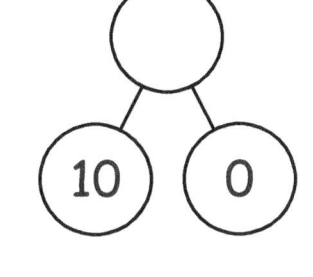

11.
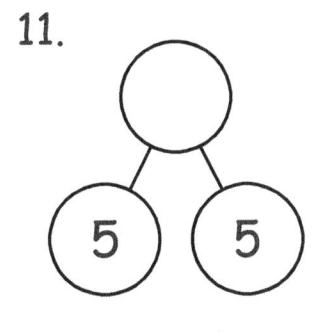

12.
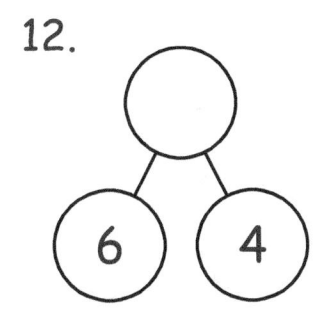

13.
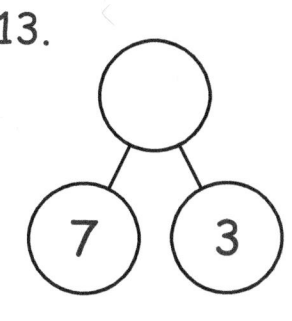

14.
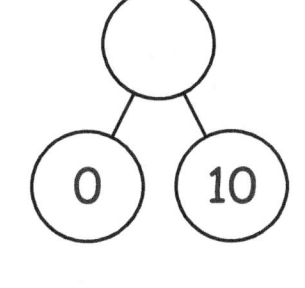

15.
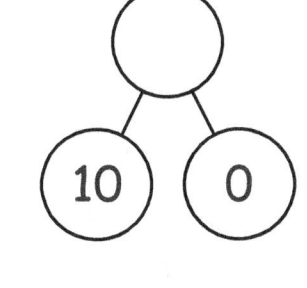

16.
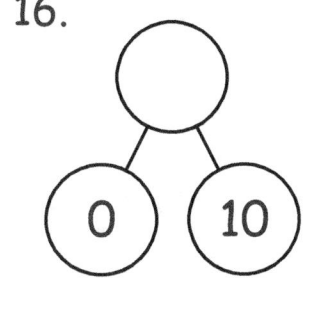

17.
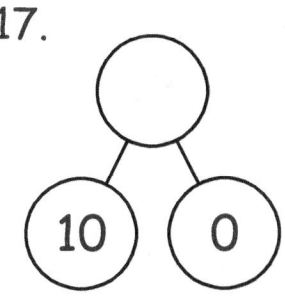

18.
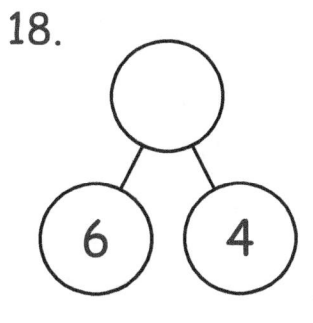

19.
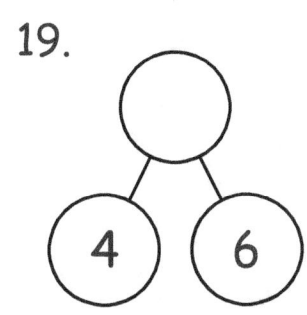

20.
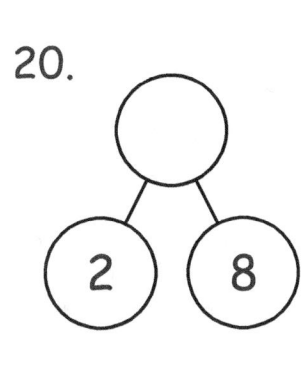

Number Bonds

Let's create bonds with Numbers 0 - 10.

Date: ____/____/____

Fill in the empty circle with the missing number.

1.
10
6

2.
10
9

3.
10
5

4.
10
8

5.
10
3

6.
10
1

7.
10
4

8.
10
10

9.
10
7

10.
10
0

11.
10
2

12.
10
8

13.
10
1

14.
10
0

15.
10
2

16.
10
0

17.
10
6

18.
10
1

19.
10
9

20.
10
0

Number Bonds

Let's create bonds with Numbers 0 - 10.

Date: _____ / _____ / _____

Fill in the empty circle with the missing number.

1.
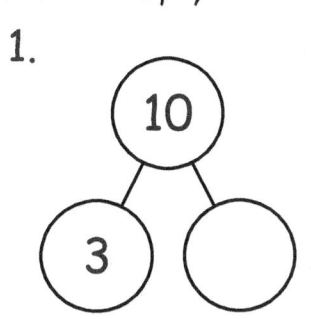

2.
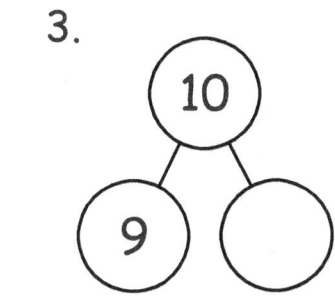

3.

4.

5.
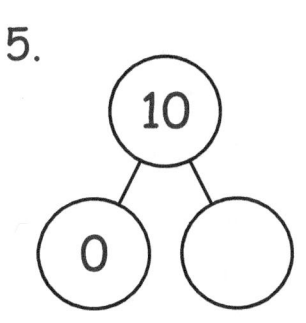

6.
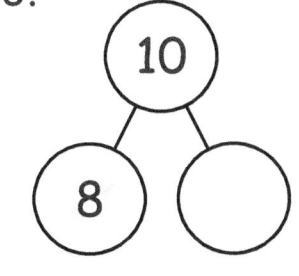

7.
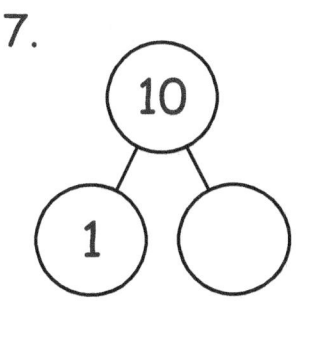

8.
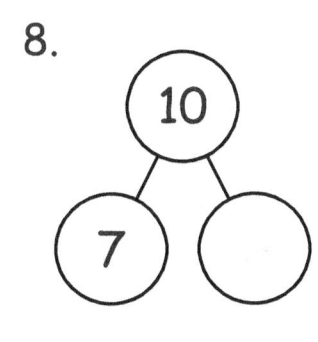

9.
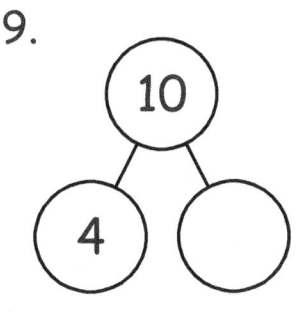

10.
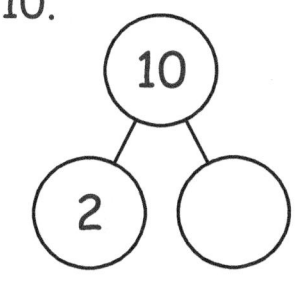

11.
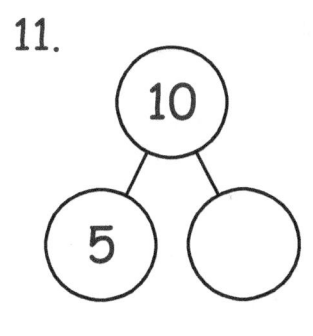

12.
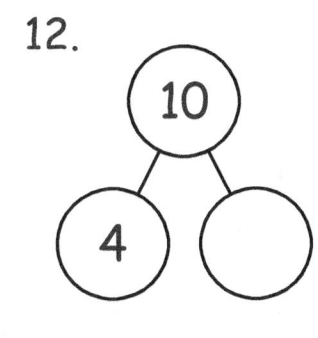

13.
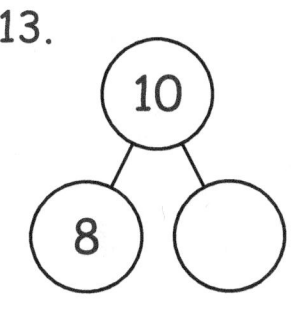

14.
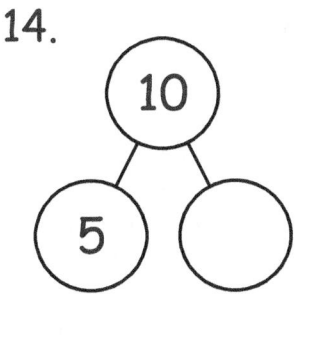

15.
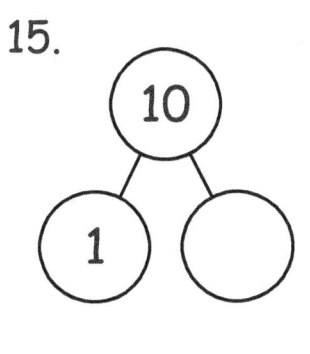

16.
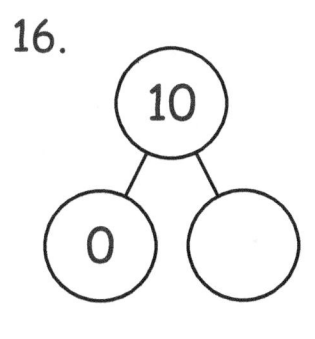

17.
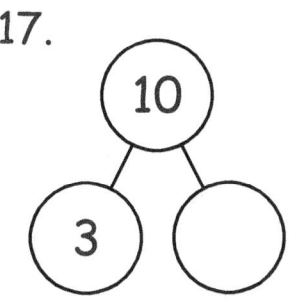

18.
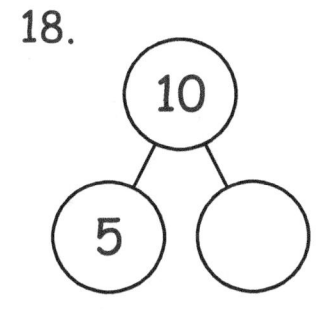

19.
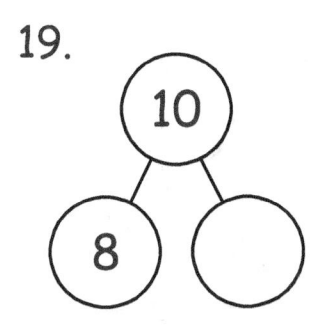

20.
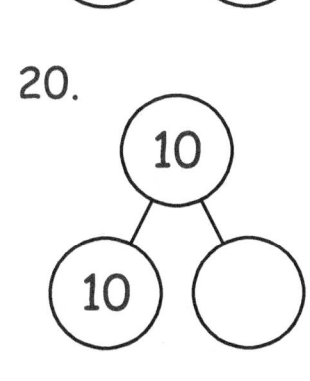

Number Bonds

Let's create bonds with Numbers 0 - 20.

Date: ____/____/_____

Fill in the empty circle with the missing number.

1.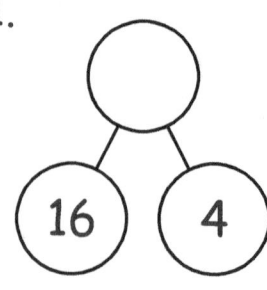
16 4

2.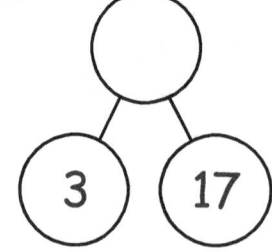
3 17

3.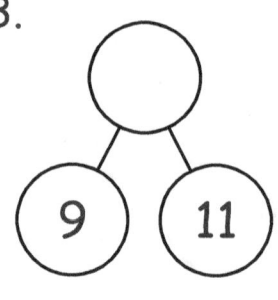
9 11

4.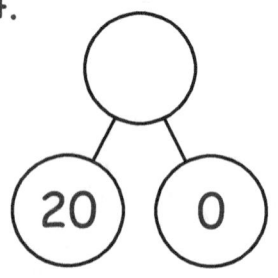
20 0

5.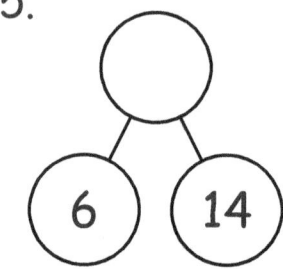
6 14

6.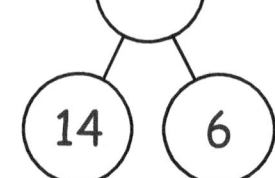
14 6

7.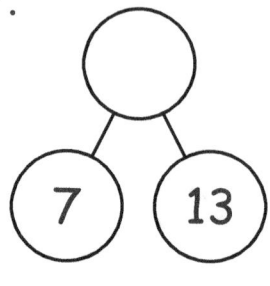
7 13

8.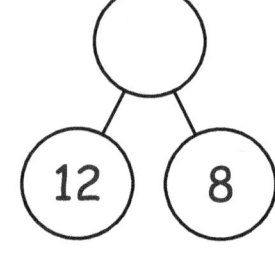
12 8

9.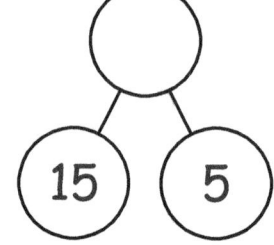
15 5

10.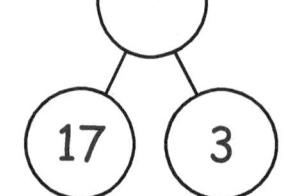
17 3

11.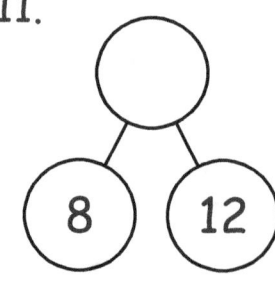
8 12

12.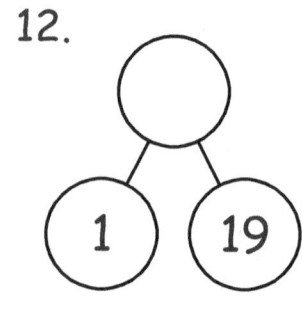
1 19

13.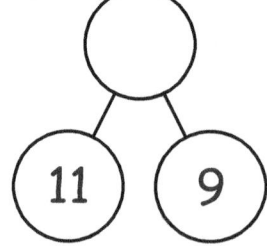
11 9

14.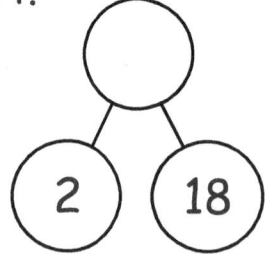
2 18

15.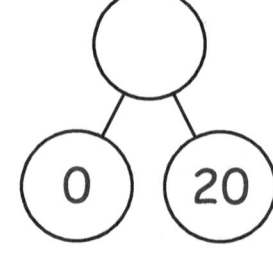
0 20

16.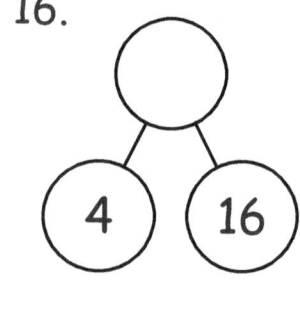
4 16

17.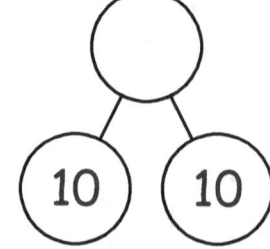
10 10

18.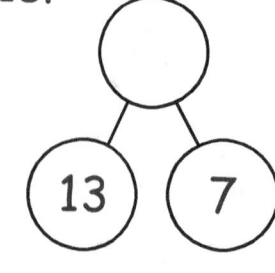
13 7

19.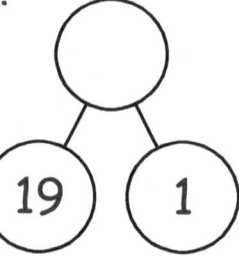
19 1

20.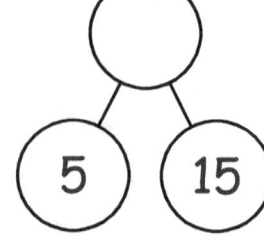
5 15

Number Bonds

Let's create bonds with Numbers 0 - 20.

SCORE /20

Date: ___ / ___ / _____

Fill in the empty circle with the missing number.

1.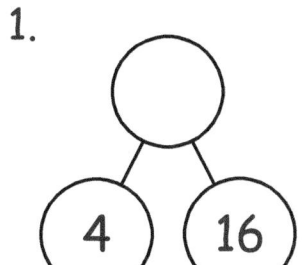
4   16

2.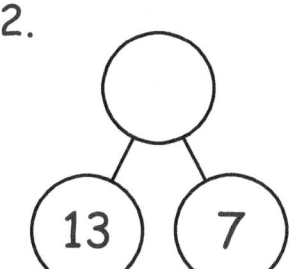
13   7

3.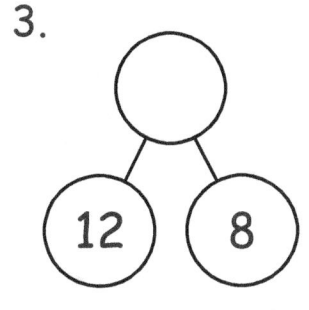
12   8

4.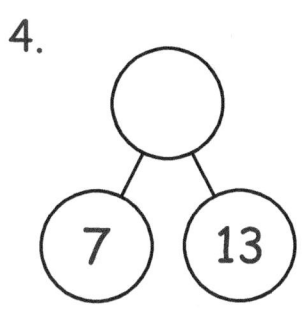
7   13

5.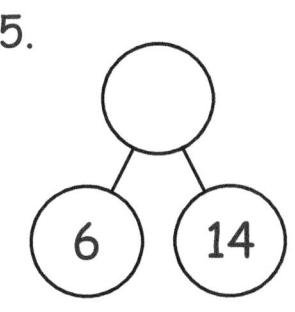
6   14

6.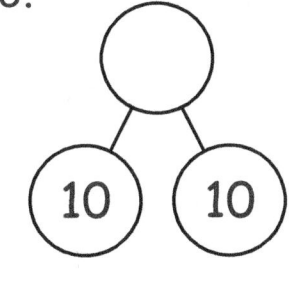
10   10

7.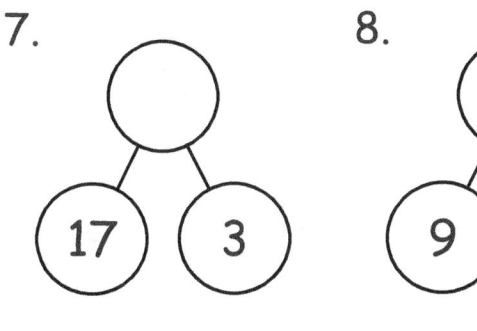
17   3

8.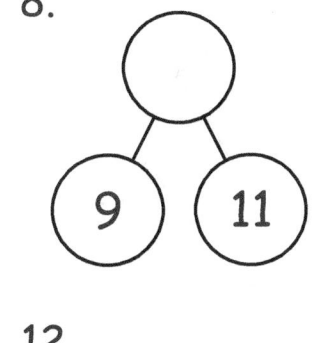
9   11

9.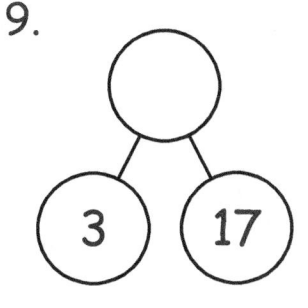
3   17

10.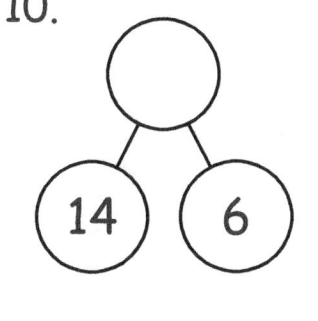
14   6

11.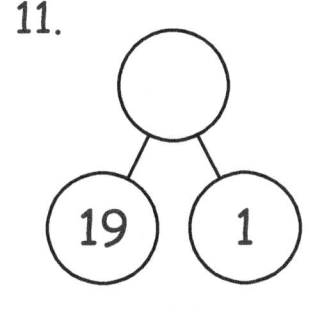
19   1

12.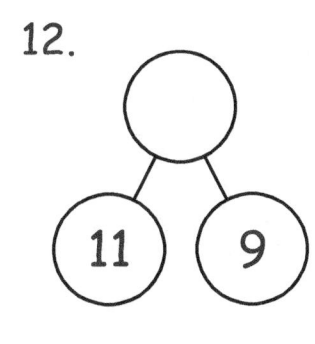
11   9

13.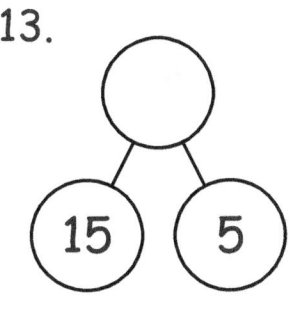
15   5

14.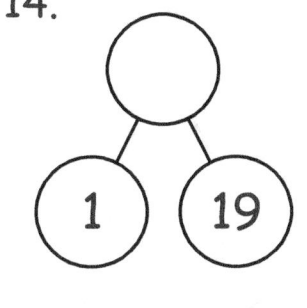
1   19

15.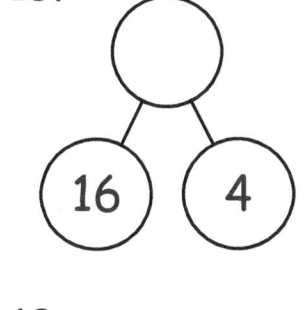
16   4

16.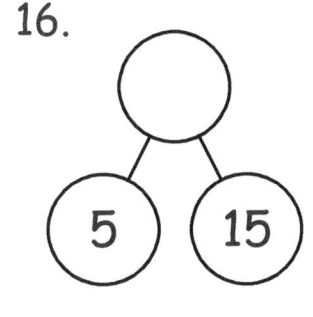
5   15

17.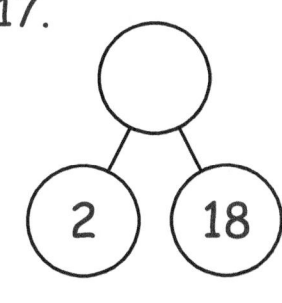
2   18

18.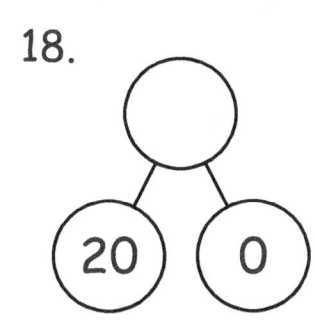
20   0

19.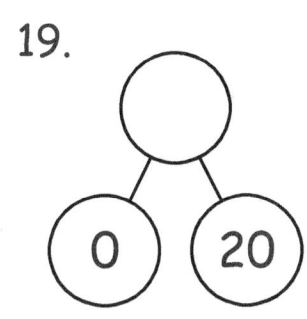
0   20

20.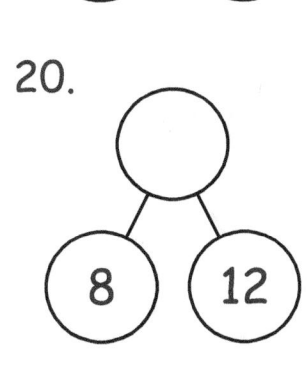
8   12

Number Bonds

Let's create bonds with Numbers 0 - 20.

SCORE

/20

Date: ___/___/___

Fill in the empty circle with the missing number.

1.
20
○ — 0

2.
20
○ — 7

3.
20
○ — 16

4.
20
○ — 12

5.
20
○ — 15

6.
20
○ — 4

7.
20
○ — 13

8.
20
○ — 3

9.
20
○ — 14

10.
20
○ — 1

11.
20
○ — 5

12.
20
○ — 17

13.
20
○ — 9

14.
20
○ — 19

15.
20
○ — 10

16.
20
○ — 20

17.
20
○ — 8

18.
20
○ — 6

19.
20
○ — 2

20.
20
○ — 11

Number Bonds

Let's create bonds with Numbers 0 - 20.

Date: _____ / _____ / _____

Fill in the empty circle with the missing number.

1.   20 / 17 ◯

2.   20 / 10 ◯

3.   20 / 9 ◯

4.   20 / 3 ◯

5.   20 / 20 ◯

6.   20 / 16 ◯

7.   20 / 19 ◯

8.   20 / 2 ◯

9.   20 / 5 ◯

10.   20 / 13 ◯

11.   20 / 4 ◯

12.   20 / 1 ◯

13.   20 / 11 ◯

14.   20 / 8 ◯

15.   20 / 12 ◯

16.   20 / 7 ◯

17.   20 / 14 ◯

18.   20 / 0 ◯

19.   20 / 15 ◯

20.   20 / 6 ◯

SCORE

/20

Number Bonds

Let's create bonds with Numbers 0 - 30.

Date: ____/_____/_____

Fill in the empty circle with the missing number.

1.
( )
(9) (21)

2.
( )
(14) (16)

3.
( )
(2) (28)

4.
( )
(24) (6)

5.
( )
(11) (19)

6.
( )
(4) (26)

7.
( )
(28) (2)

8.
( )
(7) (23)

9.
( )
(13) (17)

10.
( )
(18) (12)

11.
( )
(23) (7)

12.
( )
(10) (20)

13.
( )
(27) (3)

14.
( )
(29) (1)

15.
( )
(12) (18)

16.
( )
(6) (24)

17.
( )
(1) (29)

18.
( )
(8) (22)

19.
( )
(26) (4)

20.
( )
(19) (11)

Number Bonds

Let's create bonds with Numbers 0 - 30.

Date: _____ / _____ / _____

Fill in the empty circle with the missing number.

1.
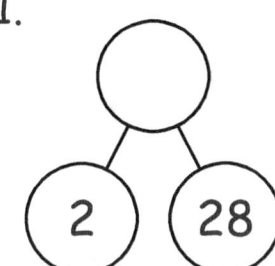
2 28

2.
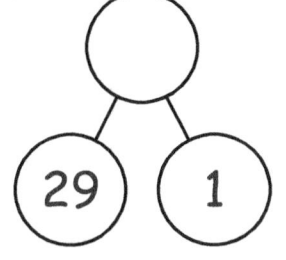
29 1

3.
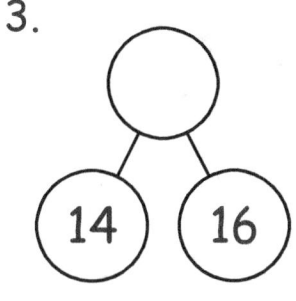
14 16

4.
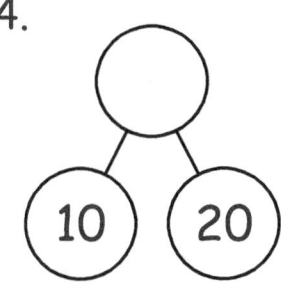
10 20

5.
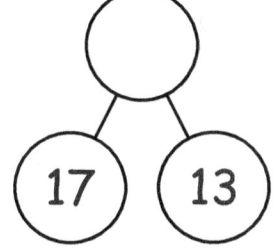
17 13

6.
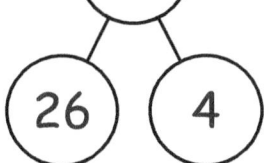
26 4

7.
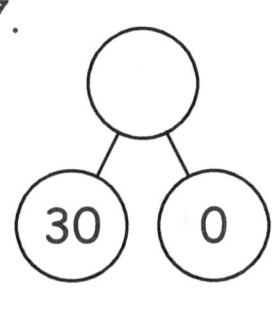
30 0

8.
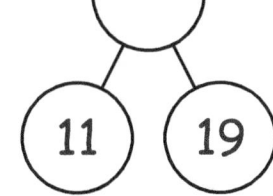
11 19

9.
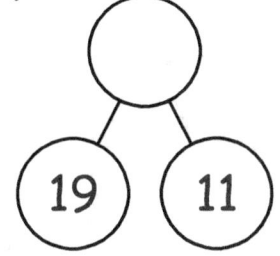
19 11

10.
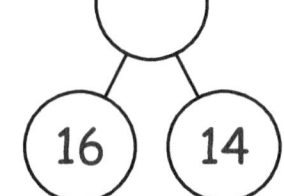
16 14

11.
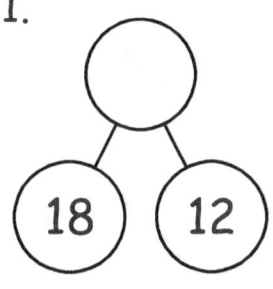
18 12

12.
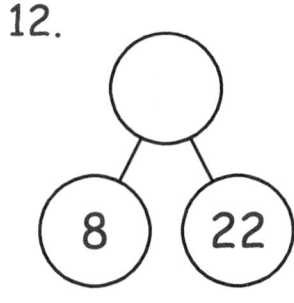
8 22

13.
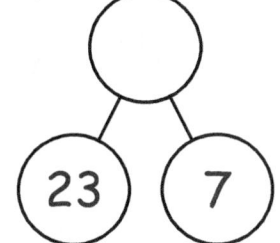
23 7

14.
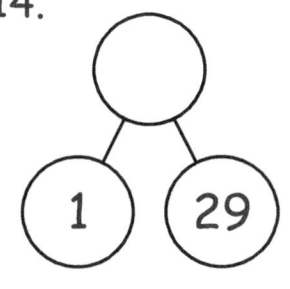
1 29

15.
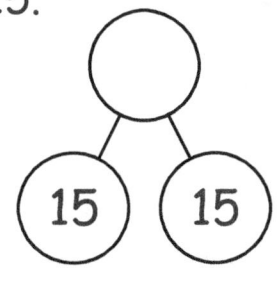
15 15

16.
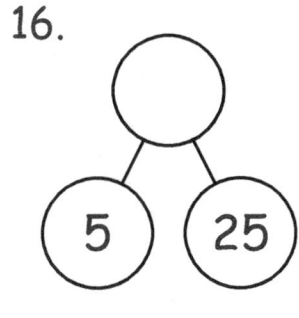
5 25

17.
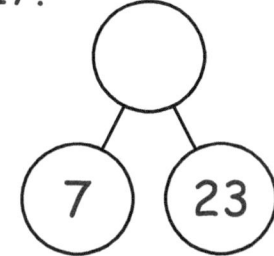
7 23

18.
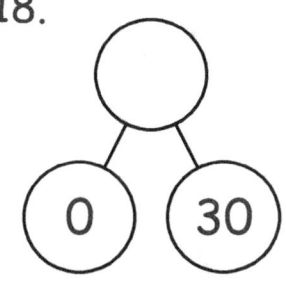
0 30

19.
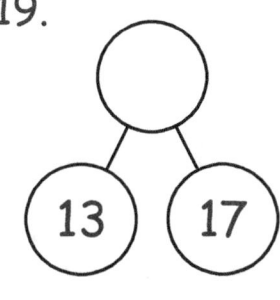
13 17

20.
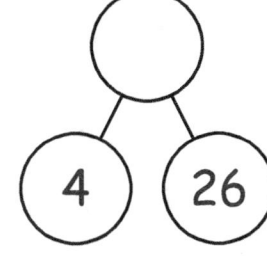
4 26

SCORE	
	/20

Number Bonds

Let's create bonds with Numbers 0 - 30.

P AGE
14

Date: ___/___/_____

Fill in the empty circle with the missing number.

1.
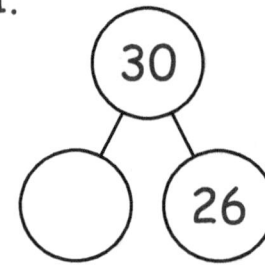

2.
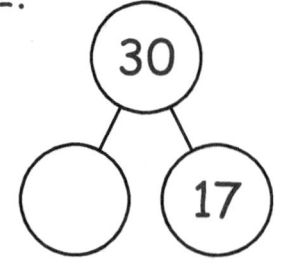

3.
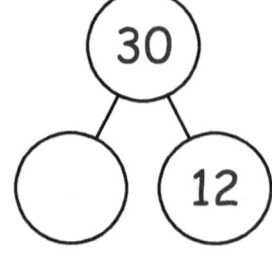

4.
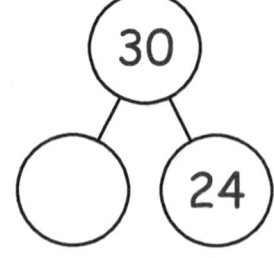

5.
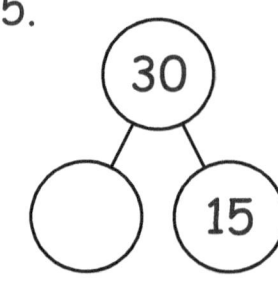

6.
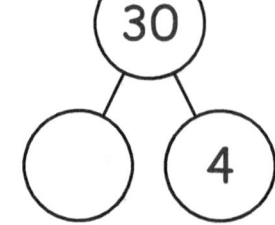

7.
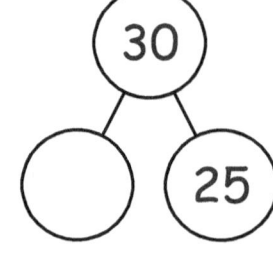

8.
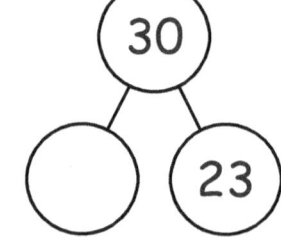

9.
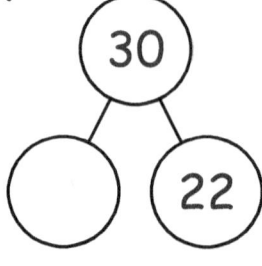

10.
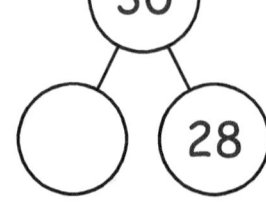

11.
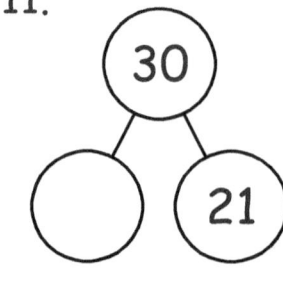

12.
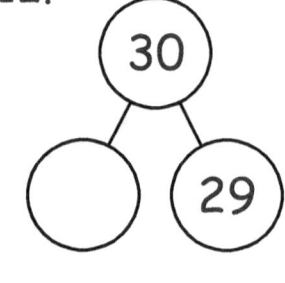

13.
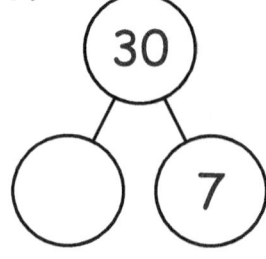

14.
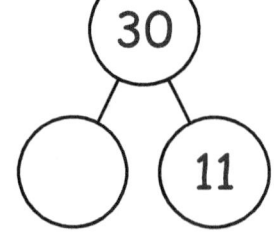

15.
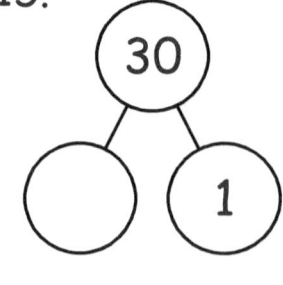

16.
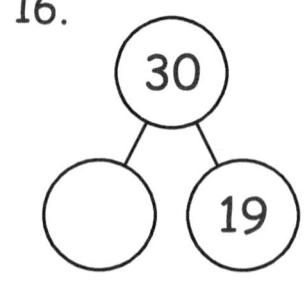

17.
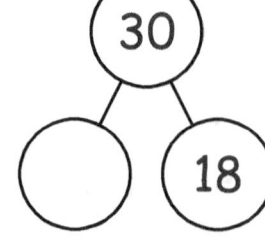

18.
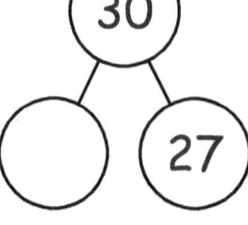

19.
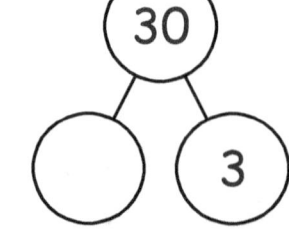

20.
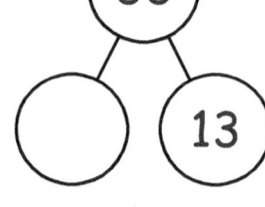

Number Bonds

SCORE /20

Let's create bonds with Numbers 0 - 30.

Date: ____ / ____ / ____

Fill in the empty circle with the missing number.

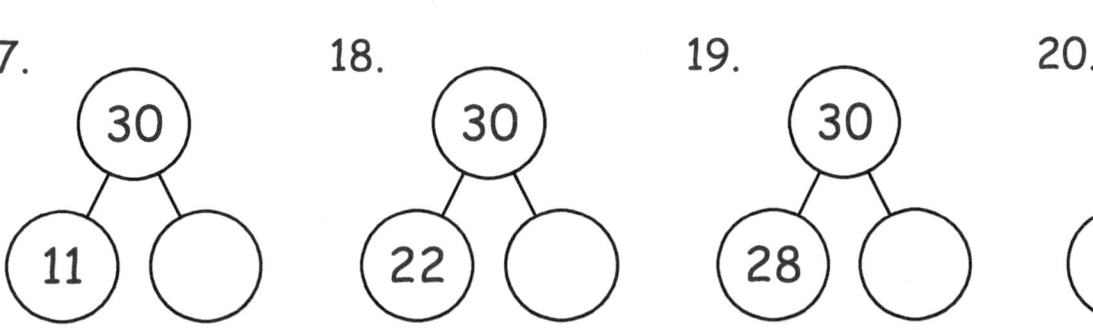

1.
30
2

2.
30
29

3.
30
12

4.
30
4

5.
30
3

6.
30
16

7.
30
18

8.
30
0

9.
30
9

10.
30
1

11.
30
21

12.
30
23

13.
30
10

14.
30
14

15.
30
24

16.
30
25

17.
30
11

18.
30
22

19.
30
28

20.
30
19

SCORE

/20

Number Bonds

Let's create bonds with Numbers 0 - 40.

Date: ___/___/_____

Fill in the empty circle with the missing number.

1.
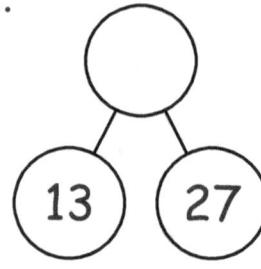
13 27

2.
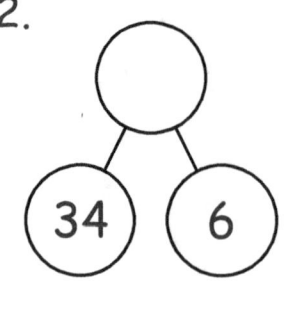
34 6

3.
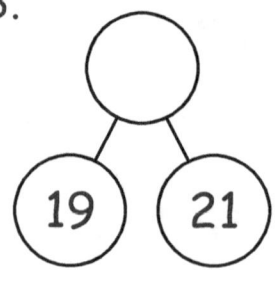
19 21

4.
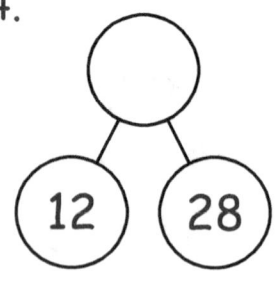
12 28

5.
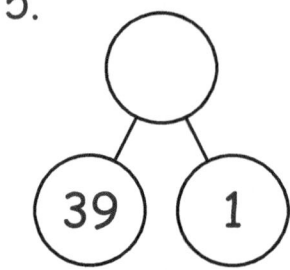
39 1

6.
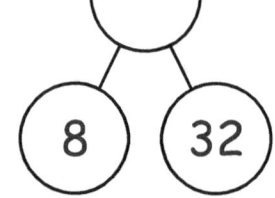
8 32

7.
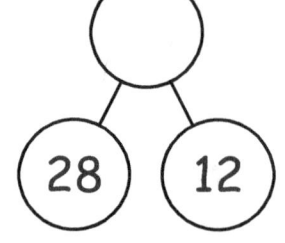
28 12

8.
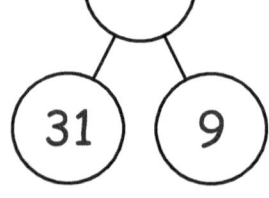
31 9

9.
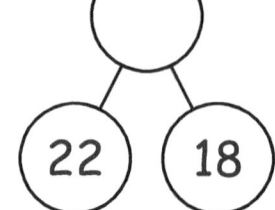
22 18

10.
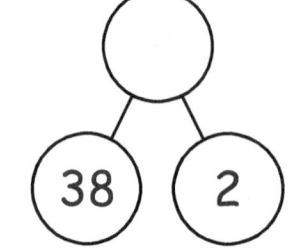
38 2

11.
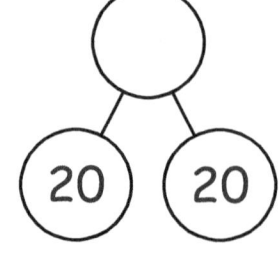
20 20

12.
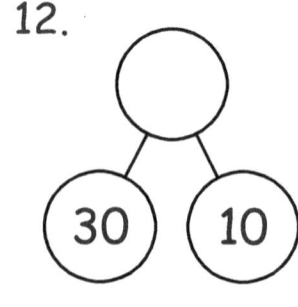
30 10

13.
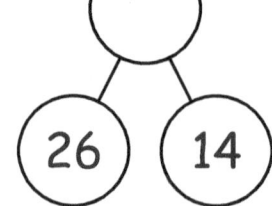
26 14

14.
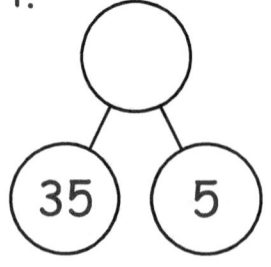
35 5

15.
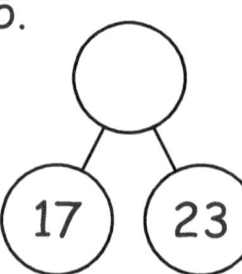
17 23

16.
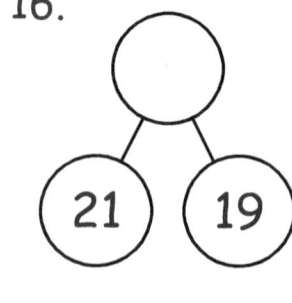
21 19

17.
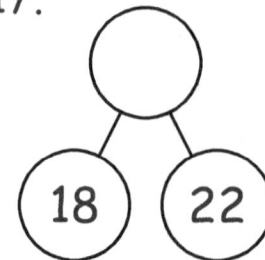
18 22

18.
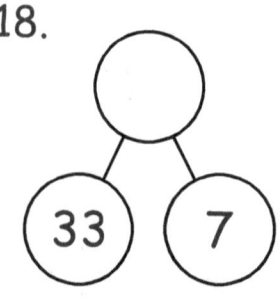
33 7

19.
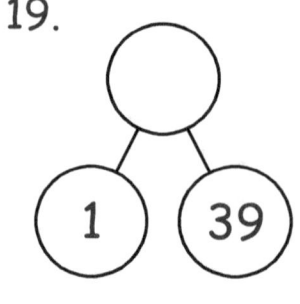
1 39

20.
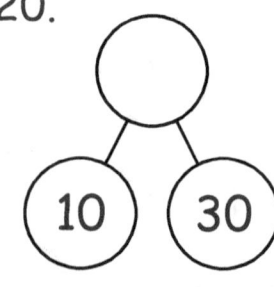
10 30

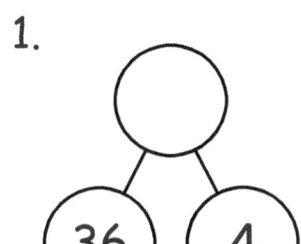

Number Bonds

Let's create bonds with Numbers 0 - 40.

S_CORE /20

Date: ___ / ___ / _____

Fill in the empty circle with the missing number.

1.

( )
36 4

2.

( )
9 31

3.

( )
40 0

4.

( )
0 40

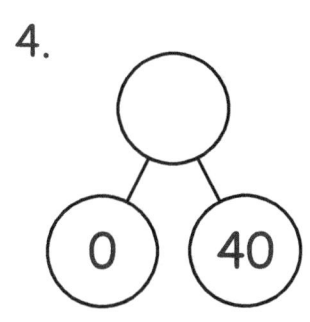

5.

( )
39 1

6.

( )
8 32

7.

( )
26 14

8.

( )
27 13

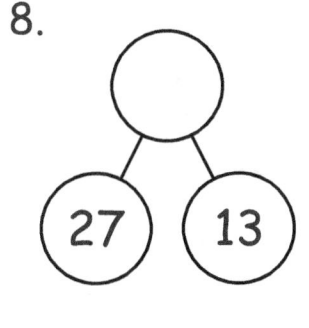

9.

( )
19 21

10.

( )
20 20

11.

( )
16 24

12.

( )
22 18

13.

( )
38 2

14.

( )
1 39

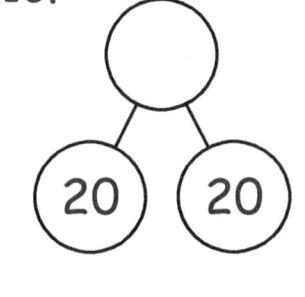 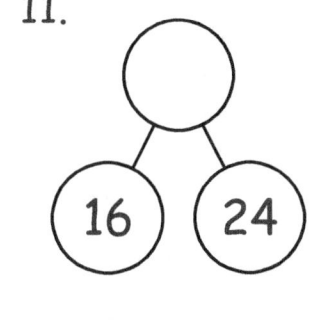 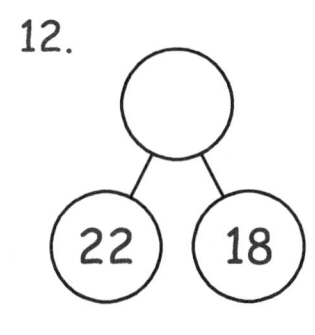

15.

( )
21 19

16.

( )
3 37

17.

( )
31 9

18.

( )
13 27

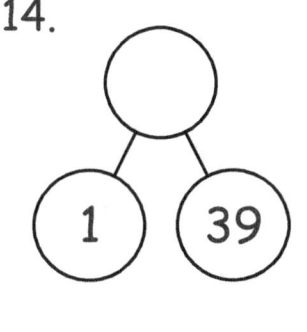 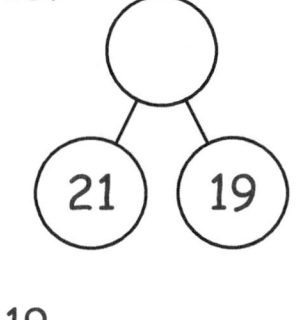 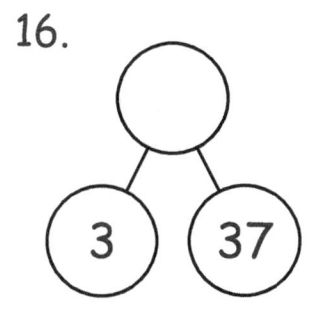

19.

( )
24 16

20.

( )
35 5

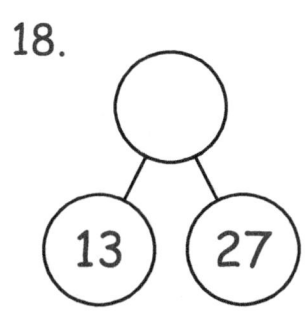 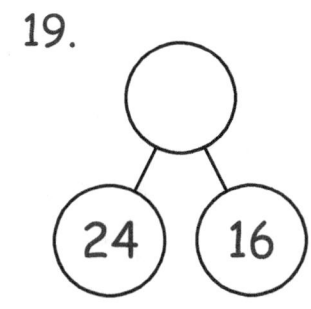 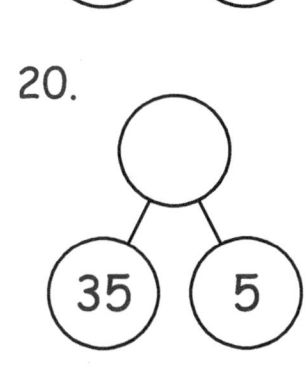

SCORE /20

Number Bonds

Let's create bonds with Numbers 0 - 40.

Date: ___/___/____

Fill in the empty circle with the missing number.

1.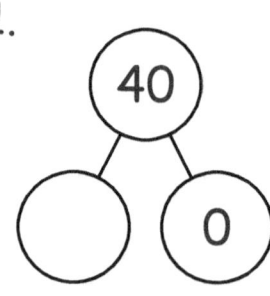

2.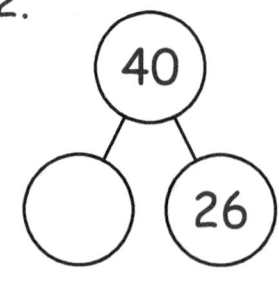

3.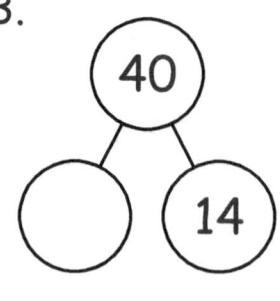

4.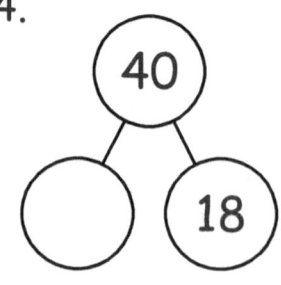

5.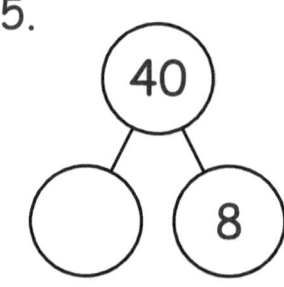

6.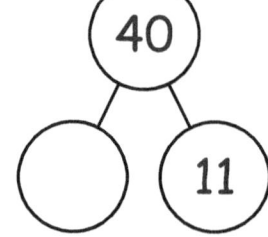

7.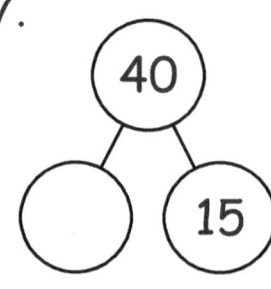

8.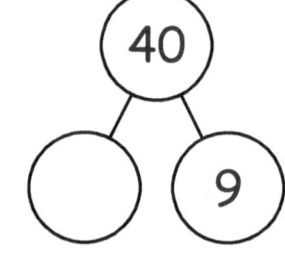

9.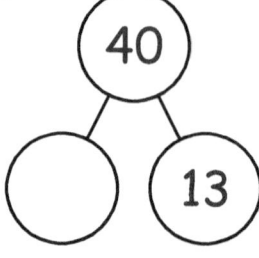

10.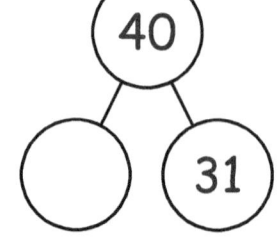

11.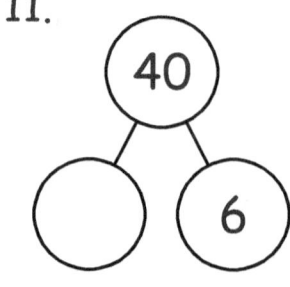

12.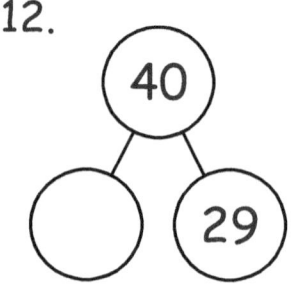

13.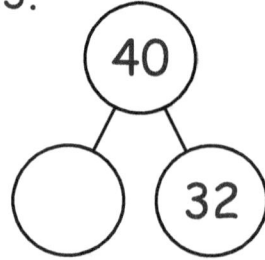

14.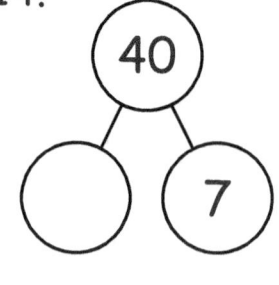

15.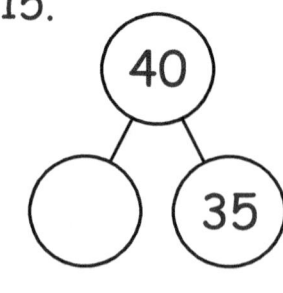

16.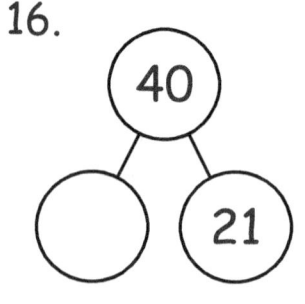

17.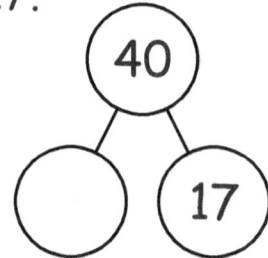

18.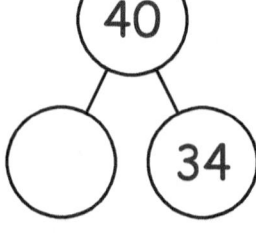

19.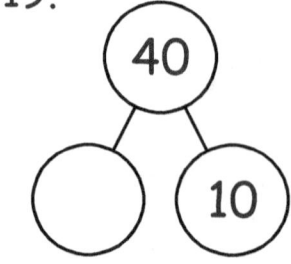

20.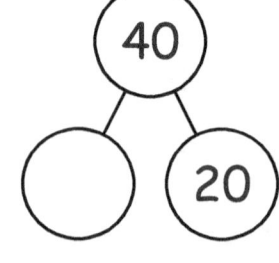

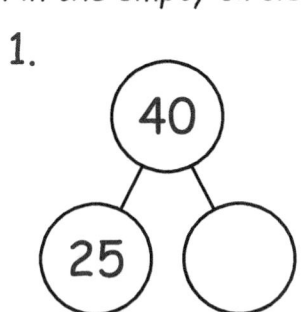

Number Bonds

Let's create bonds with Numbers 0 - 40.

SCORE

/20

Date: ____ / ____ / ____

Fill in the empty circle with the missing number.

1.
40
25 ◯

2.
40
0 ◯

3.
40
26 ◯

4.
40
31 ◯

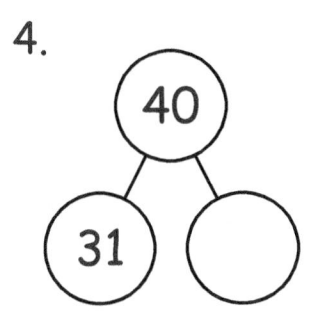

5.
40
1 ◯

6.
40
16 ◯

7.
40
17 ◯

8.
40
4 ◯

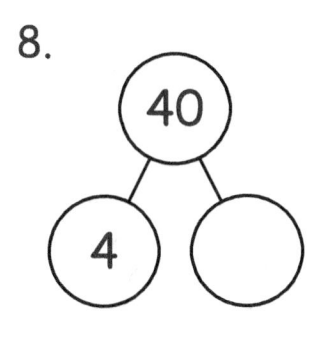

9.
40
8 ◯

10.
40
22 ◯

11.
40
3 ◯

12.
40
23 ◯

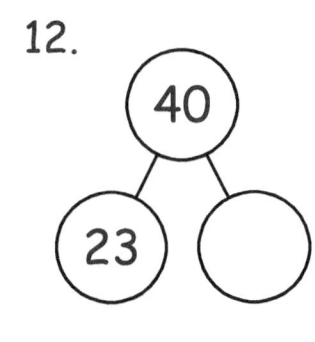

13.
40
40 ◯

14.
40
21 ◯

15.
40
12 ◯

16.
40
6 ◯

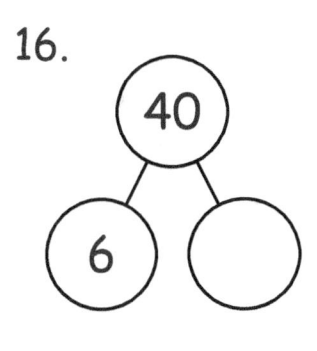

17.
40
18 ◯

18.
40
35 ◯

19.
40
29 ◯

20.
40
11 ◯

SCORE

/20

Number Bonds

Let's create bonds with Numbers 0 - 50.

Date: ___/____/_____

Fill in the empty circle with the missing number.

1.
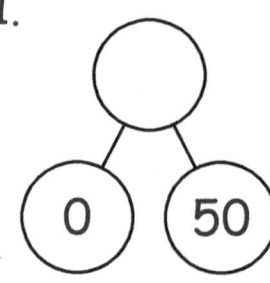
0   50

2.
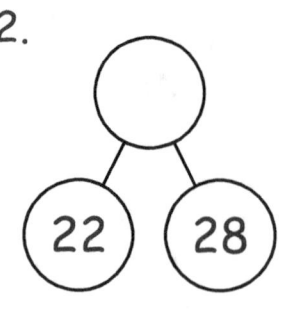
22   28

3.
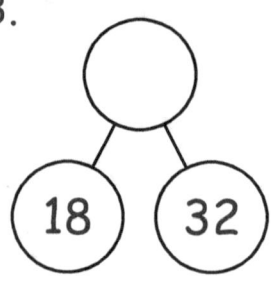
18   32

4.
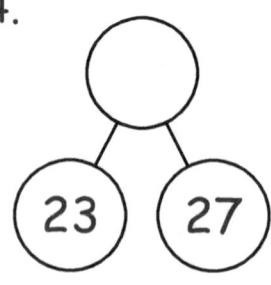
23   27

5.
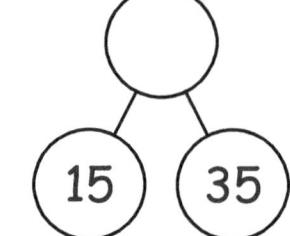
15   35

6.
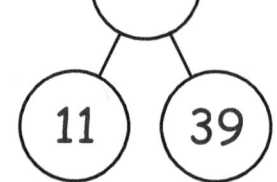
11   39

7.
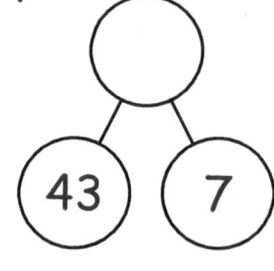
43   7

8.
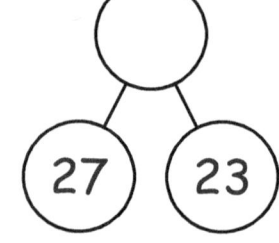
27   23

9.
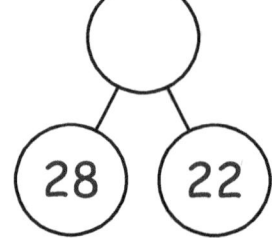
28   22

10.
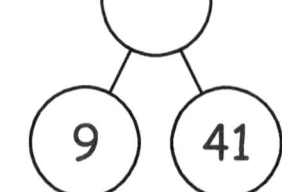
9   41

11.
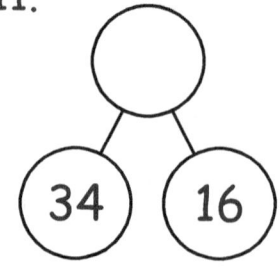
34   16

12.
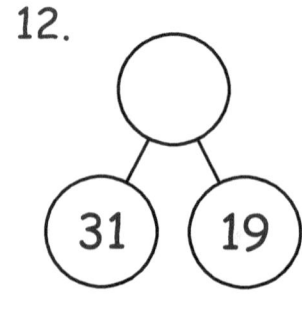
31   19

13.
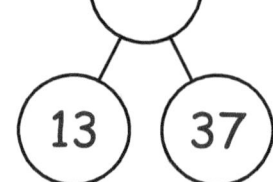
13   37

14.
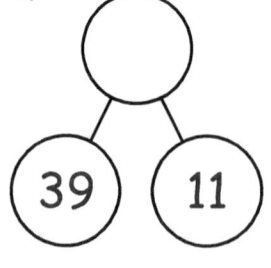
39   11

15.
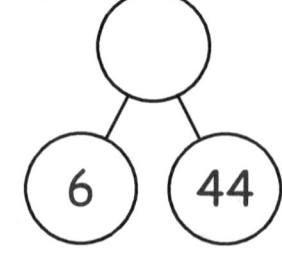
6   44

16.
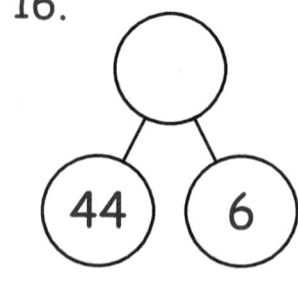
44   6

17.
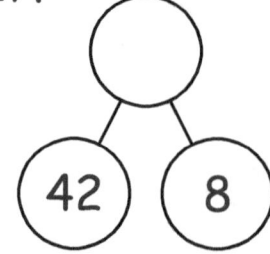
42   8

18.
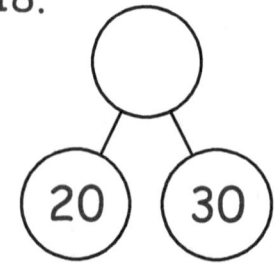
20   30

19.
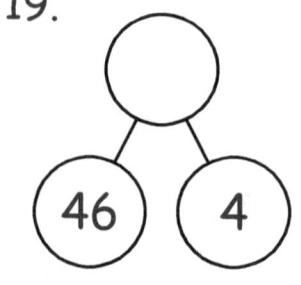
46   4

20.
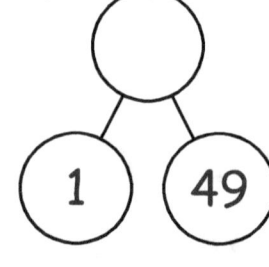
1   49

Number Bonds

Let's create bonds with Numbers 0 - 50.

Date: _____ / _____ / _____

Fill in the empty circle with the missing number.

1.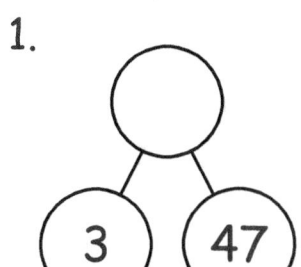

2.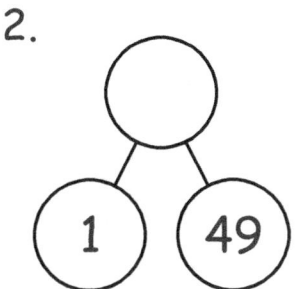

3.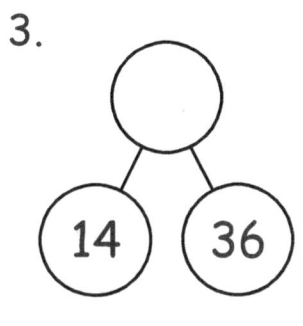

4.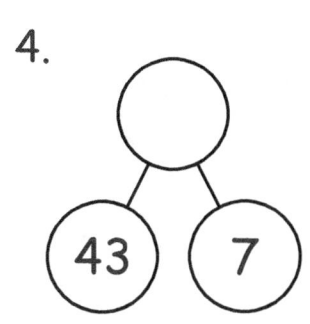

5.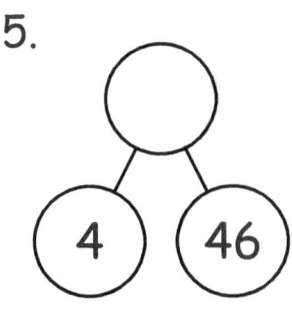

6.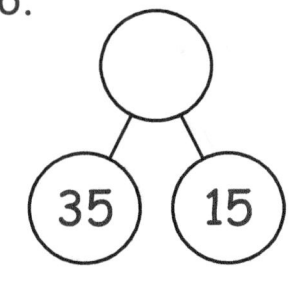

7.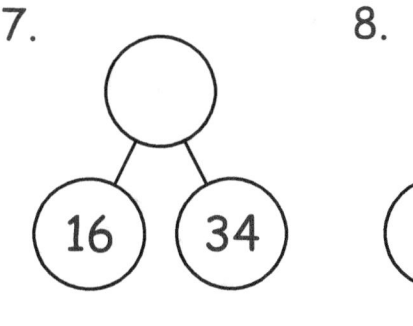

8.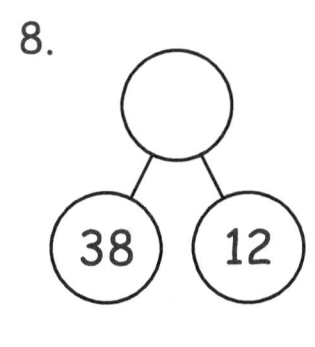

9.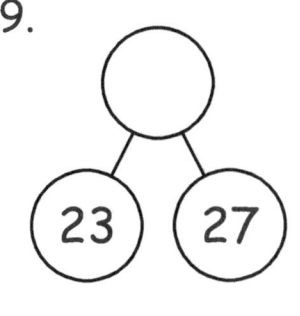

10.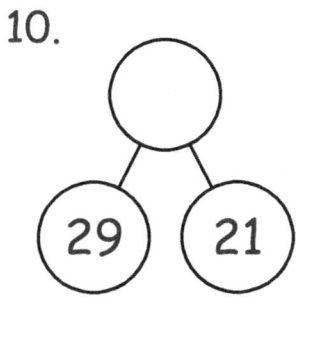

11.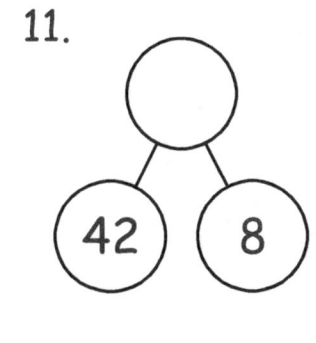

12.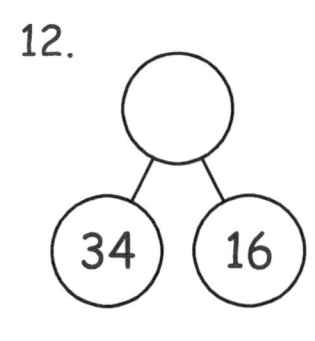

13.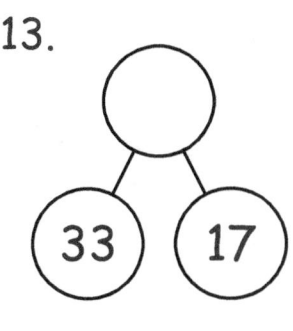

14.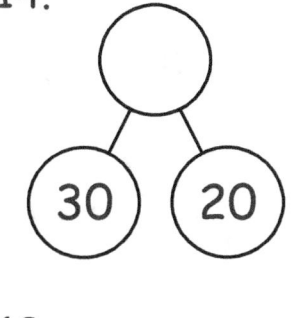

15.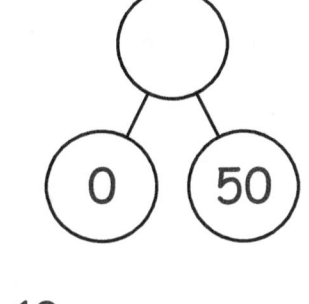

16.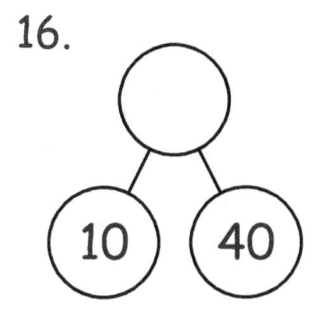

17.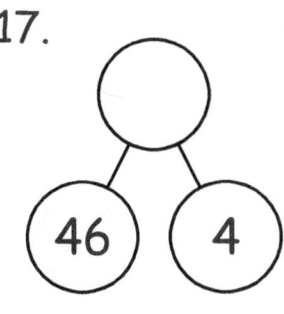

18.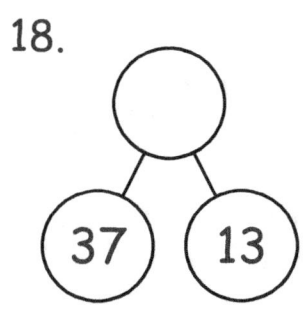

19.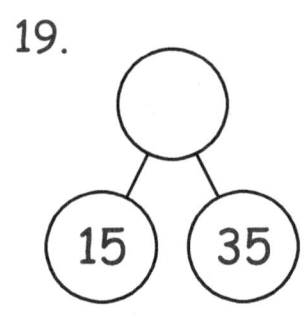

20.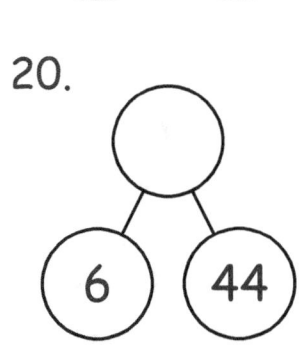

SCORE

/20

Number Bonds

Let's create bonds with Numbers 0 - 50.

Date: ___/___/_____

Fill in the empty circle with the missing number.

1.
50
24

2.
50
10

3.
50
46

4.
50
17

5.
50
23

6.
50
39

7.
50
19

8.
50
11

9.
50
38

10.
50
37

11.
50
36

12.
50
20

13.
50
7

14.
50
33

15.
50
42

16.
50
18

17.
50
15

18.
50
34

19.
50
45

20.
50
43

Number Bonds

Let's create bonds with Numbers 0 - 50.

Date: ____ / ____ / _____

Fill in the empty circle with the missing number.

1.
50
29 ◯

2.
50
32 ◯

3.
50
35 ◯

4.
50
12 ◯

5.
50
2 ◯

6.
50
7 ◯

7.
50
31 ◯

8.
50
15 ◯

9.
50
28 ◯

10.
50
42 ◯

11.
50
37 ◯

12.
50
19 ◯

13.
50
24 ◯

14.
50
41 ◯

15.
50
14 ◯

16.
50
8 ◯

17.
50
30 ◯
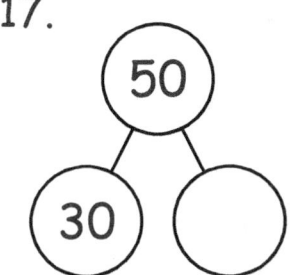

18.
50
10 ◯
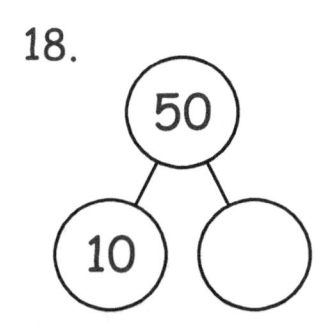

19.
50
26 ◯
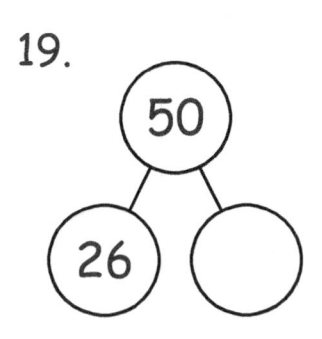

20.
50
45 ◯
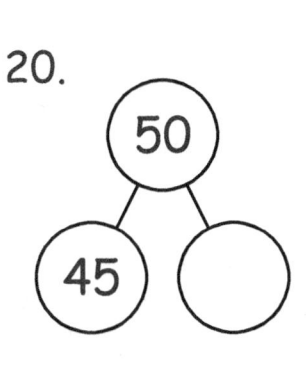

SCORE /20

Number Bonds

Let's create bonds with Numbers 0 - 60.

Date: ____/____/_____

Fill in the empty circle with the missing number.

1.
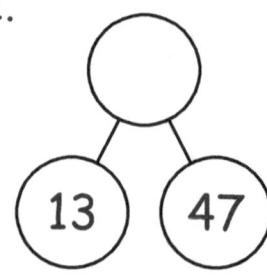
13   47

2.
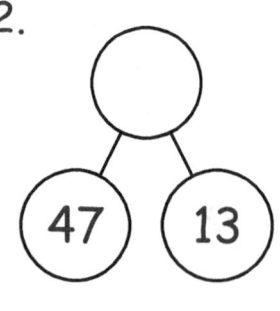
47   13

3.
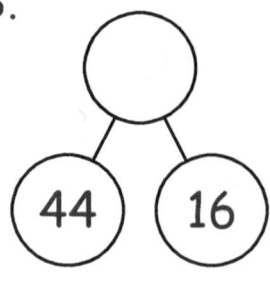
44   16

4.
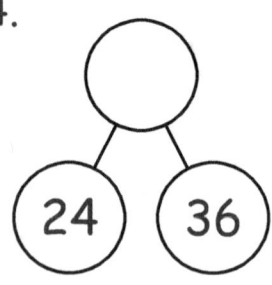
24   36

5.
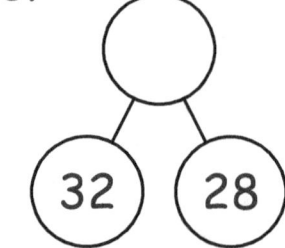
32   28

6.
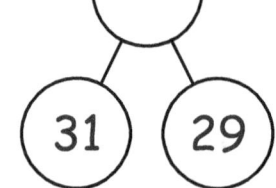
31   29

7.
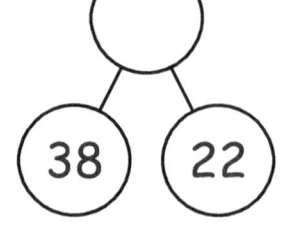
38   22

8.
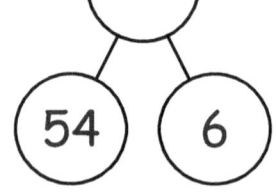
54   6

9.
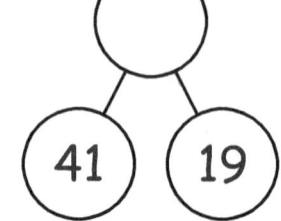
41   19

10.
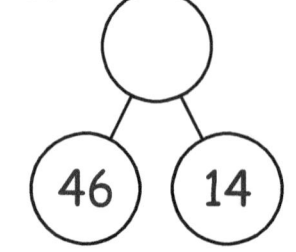
46   14

11.
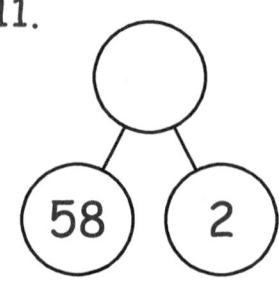
58   2

12.
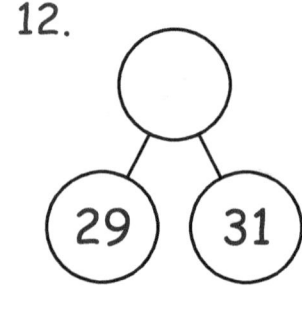
29   31

13.
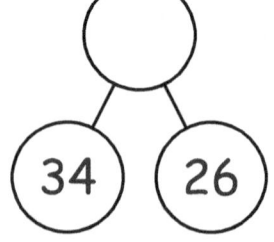
34   26

14.
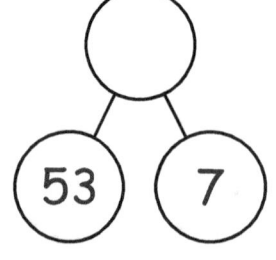
53   7

15.
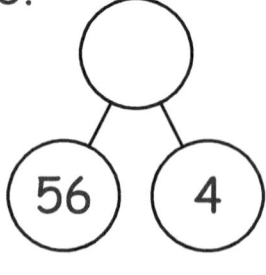
56   4

16.
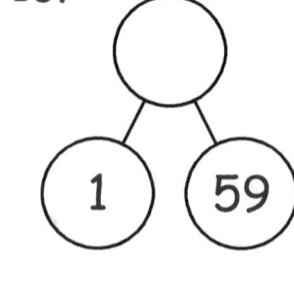
1   59

17.
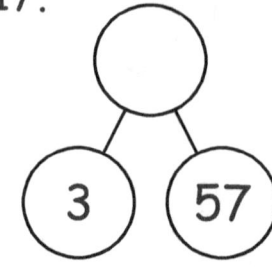
3   57

18.
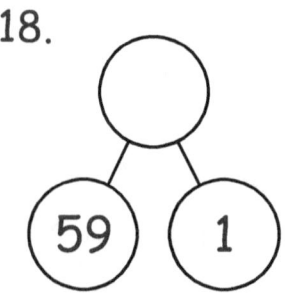
59   1

19.
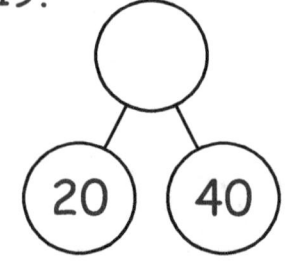
20   40

20.
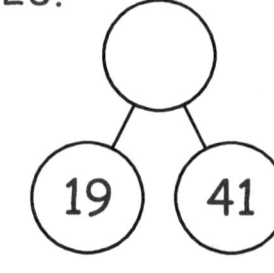
19   41

Number Bonds

Let's create bonds with Numbers 0 - 60.

Date: ____ / ____ / _____

Fill in the empty circle with the missing number.

1.
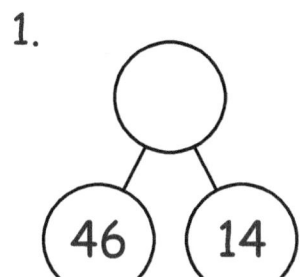
46   14

2.

11   49

3.
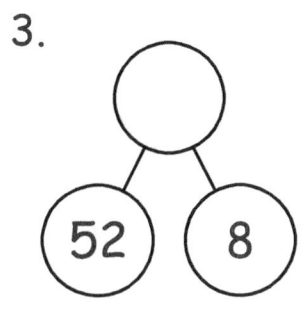
52   8

4.
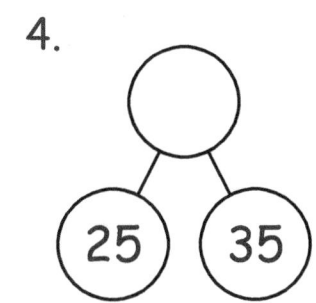
25   35

5.
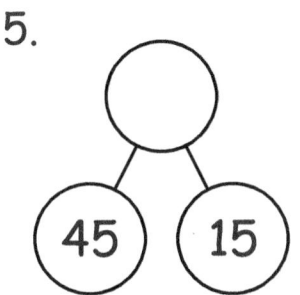
45   15

6.
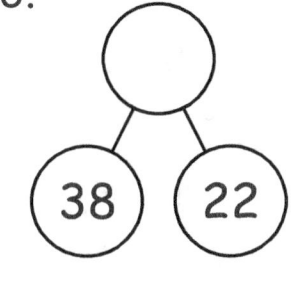
38   22

7.
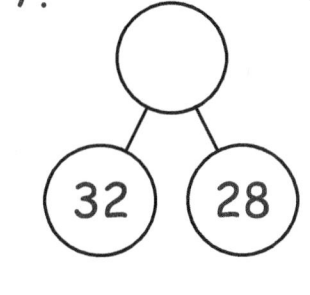
32   28

8.
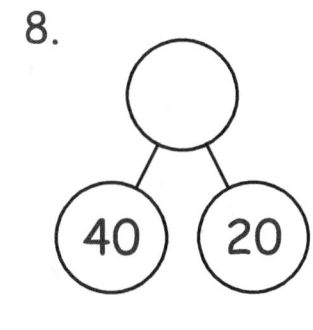
40   20

9.
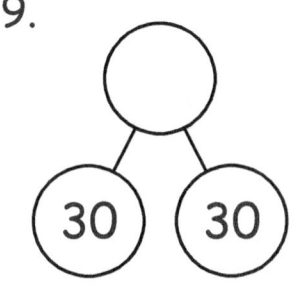
30   30

10.
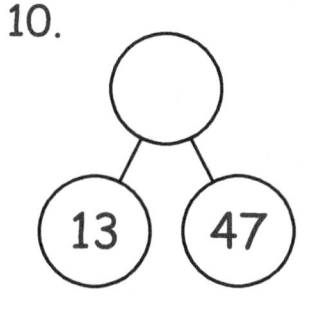
13   47

11.
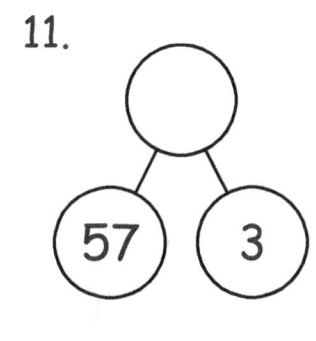
57   3

12.
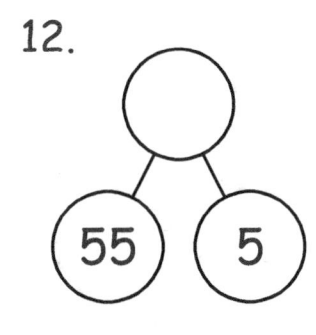
55   5

13.
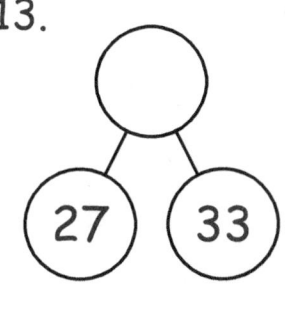
27   33

14.
43   17

15.
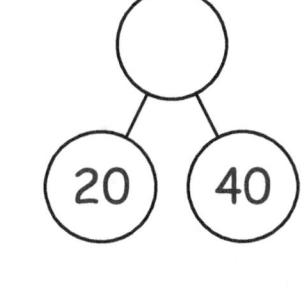
20   40

16.
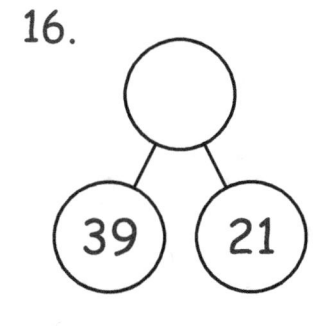
39   21

17.
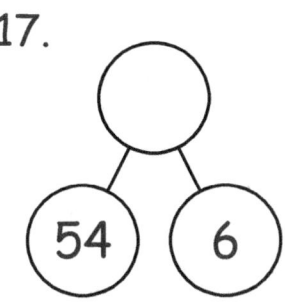
54   6

18.
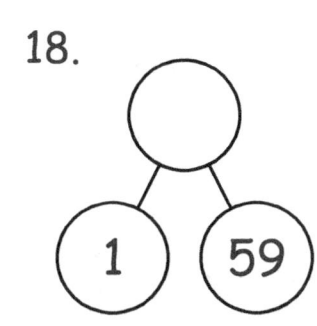
1   59

19.
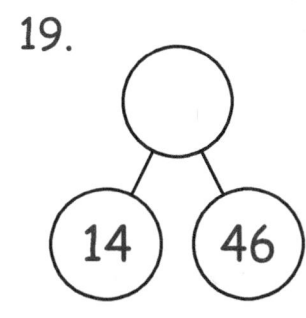
14   46

20.
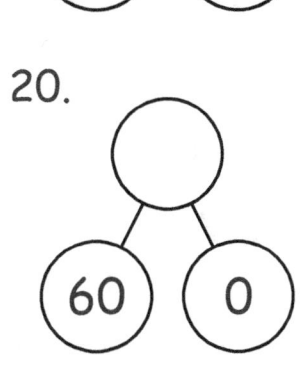
60   0

SCORE

/20

Number Bonds

Let's create bonds with Numbers 0 - 60.

Date: ____/____/_____

Fill in the empty circle with the missing number.

1.
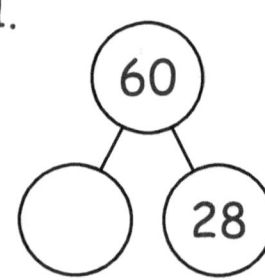

2.
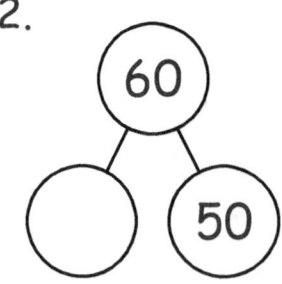

3.
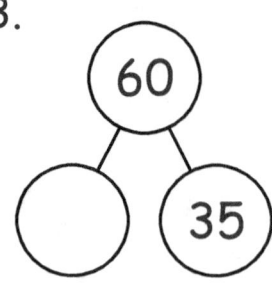

4.
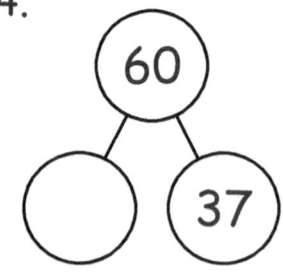

5.
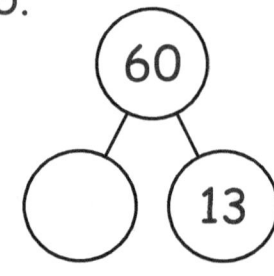

6.
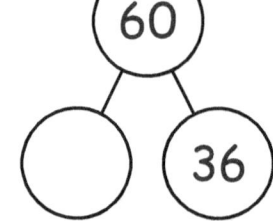

7.
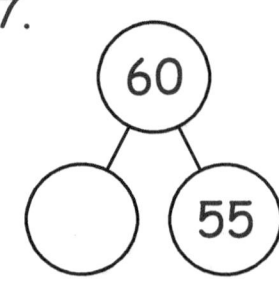

8.
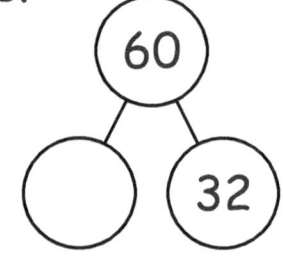

9.
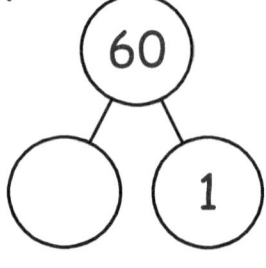

10.
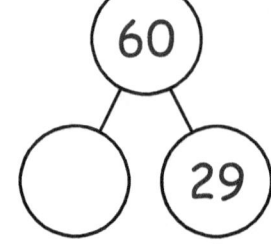

11.
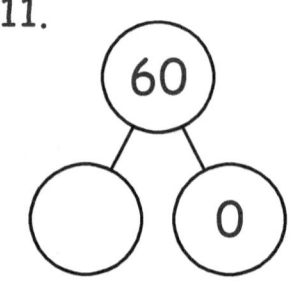

12.
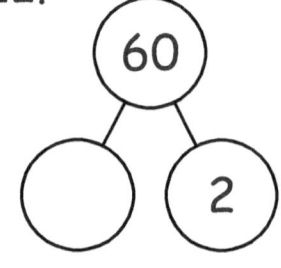

13.
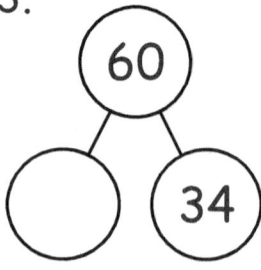

14.
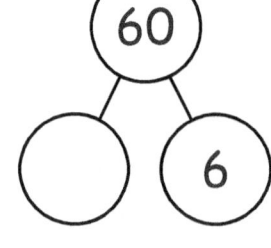

15.
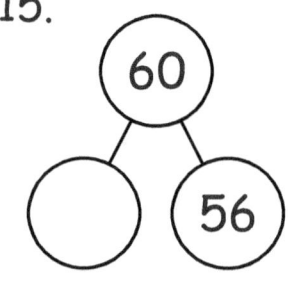

16.
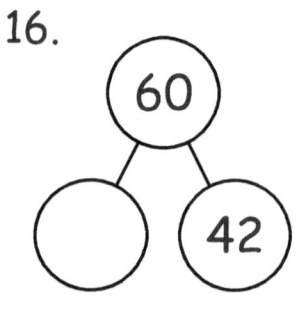

17.
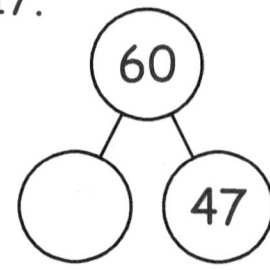

18.
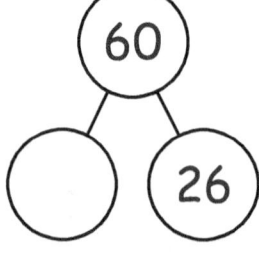

19.
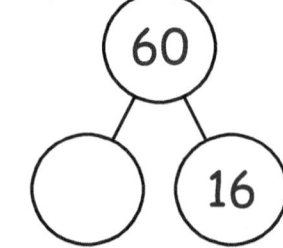

20.
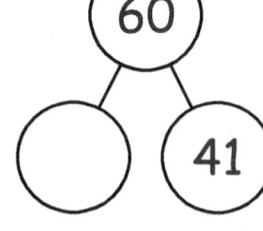

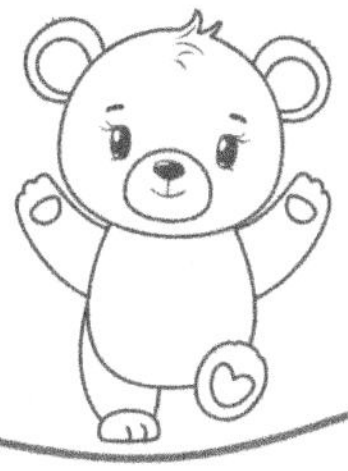

Number Bonds

Let's create bonds with Numbers 0 - 60.

SCORE /20

Date: ____/____/____

Fill in the empty circle with the missing number.

1. 60: 10, ___
2. 60: 21, ___
3. 60: 19, ___
4. 60: 53, ___
5. 60: 60, ___
6. 60: 44, ___
7. 60: 1, ___
8. 60: 28, ___
9. 60: 36, ___
10. 60: 46, ___
11. 60: 26, ___
12. 60: 12, ___
13. 60: 57, ___
14. 60: 6, ___
15. 60: 42, ___
16. 60: 30, ___
17. 60: 7, ___
18. 60: 56, ___
19. 60: 50, ___
20. 60: 29, ___

Number Bonds

Let's create bonds with Numbers 0 - 70.

Date: ___/___/___

Fill in the empty circle with the missing number.

1.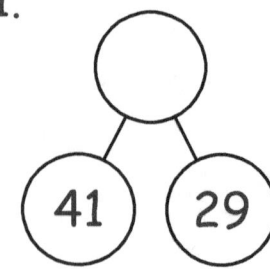

2.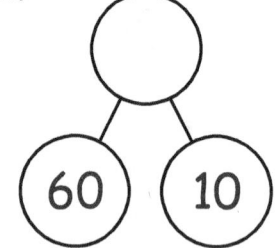

3.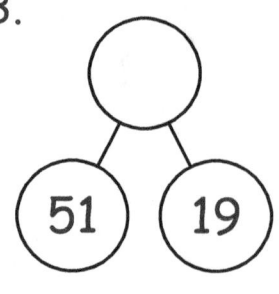

4.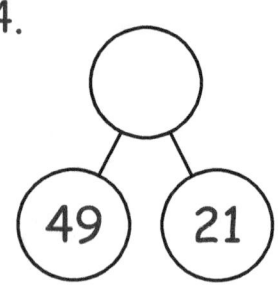

5.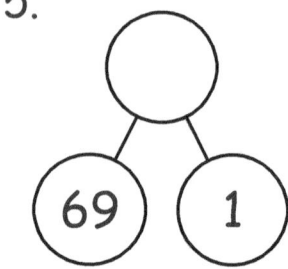

6.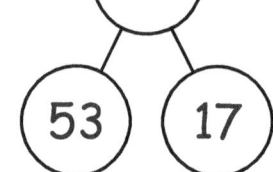

7.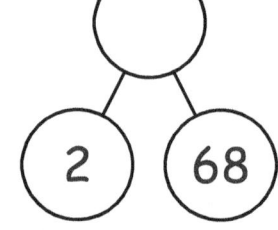

8.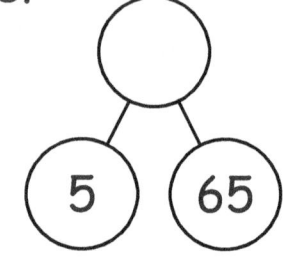

9.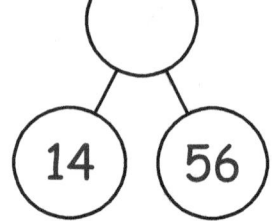

10.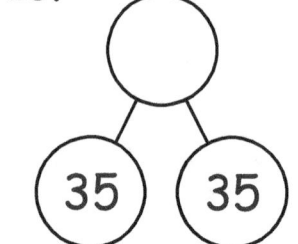

11.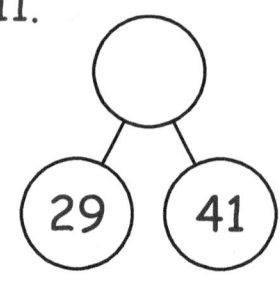

12.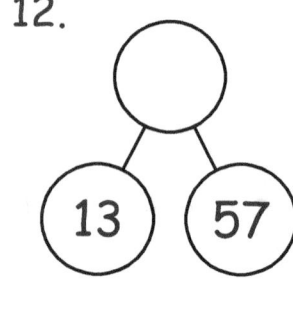

13.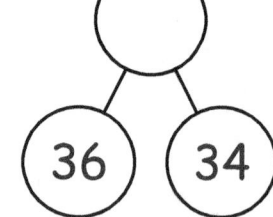

14.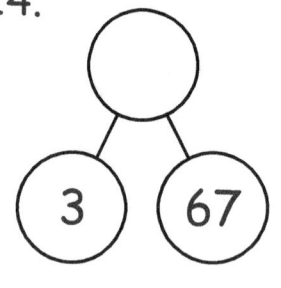

15.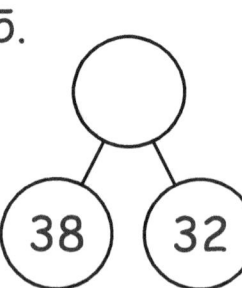

16.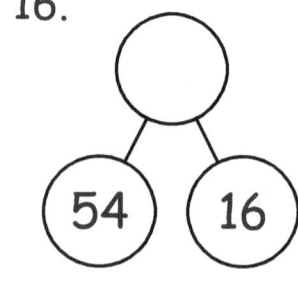

17.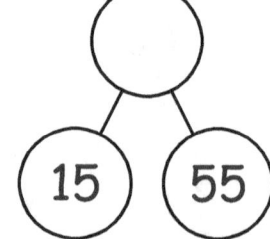

18.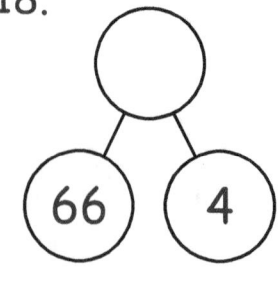

19.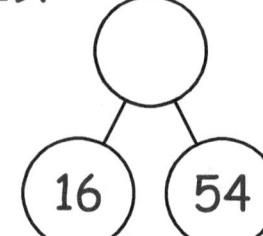

20.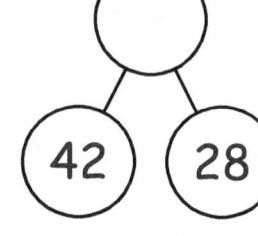

Number Bonds

Let's create bonds with Numbers 0 - 70.

Date: _____ / _____ / _____

Fill in the empty circle with the missing number.

1.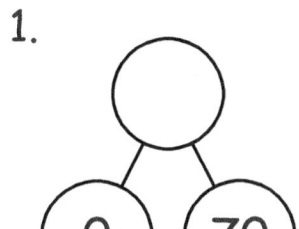
   0   70

2.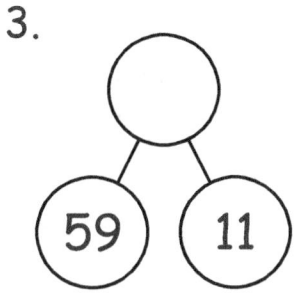
   35   35

3.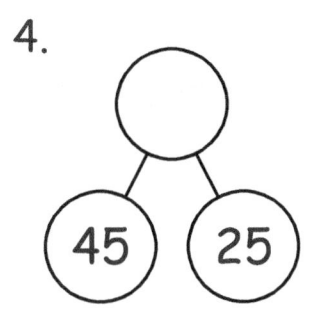
   59   11

4.
   45   25

5.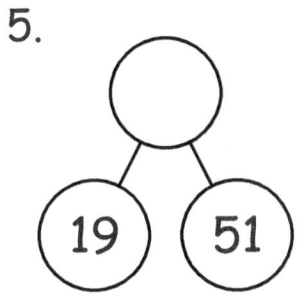
   19   51

6.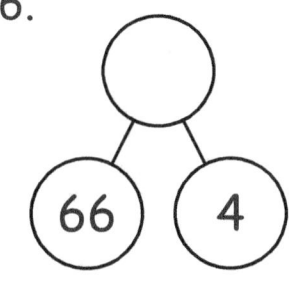
   66   4

7.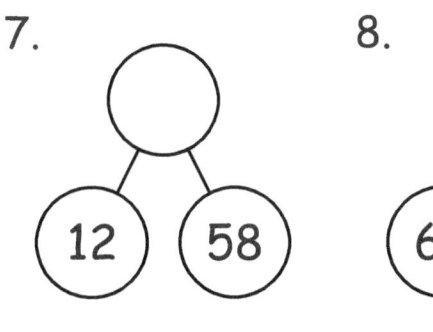
   12   58

8.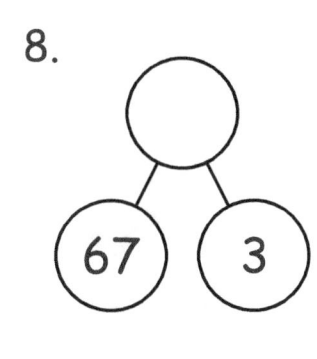
   67   3

9.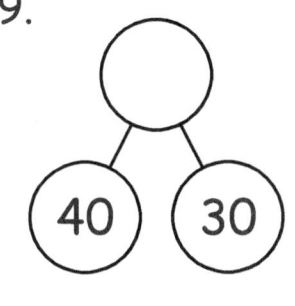
   40   30

10.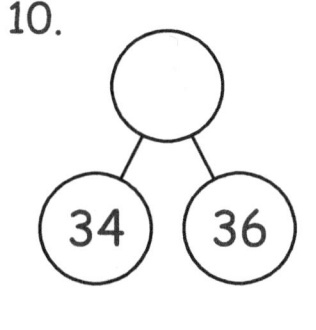
    34   36

11.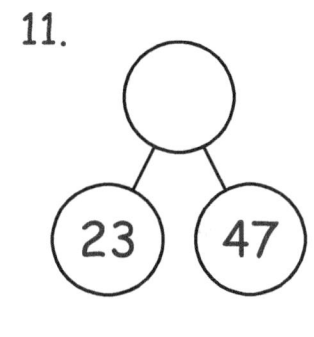
    23   47

12.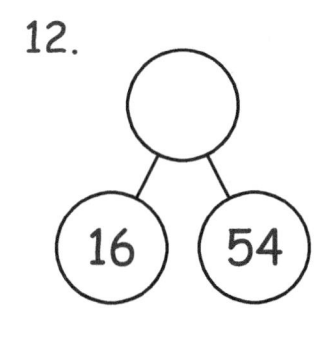
    16   54

13.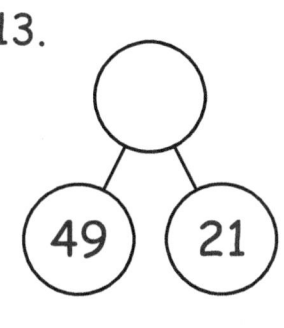
    49   21

14.
    29   41

15.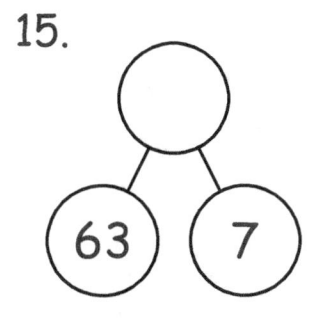
    63   7

16.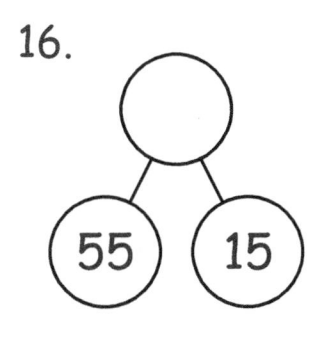
    55   15

17.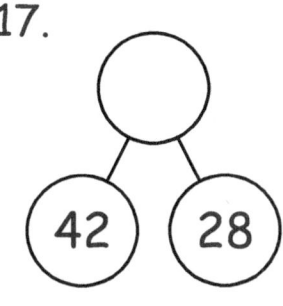
    42   28

18.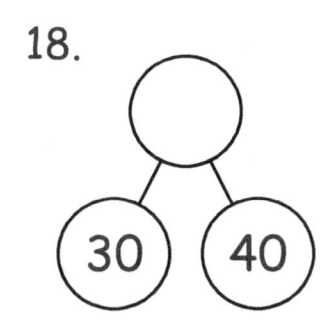
    30   40

19.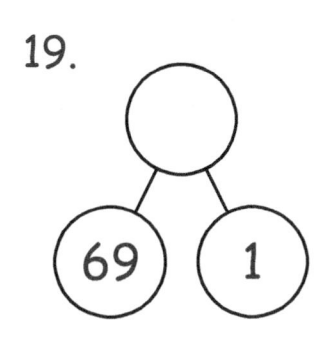
    69   1

20.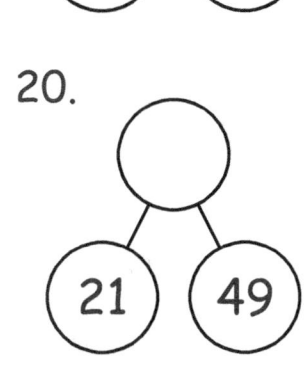
    21   49

SCORE
/20

Number Bonds

Let's create bonds with Numbers 0 - 70.

Date: ___/___/_____

Fill in the empty circle with the missing number.

1.
70
◯ 8

2.
70
◯ 54

3.
70
◯ 9

4.
70
◯ 66

5.
70
◯ 25

6.
70
◯ 61

7.
70
◯ 42

8.
70
◯ 64

9.
70
◯ 34

10.
70
◯ 67

11.
70
◯ 37

12.
70
◯ 13

13.
70
◯ 32

14.
70
◯ 46

15.
70
◯ 49

16.
70
◯ 48

17.
70
◯ 18

18.
70
◯ 31

19.
70
◯ 33

20.
70
◯ 53

Number Bonds

Let's create bonds with Numbers 0 - 70.

Date: ____ / ____ / _____

Fill in the empty circle with the missing number.

1.
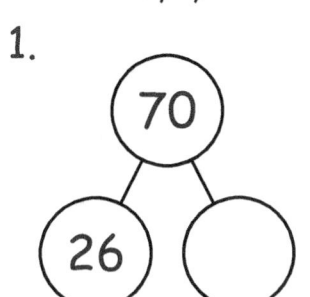

2.
70 / 48 / ○

3.
70 / 25 / ○

4.
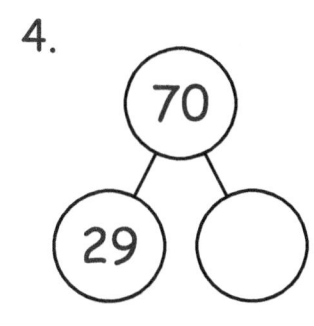

5.
70 / 40 / ○

6.
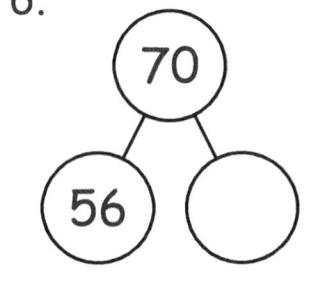

7.
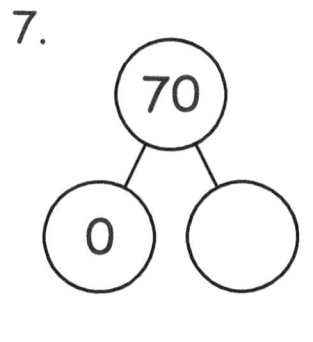

8.
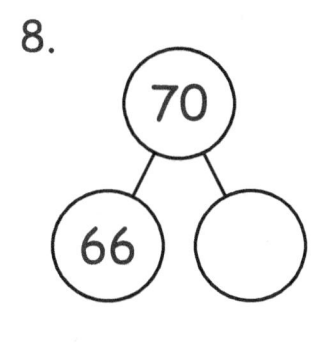

9.
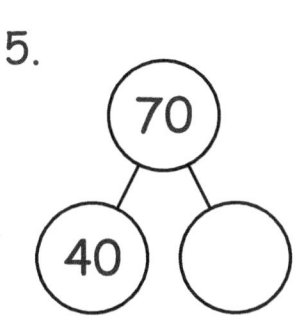

10.
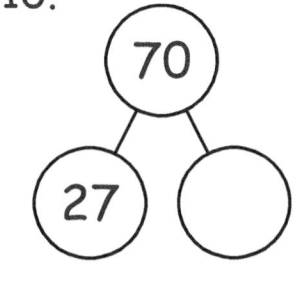

11.
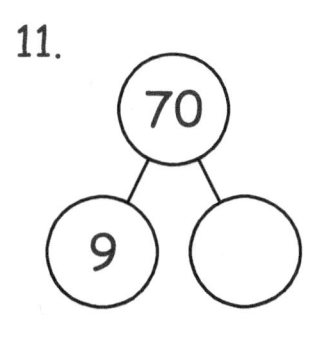

12.
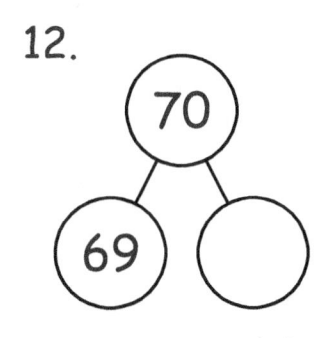

13.
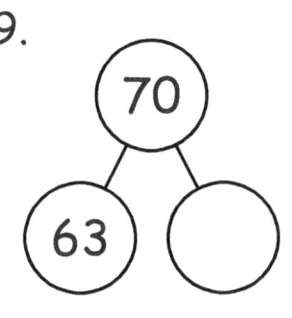

14.
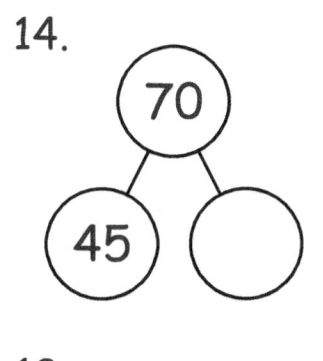

15.
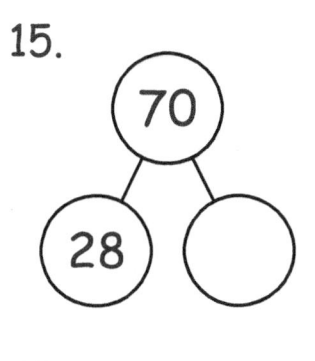

16.
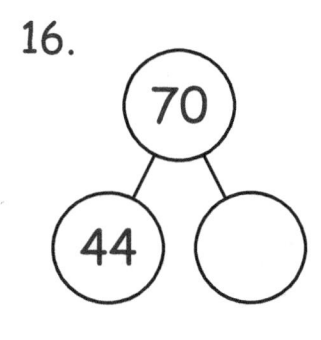

17.
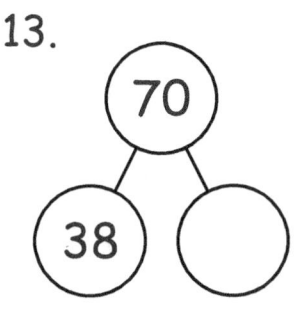

18.
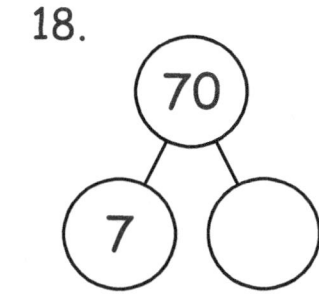

19.
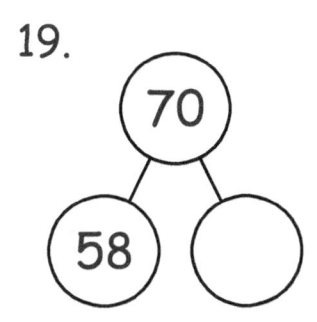

20.
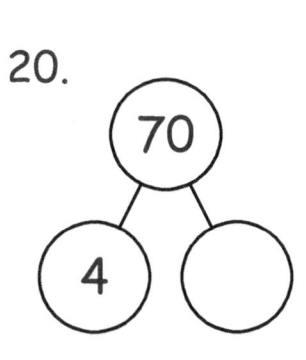

SCORE /20

Number Bonds

Let's create bonds with Numbers 0 - 80.

Date: ____/_____/_____

Fill in the empty circle with the missing number.

1.
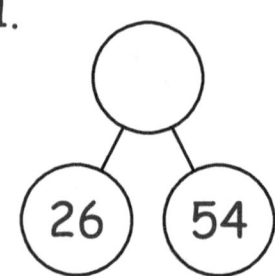
26   54

2.
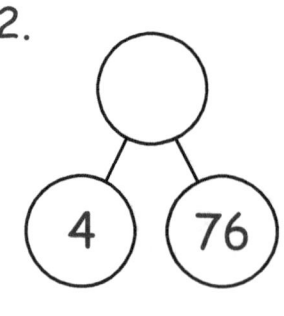
4   76

3.
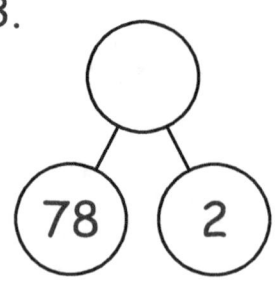
78   2

4.
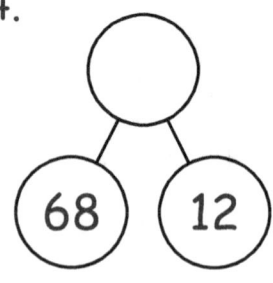
68   12

5.
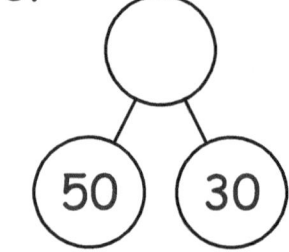
50   30

6.
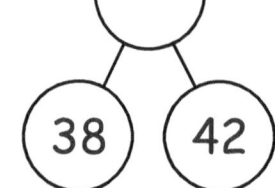
38   42

7.
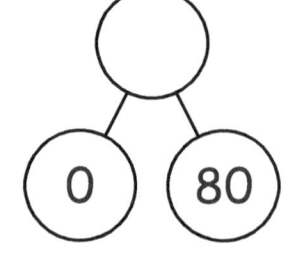
0   80

8.
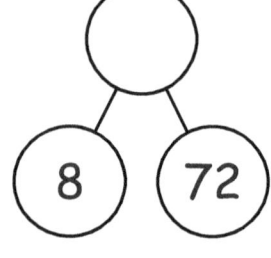
8   72

9.
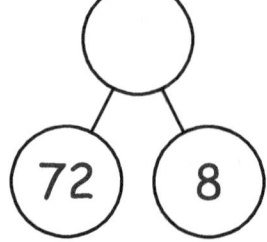
72   8

10.
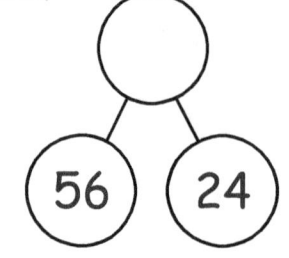
56   24

11.
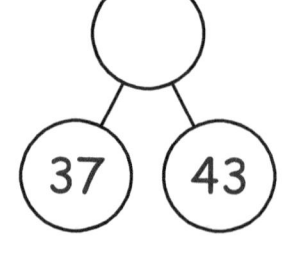
37   43

12.
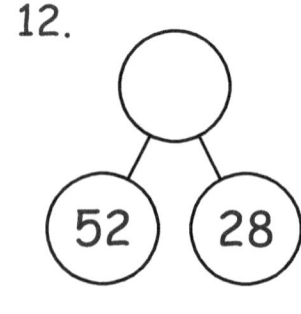
52   28

13.
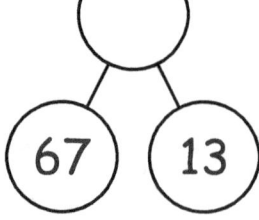
67   13

14.
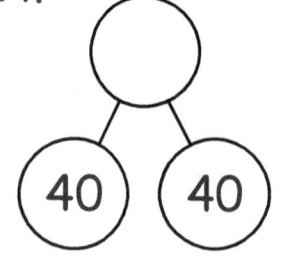
40   40

15.
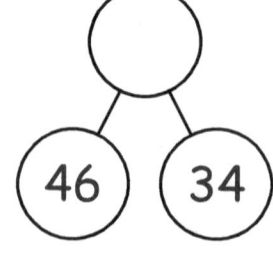
46   34

16.
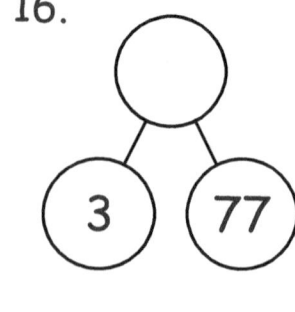
3   77

17.
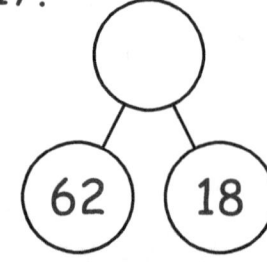
62   18

18.
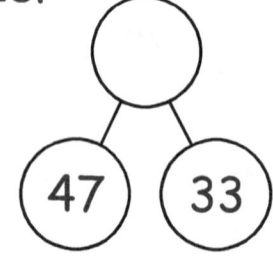
47   33

19.
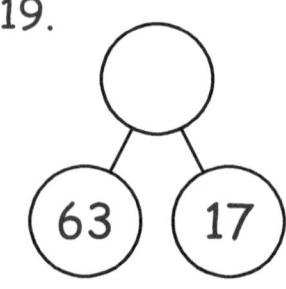
63   17

20.
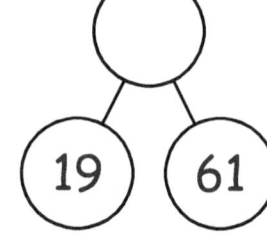
19   61

Number Bonds

Let's create bonds with Numbers 0 - 80.

Date: _____ / _____ / _____

Fill in the empty circle with the missing number.

1.
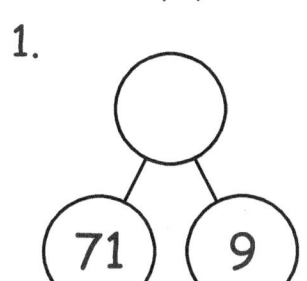
71   9

2.
29   51

3.
35   45

4.
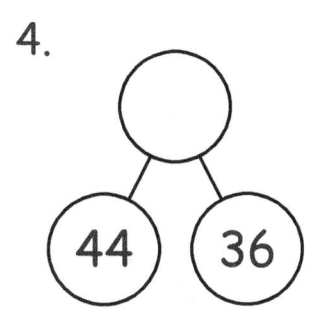
44   36

5.
76   4

6.
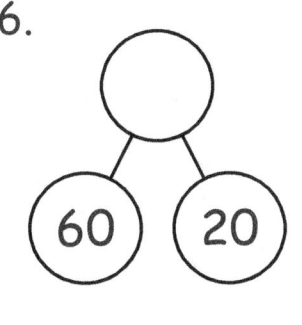
60   20

7.
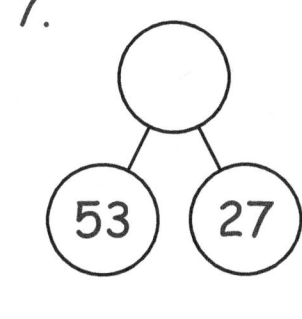
53   27

8.
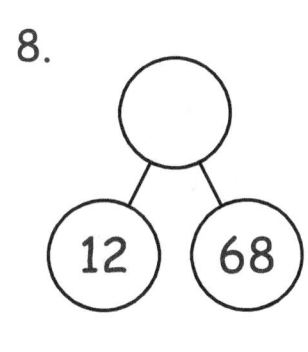
12   68

9.
36   44

10.
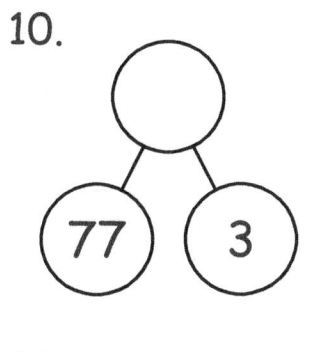
77   3

11.
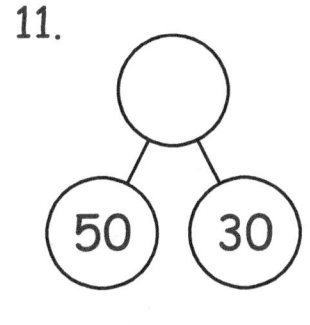
50   30

12.
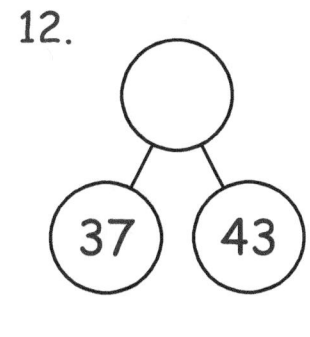
37   43

13.
66   14

14.
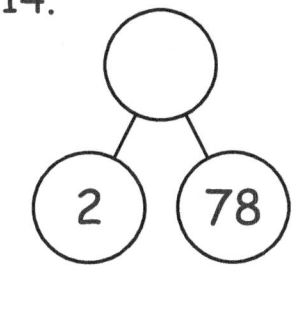
2   78

15.
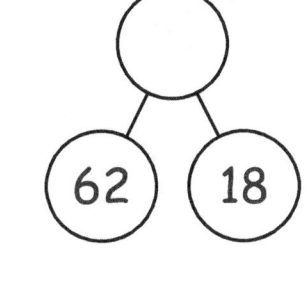
62   18

16.
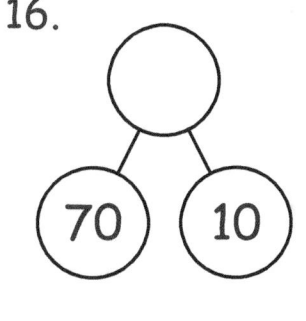
70   10

17.
26   54

18.
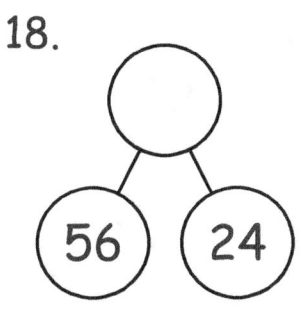
56   24

19.
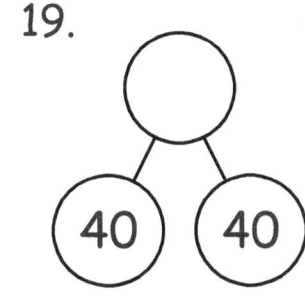
40   40

20.
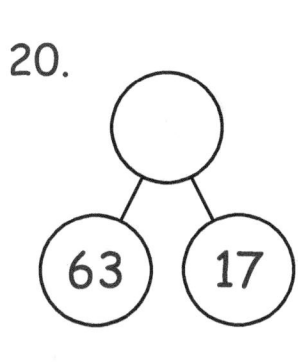
63   17

SCORE

/20

Number Bonds

Let's create bonds with Numbers 0 - 80.

Date: ___/___/_____

Fill in the empty circle with the missing number.

1.
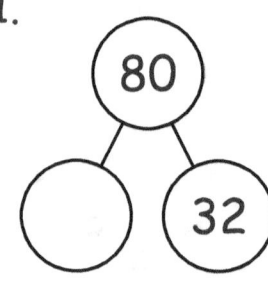

2.
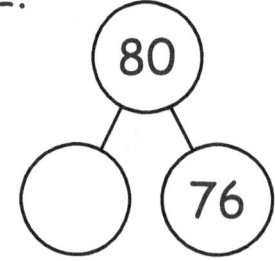

3.
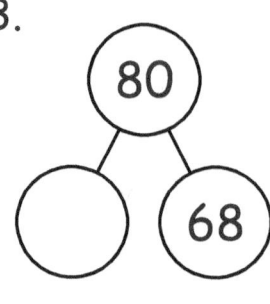

4.
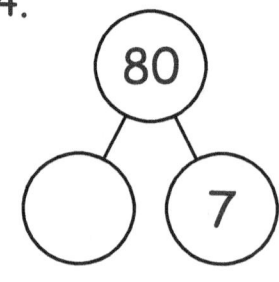

5.
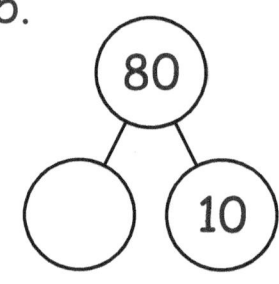

6.
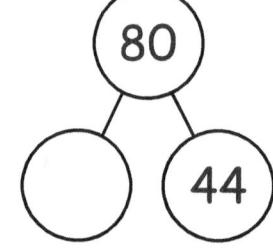

7.
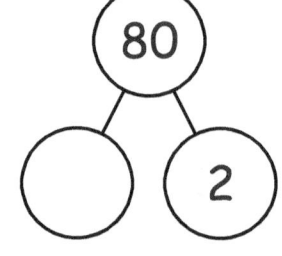

8.
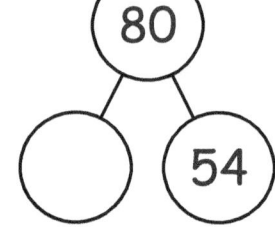

9.
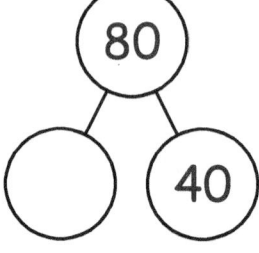

10.
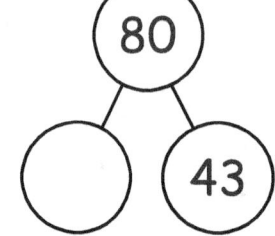

11.
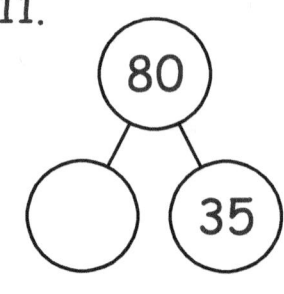

12.
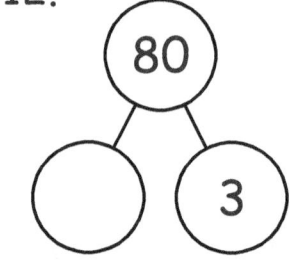

13.
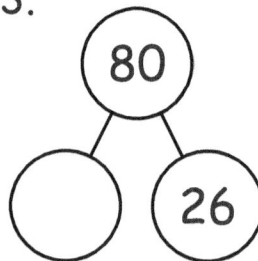

14.
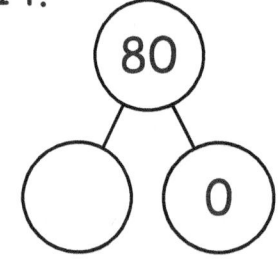

15.
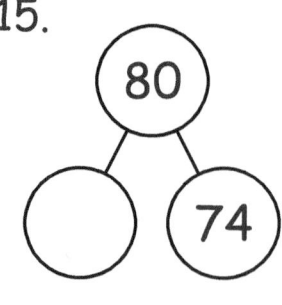

16.
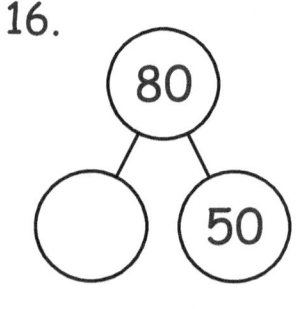

17.
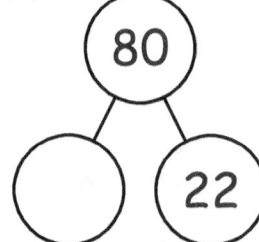

18.
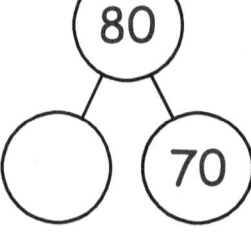

19.
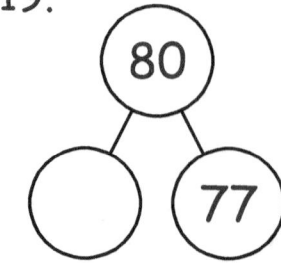

20.
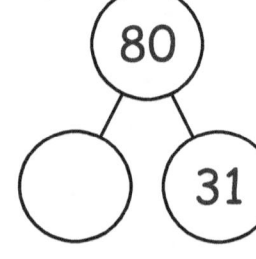

Number Bonds

Let's create bonds with Numbers 0 - 80.

Date: ____ / ____ / _____

Fill in the empty circle with the missing number.

1.

80 · ◯ · 5

2.

80 · ◯ · 72

3.

80 · ◯ · 32

4.

80 · ◯ · 17

5.

80 · ◯ · 67

6.

80 · ◯ · 53

7.

80 · ◯ · 60

8.

80 · ◯ · 9

9.

80 · ◯ · 15

10.

80 · ◯ · 2

11.

80 · ◯ · 24

12.

80 · ◯ · 12

13.

80 · ◯ · 34

14.

80 · ◯ · 55

15.

80 · ◯ · 57

16.

80 · ◯ · 28

17.

80 · ◯ · 73

18.

80 · ◯ · 6

19.

80 · ◯ · 13

20.

80 · ◯ · 77

SCORE

/20

Number Bonds

Let's create bonds with Numbers 0 - 80.

Date: ___/___/____

Fill in the empty circle with the missing number.

1.
80
2

2.
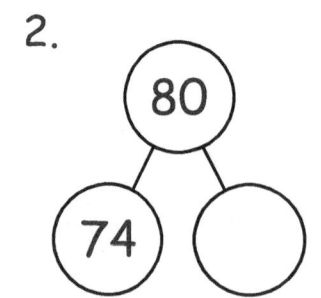
80
74

3.
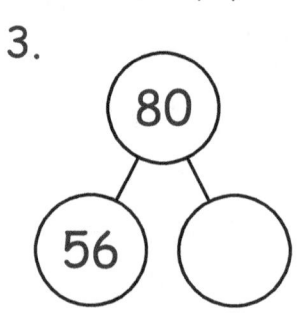
80
56

4.
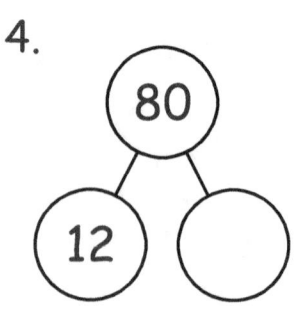
80
12

5.
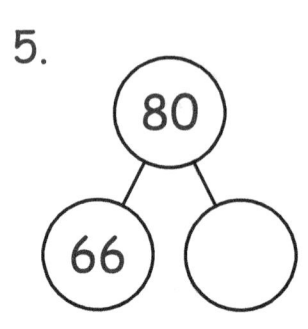
80
66

6.
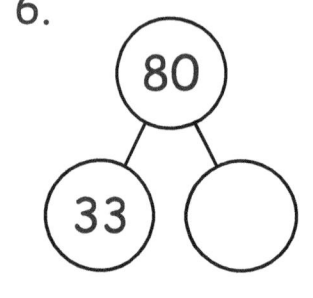
80
33

7.
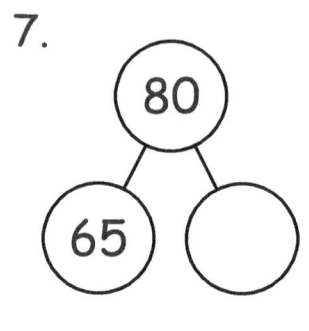
80
65

8.
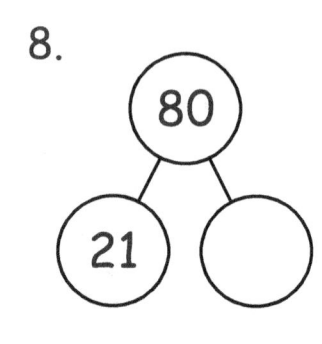
80
21

9.
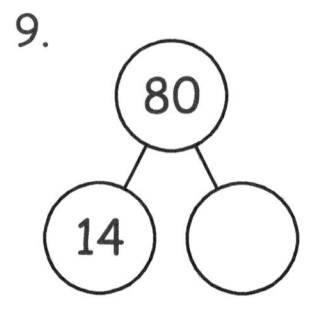
80
14

10.
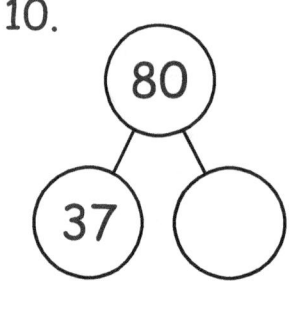
80
37

11.
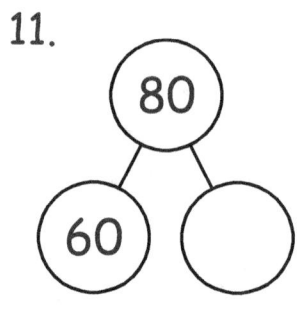
80
60

12.
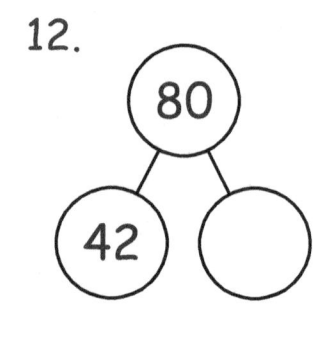
80
42

13.
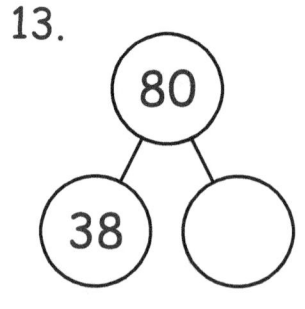
80
38

14.
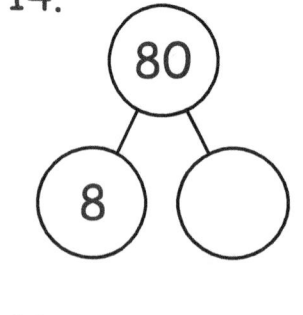
80
8

15.
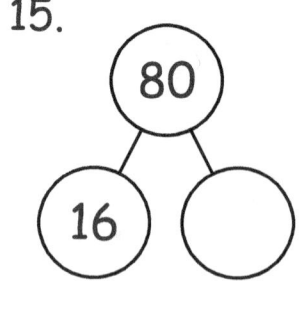
80
16

16.
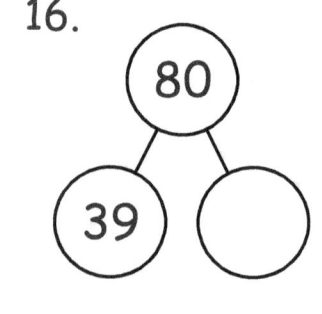
80
39

17.
80
22

18.
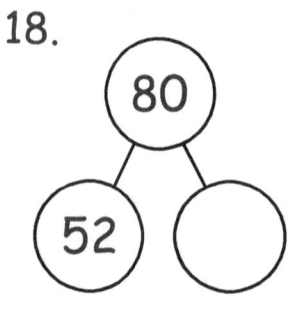
80
52

19.
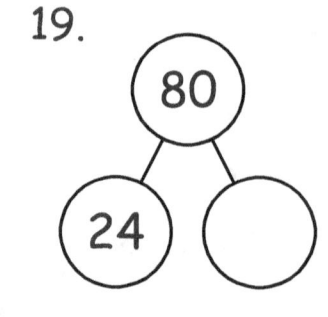
80
24

20.
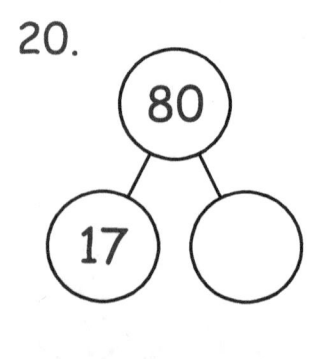
80
17

Number Bonds

S<small>CORE</small>

/20

Let's create bonds with Numbers 0 - 80.

Date: _____ / _____ / _____

Fill in the empty circle with the missing number.

1.
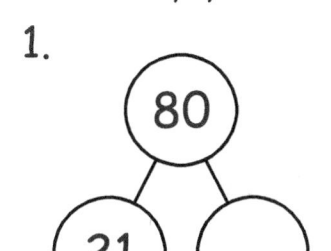

2.
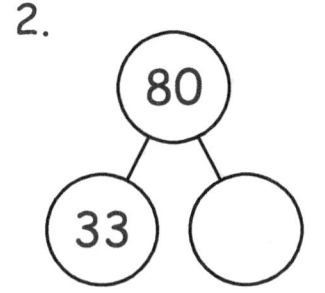

3.
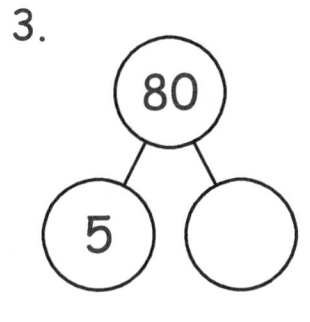

4.
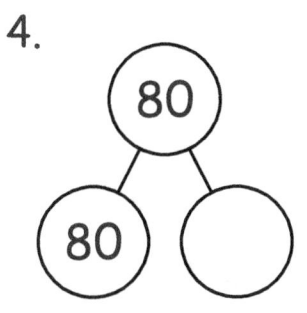

5.
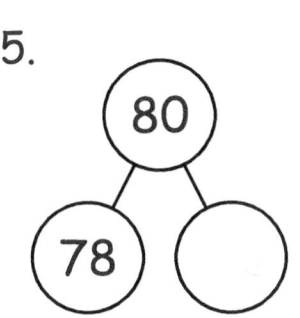

6.
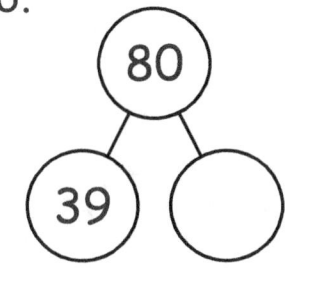

7.
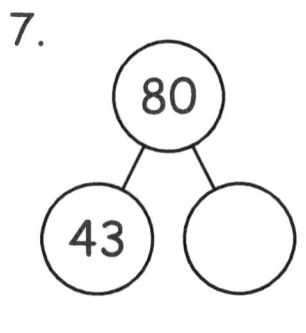

8.
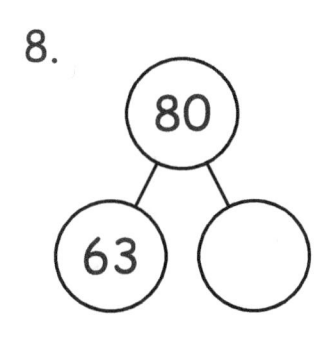

9.
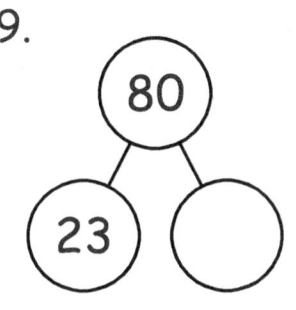

10.
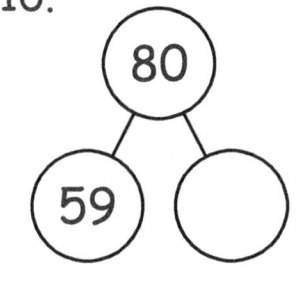

11.
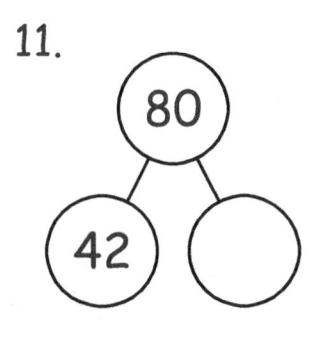

12.
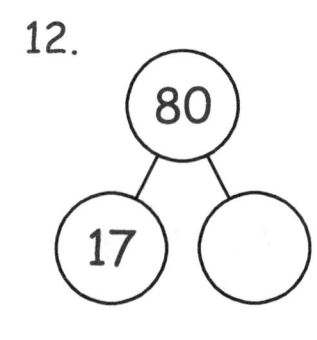

13.
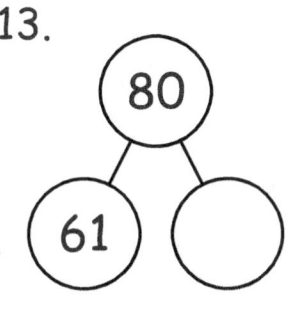

14.
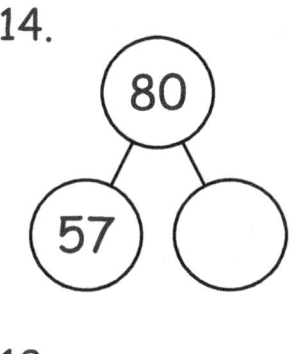

15.
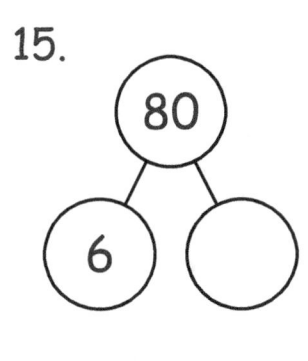

16.
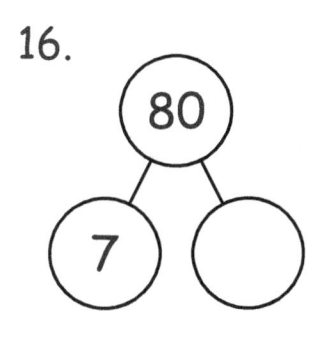

17.
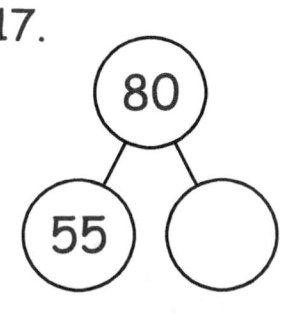

18.
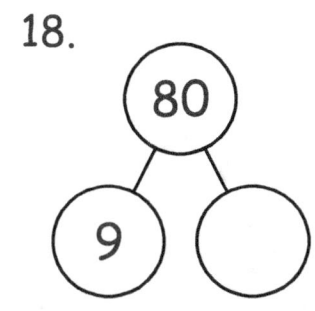

19.
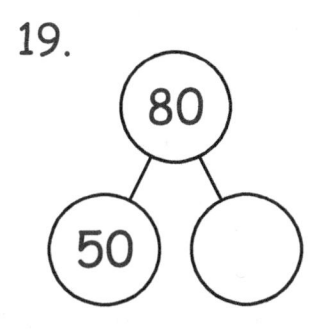

20.
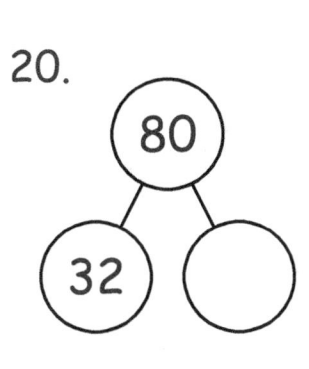

Number Bonds

Let's create bonds with Numbers 0 - 90.

Date: ____/____/_____

Fill in the empty circle with the missing number.

1.
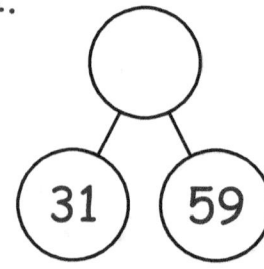
31   59

2.
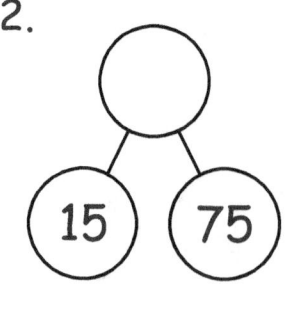
15   75

3.
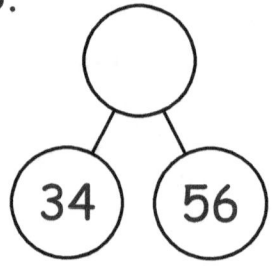
34   56

4.
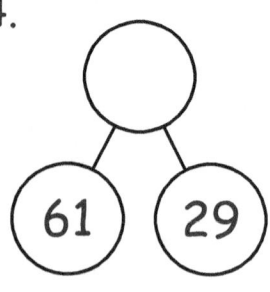
61   29

5.
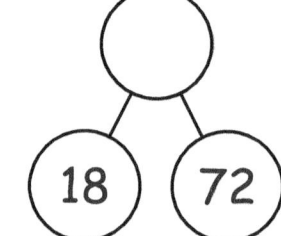
18   72

6.

68   22

7.
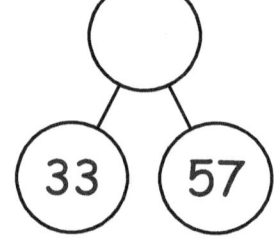
33   57

8.
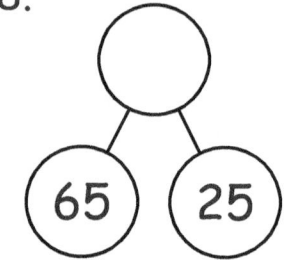
65   25

9.
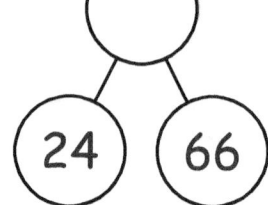
24   66

10.
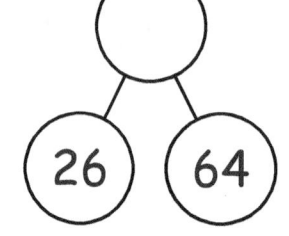
26   64

11.
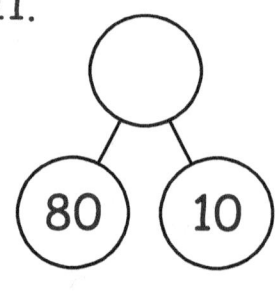
80   10

12.
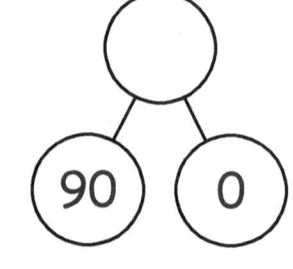
90   0

13.
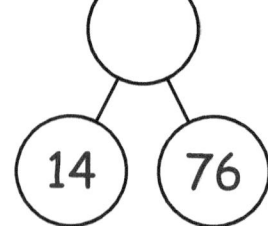
14   76

14.
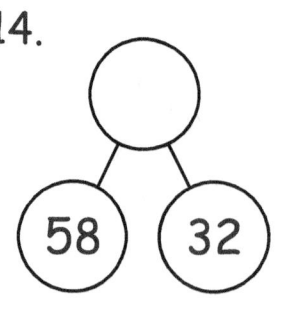
58   32

15.
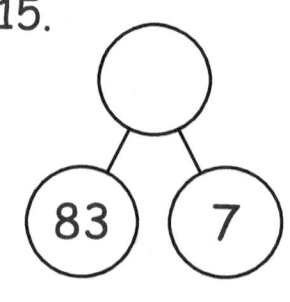
83   7

16.
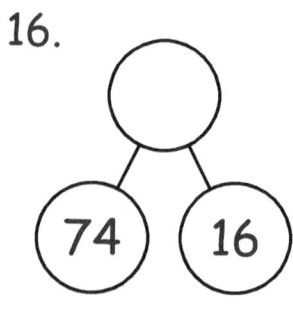
74   16

17.
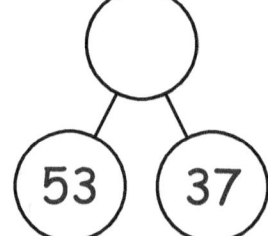
53   37

18.
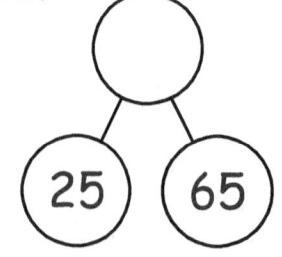
25   65

19.
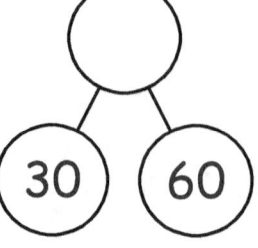
30   60

20.
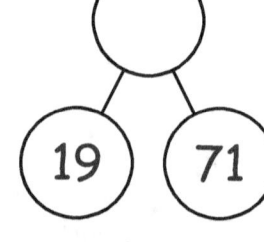
19   71

Number Bonds

Let's create bonds with Numbers 0 - 90.

Date: ____ / ____ / ____

Fill in the empty circle with the missing number.

1.
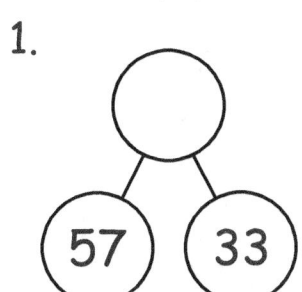
57 33

2.
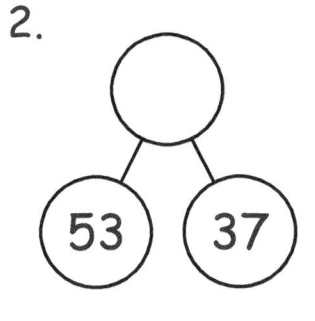
53 37

3.
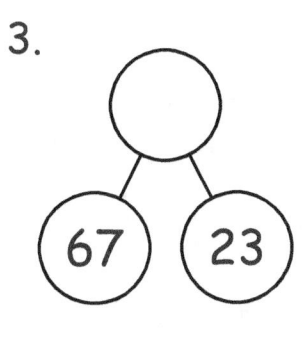
67 23

4.
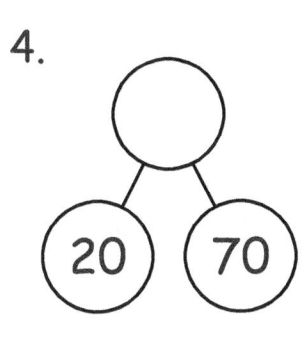
20 70

5.
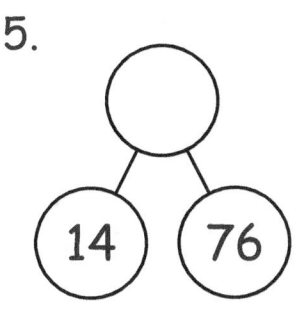
14 76

6.
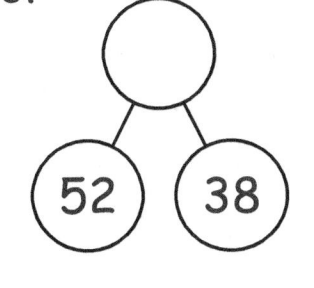
52 38

7.
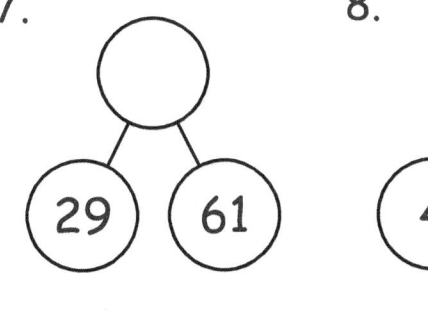
29 61

8.
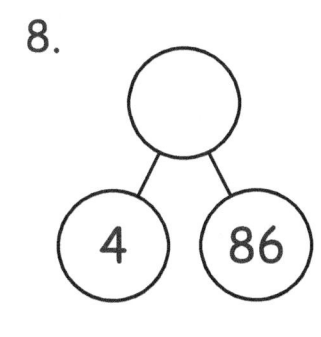
4 86

9.
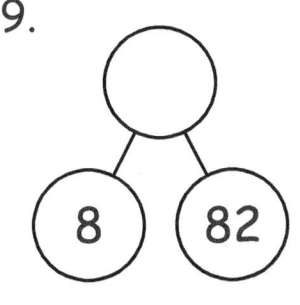
8 82

10.
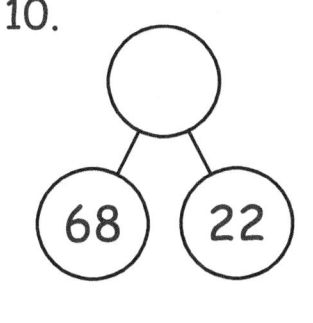
68 22

11.
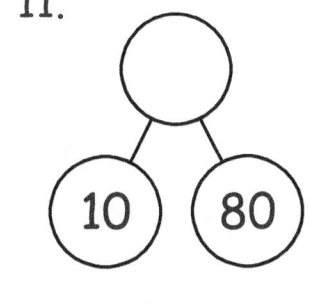
10 80

12.
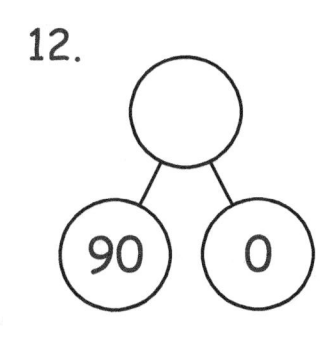
90 0

13.
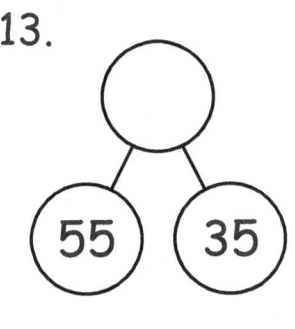
55 35

14.
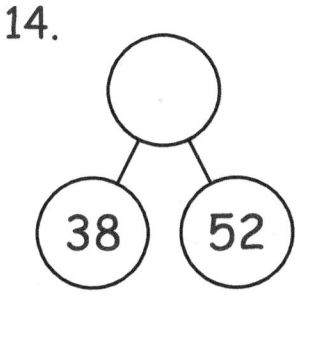
38 52

15.
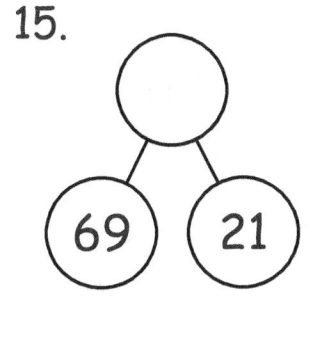
69 21

16.
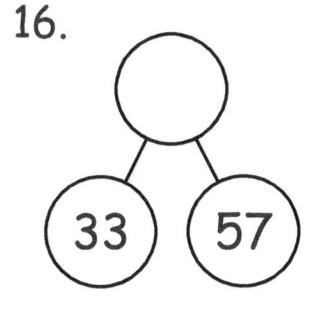
33 57

17.
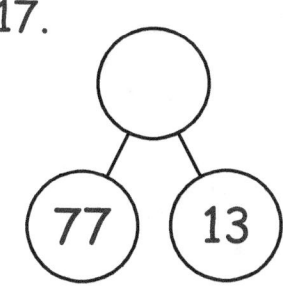
77 13

18.
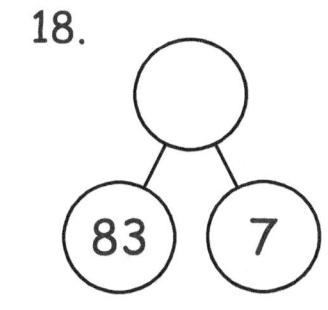
83 7

19.
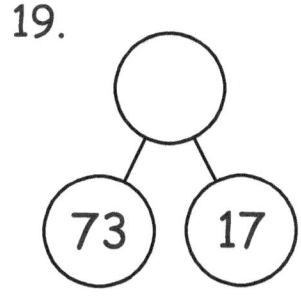
73 17

20.
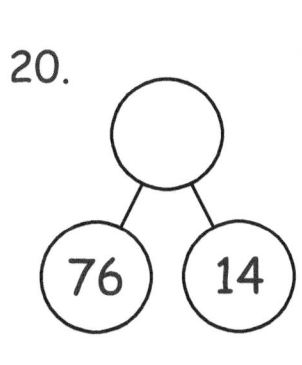
76 14

Number Bonds

Let's create bonds with Numbers 0 - 90.

Date: ___/___/_____

Fill in the empty circle with the missing number.

1.
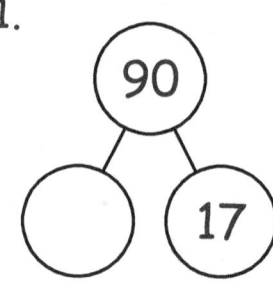

2.
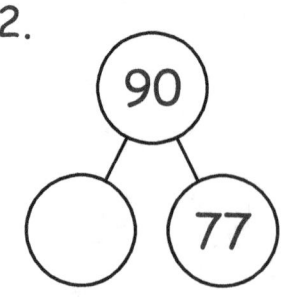

3.
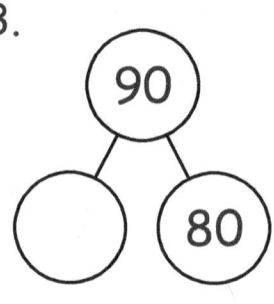

4.
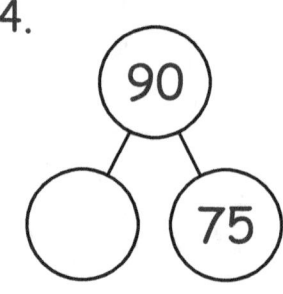

5.
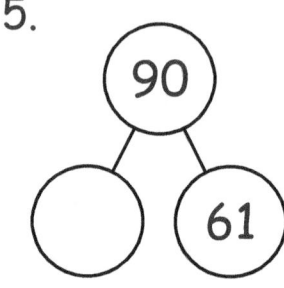

6.
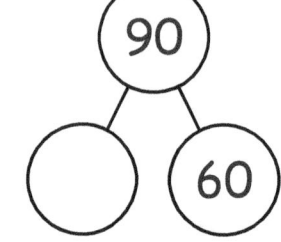

7.
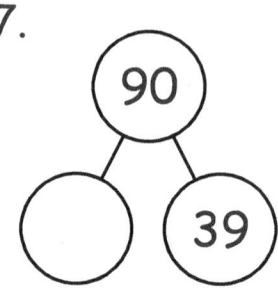

8.
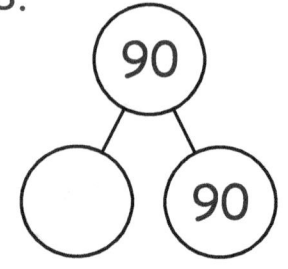

9.
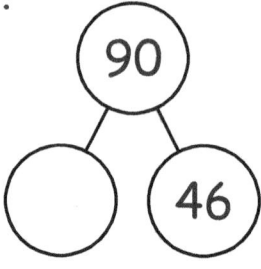

10.
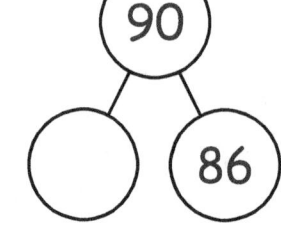

11.
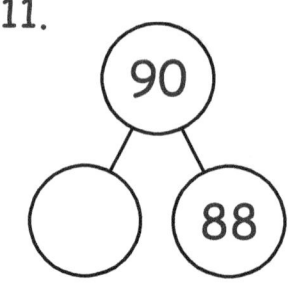

12.
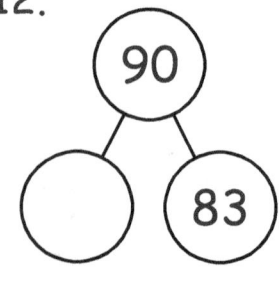

13.
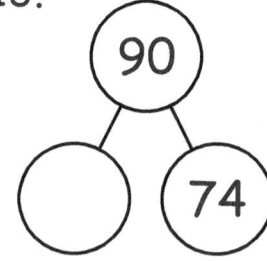

14.
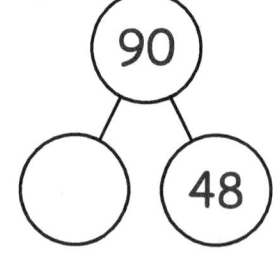

15.
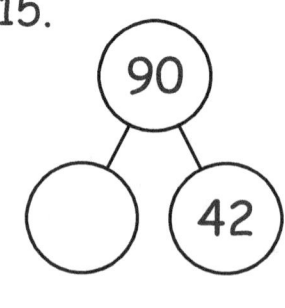

16.
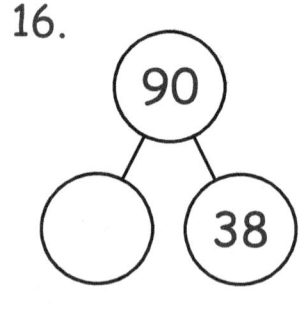

17.
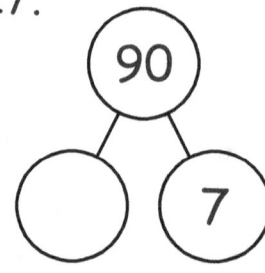

18.
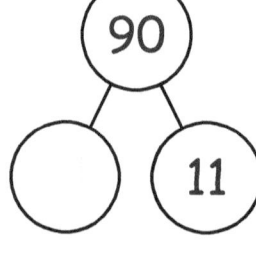

19.
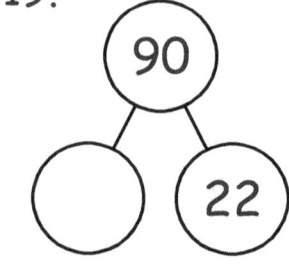

20.
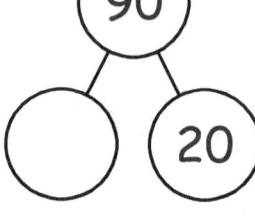

Number Bonds

Let's create bonds with Numbers 0 - 90.

Date: ____/____/____

Fill in the empty circle with the missing number.

1.
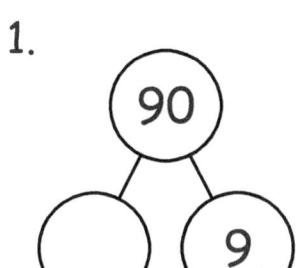

2.

3.
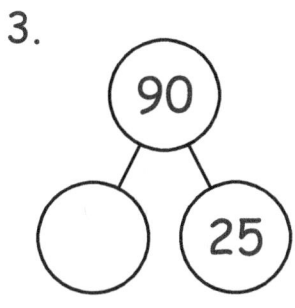

4.
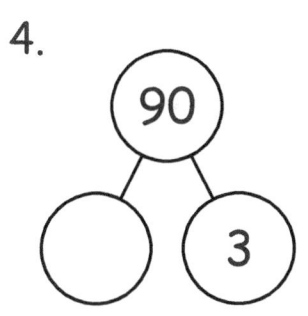

5.
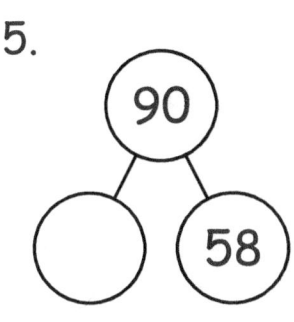

6.
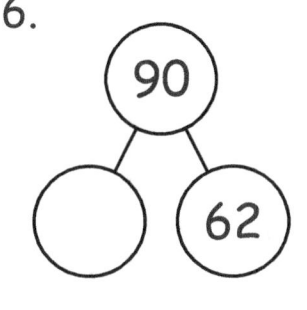

7.
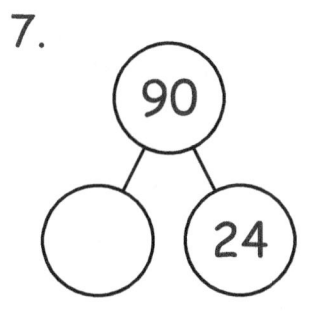

8.
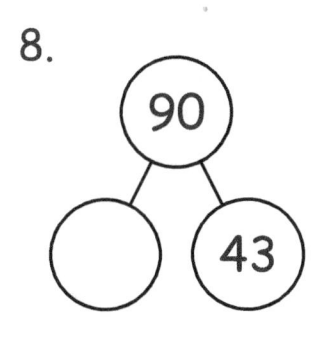

9.
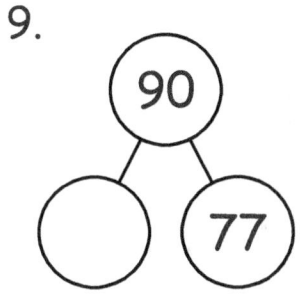

10.
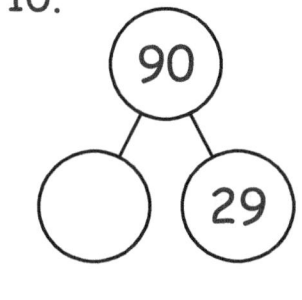

11.
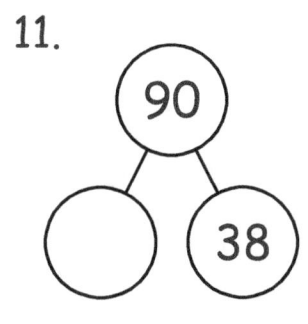

12.
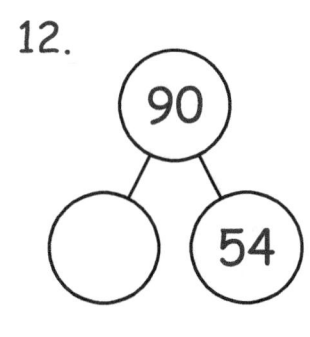

13.
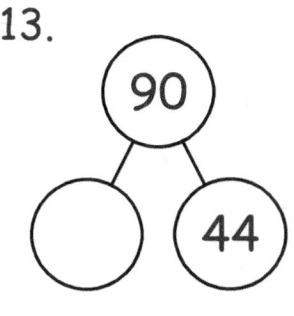

14.
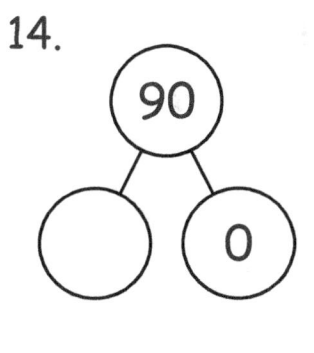

15.
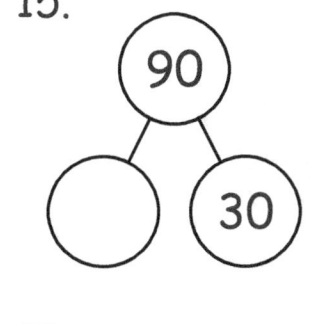

16.
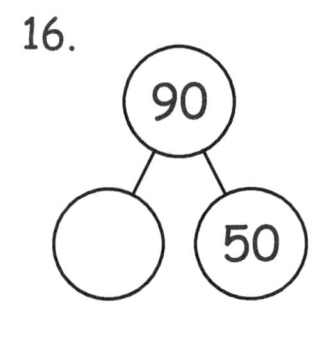

17.
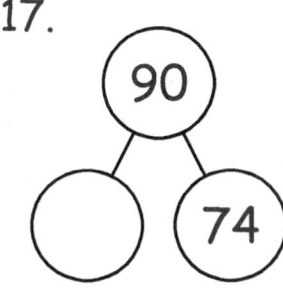

18.
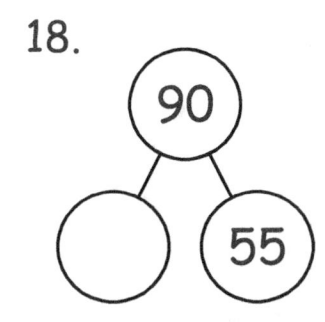

19.
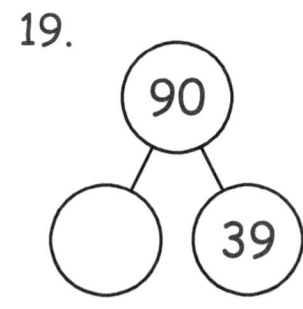

20.
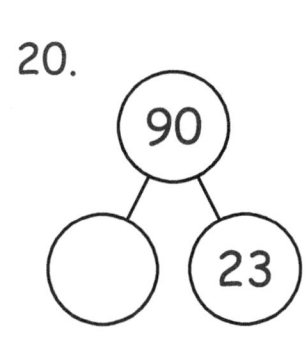

Number Bonds

Let's create bonds with Numbers 0 - 90.

Date: _____ / _____ / _____

Fill in the empty circle with the missing number.

1.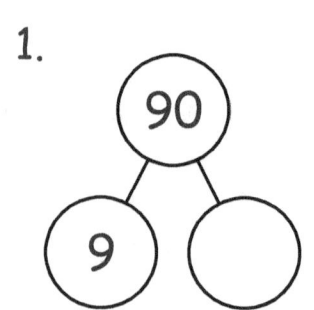

2.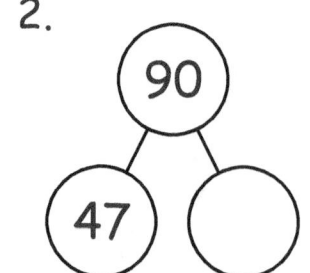

3.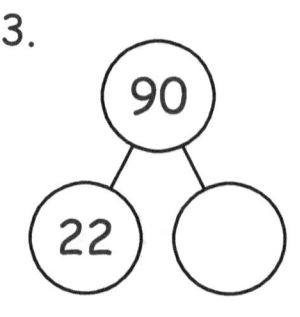

4.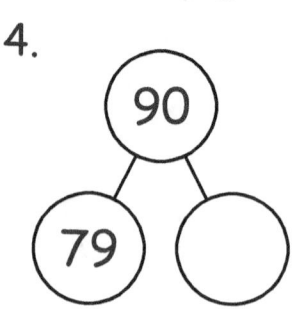

5.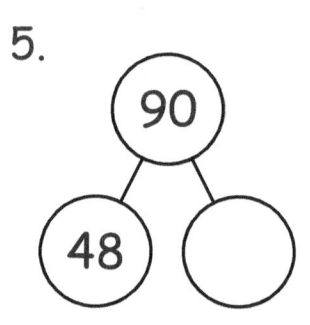

6.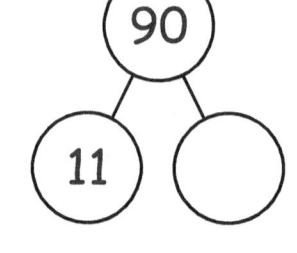

7.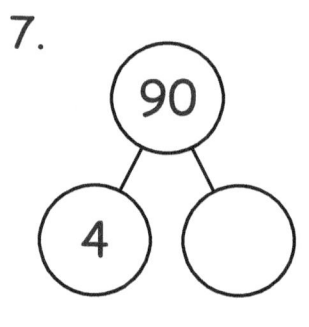

8.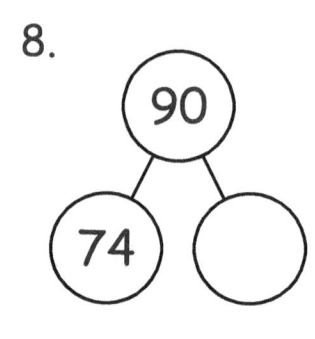

9.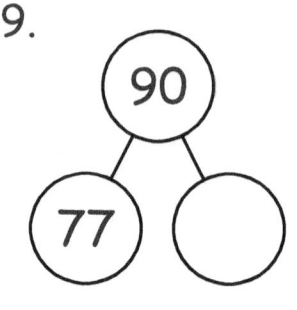

10.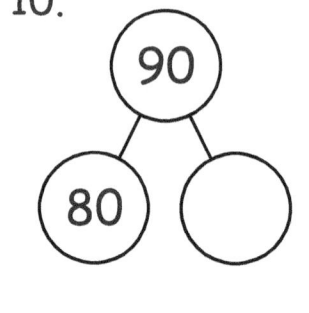

11.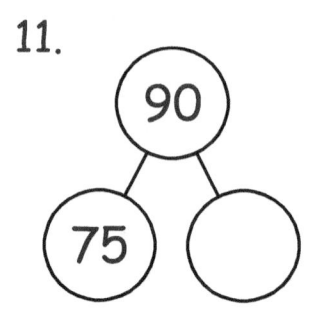

12.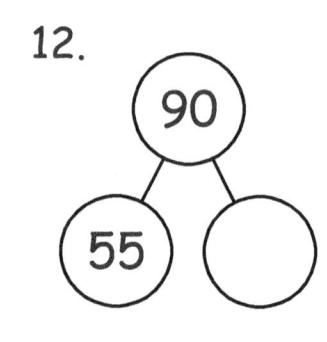

13.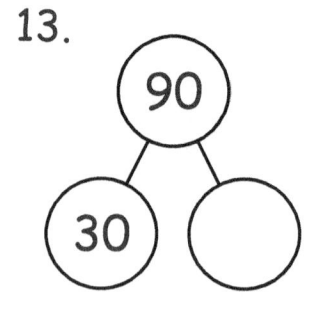

14.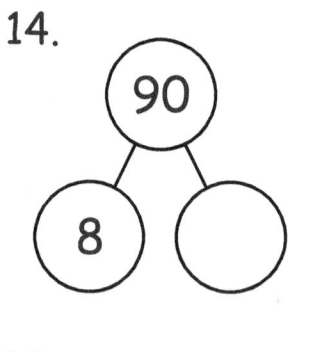

15.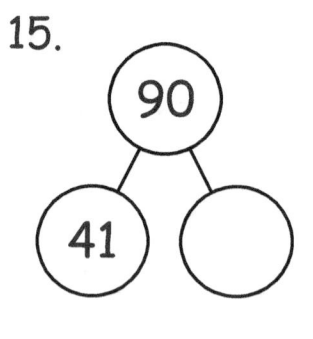

16.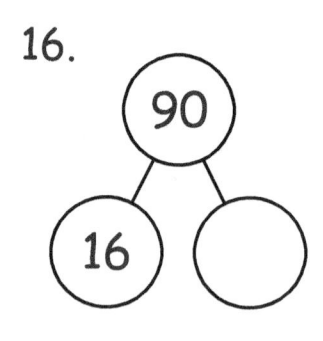

17.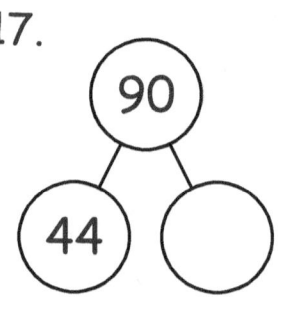

18.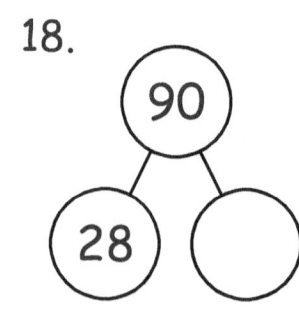

19.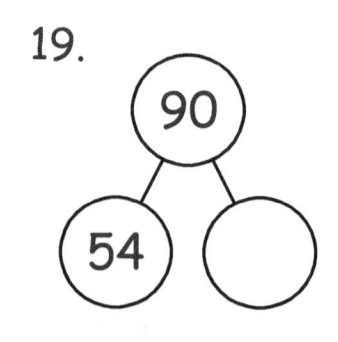

20.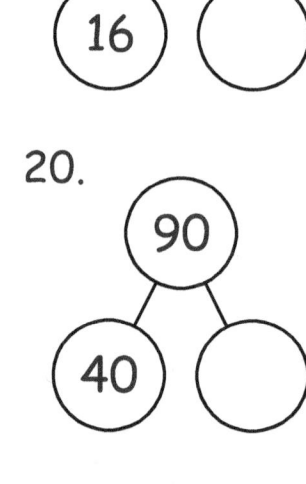

Number Bonds

Let's create bonds with Numbers 0 - 90.

SCORE /20

Date: ____ / ____ / ____

Fill in the empty circle with the missing number.

1.
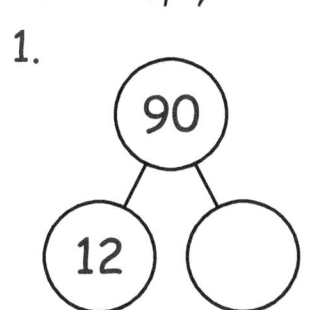

2.
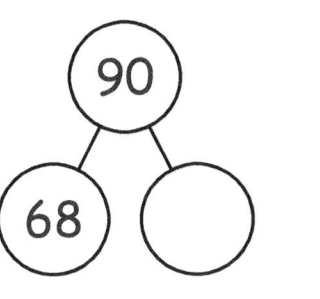

3.

4.
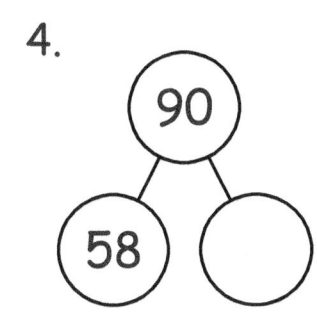

5.
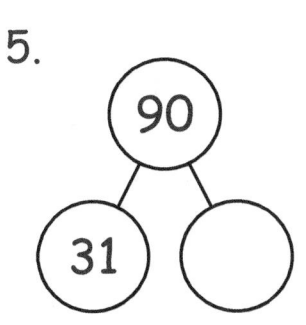

6.
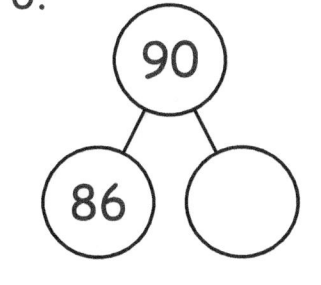

7.
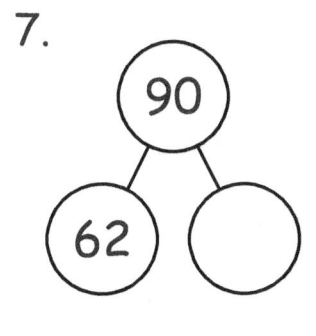

8.
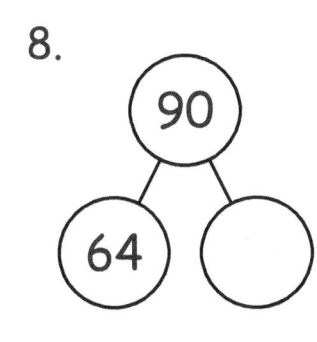

9.
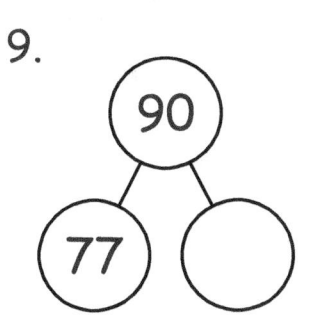

10.
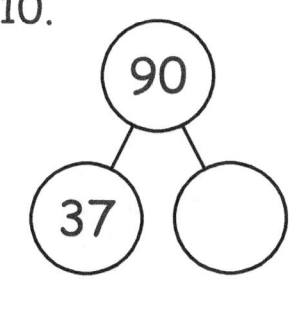

11.
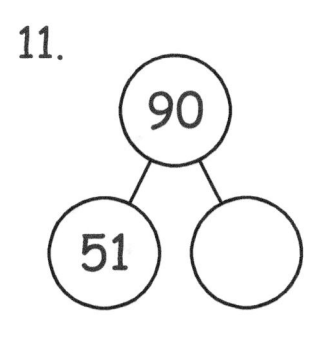

12.
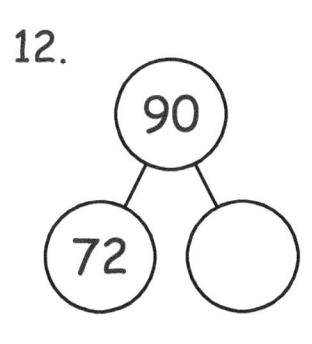

13.
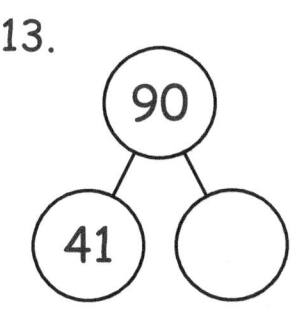

14.
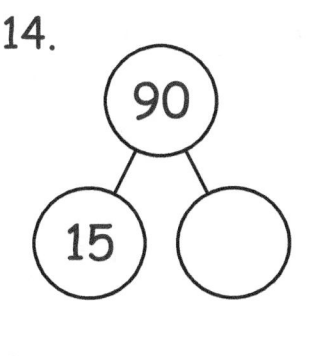

15.
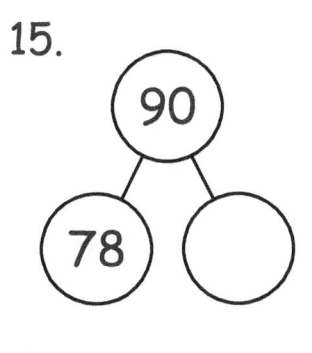

16.
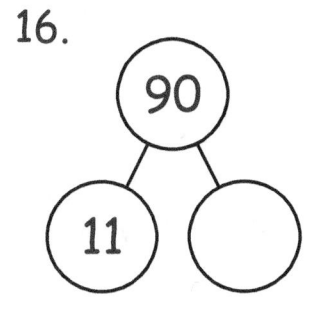

17.
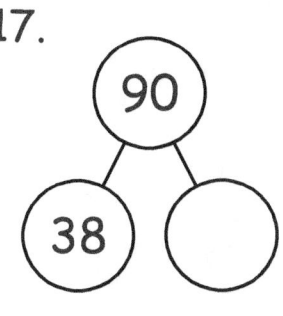

18.
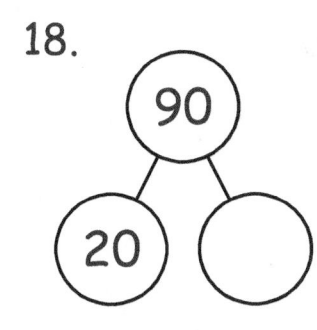

19.
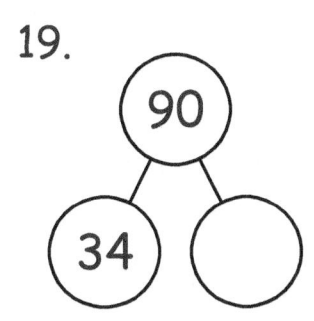

20.
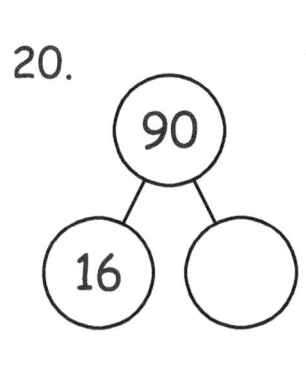

Number Bonds

Let's create bonds with Numbers 0 - 100.

SCORE
/20

Date: ___ /____ /_____

Fill in the empty circle with the missing number.

1.
(92) (8)

2.
(49) (51)

3.
(89) (11)

4.
(3) (97)

5.
(52) (48)

6.
(73) (27)

7.
(27) (73)

8.
(75) (25)

9.
(14) (86)

10.
(42) (58)

11.
(40) (60)

12.
(17) (83)

13.
(56) (44)

14.
(35) (65)

15.
(94) (6)

16.
(16) (84)

17.
(62) (38)

18.
(84) (16)

19.
(34) (66)

20.
(55) (45)

Number Bonds

Let's create bonds with Numbers 0 - 100.

Date: ___ / ___ / ___

Fill in the empty circle with the missing number.

1.
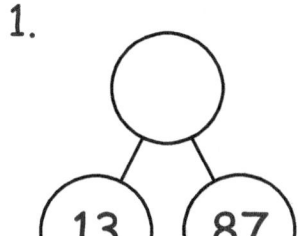
13   87

2.
46   54

3.
18   82

4.
8   92

5.
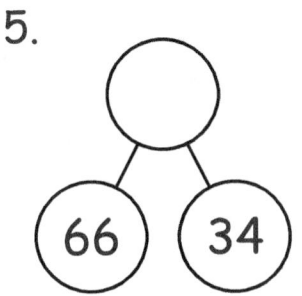
66   34

6.
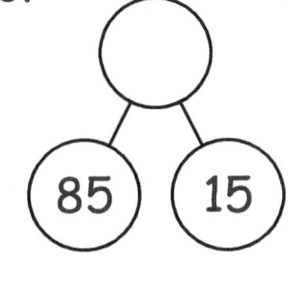
85   15

7.
47   53

8.
19   81

9.
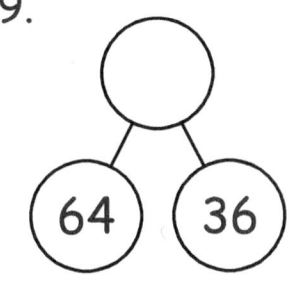
64   36

10.
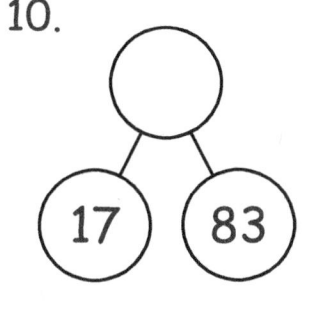
17   83

11.
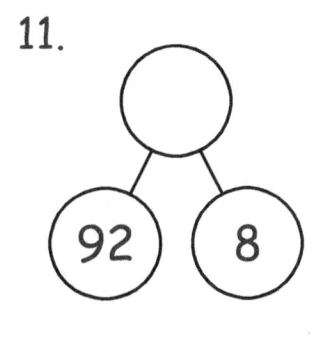
92   8

12.
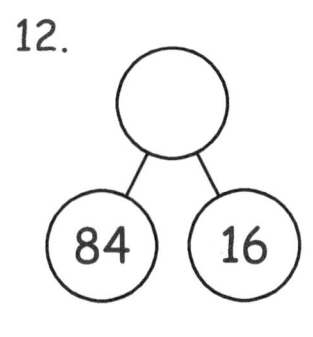
84   16

13.
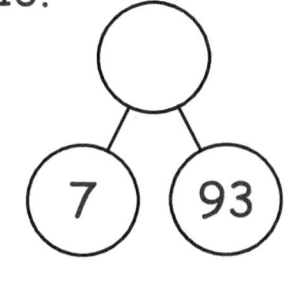
7   93

14.
2   98

15.
11   89

16.
25   75

17.
3   97

18.
78   22

19.
21   79

20.
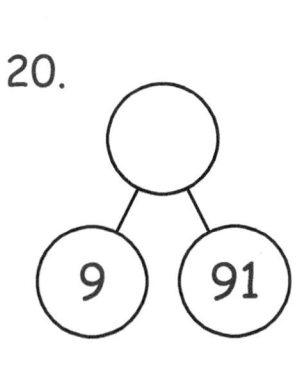
9   91

Number Bonds

Let's create bonds with Numbers 0 - 100.

Date: ___ / ____ / _____

Fill in the empty circle with the missing number.

1.
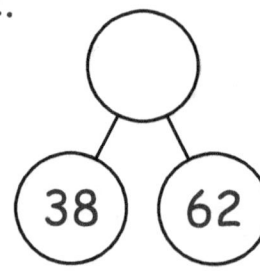
38 62

2.
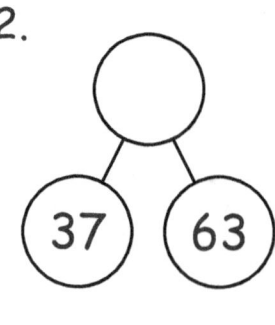
37 63

3.
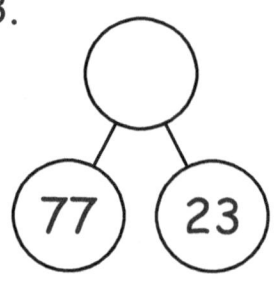
77 23

4.
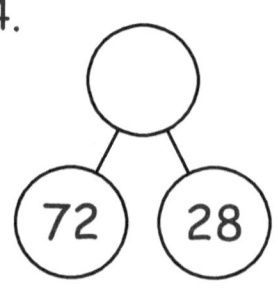
72 28

5.
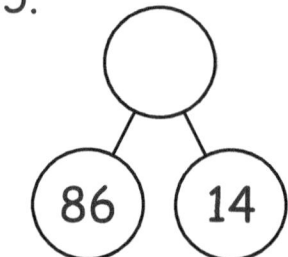
86 14

6.
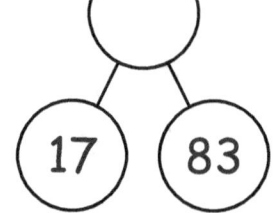
17 83

7.
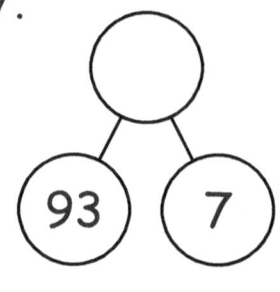
93 7

8.
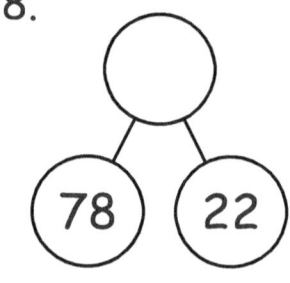
78 22

9.
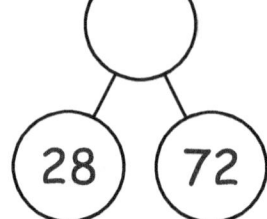
28 72

10.
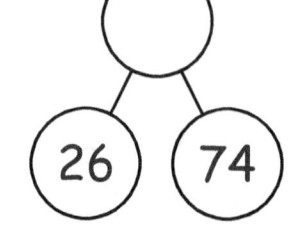
26 74

11.
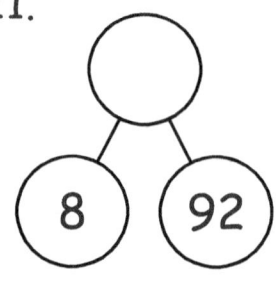
8 92

12.
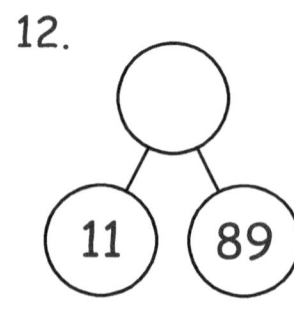
11 89

13.
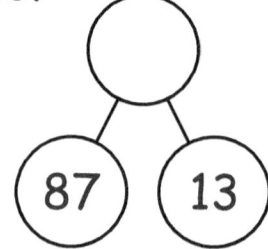
87 13

14.
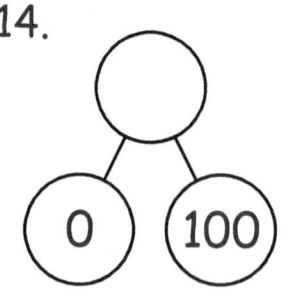
0 100

15.
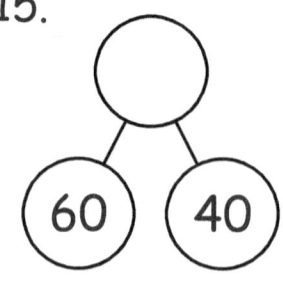
60 40

16.
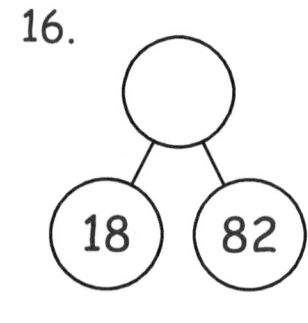
18 82

17.
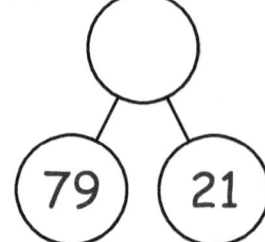
79 21

18.
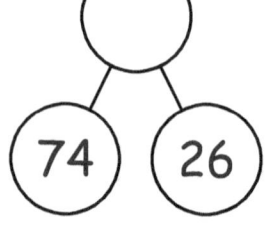
74 26

19.
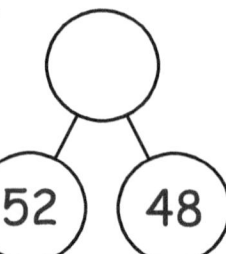
52 48

20.
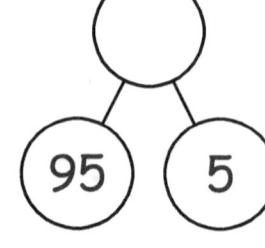
95 5

Number Bonds

Let's create bonds with Numbers 0 - 100.

Date: ____/_____/_____

Fill in the empty circle with the missing number.

1.
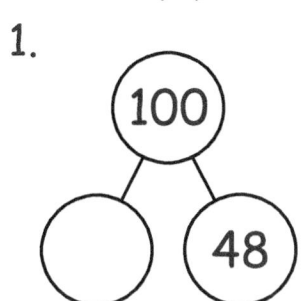

2.
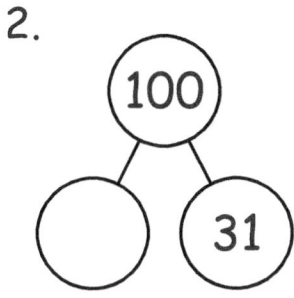

3.
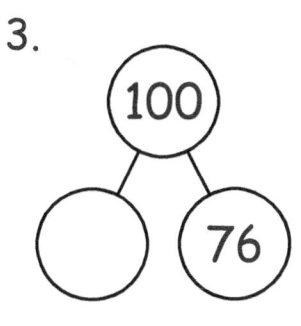

4.
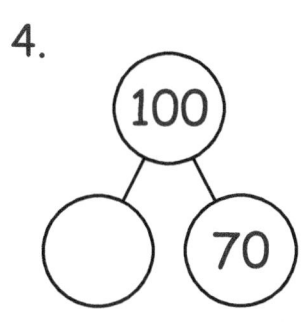

5.
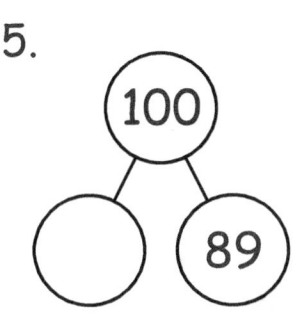

6.
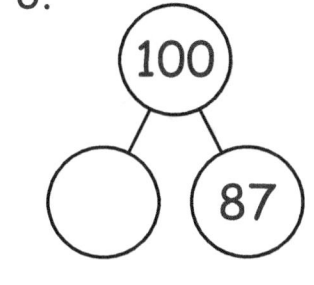

7.
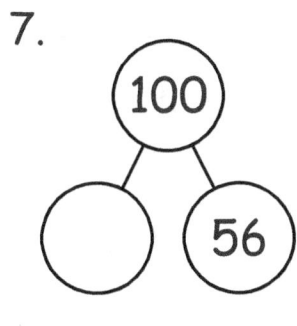

8.
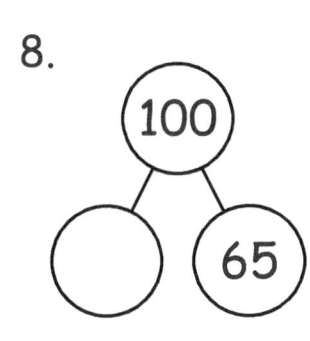

9.
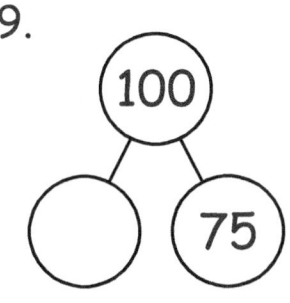

10.
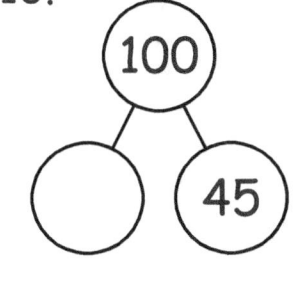

11.
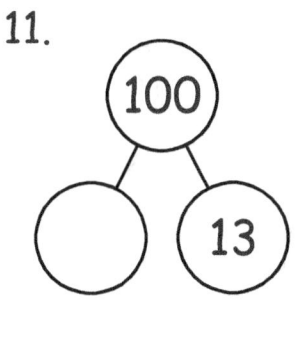

12.
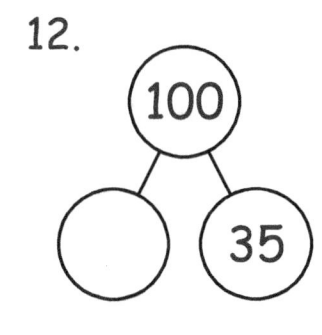

13.
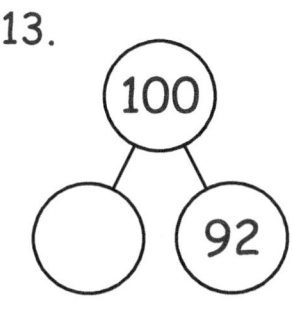

14.
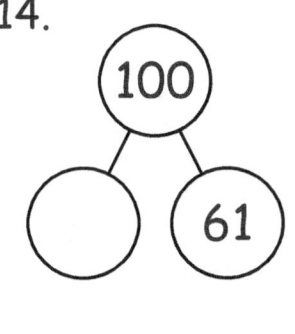

15.
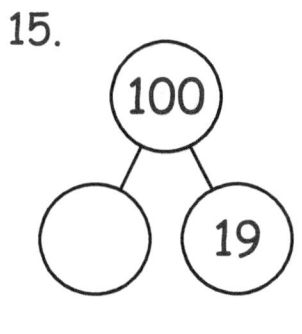

16.
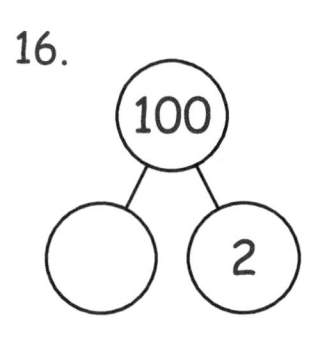

17.
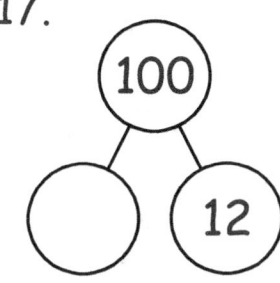

18.
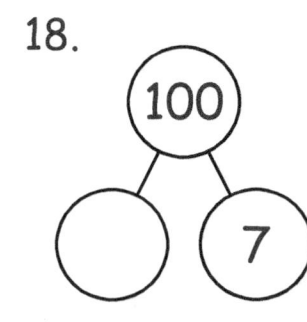

19.
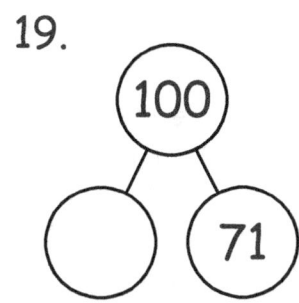

20.
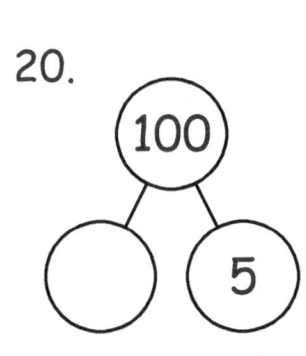

Number Bonds

Let's create bonds with Numbers 0 - 100.

Date: ____ /____ /_____

Fill in the empty circle with the missing number.

1.
100
( ) 51

2.
100
( ) 94

3.
100
( ) 35

4.
100
( ) 84

5.
100
( ) 79

6.
100
( ) 2

7.
100
( ) 9

8.
100
( ) 32

9.
100
( ) 92

10.
100
( ) 66

11.
100
( ) 89

12.
100
( ) 61

13.
100
( ) 76

14.
100
( ) 68

15.
100
( ) 18

16.
100
( ) 11

17.
100
( ) 16

18.
100
( ) 57

19.
100
( ) 53

20.
100
( ) 44

Number Bonds

Let's create bonds with Numbers 0 - 100.

Date: ____ / ____ / _____

Fill in the empty circle with the missing number.

1.
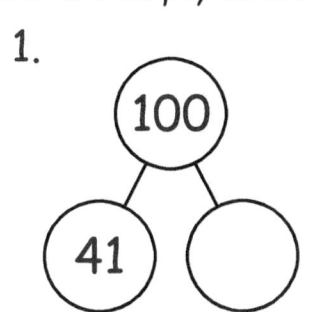

2.
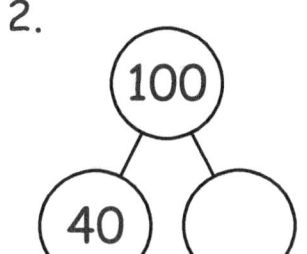

3.
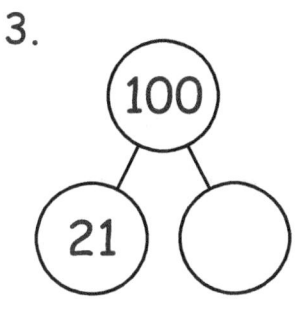

4.
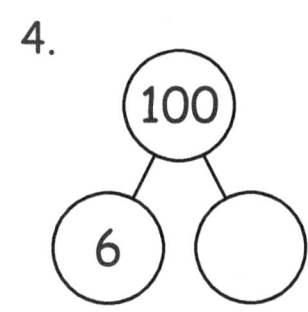

5.
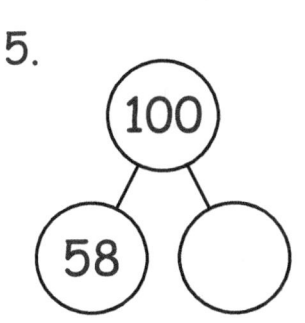

6.
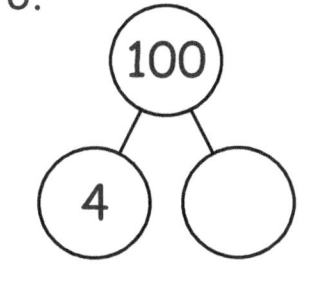

7.
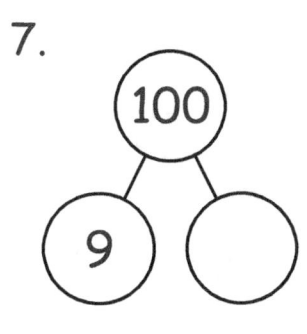

8.
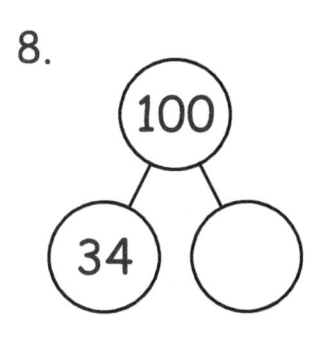

9.
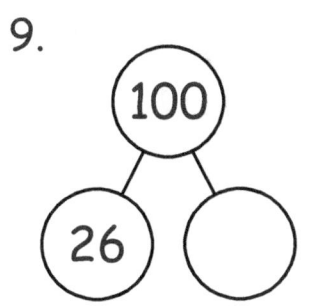

10.
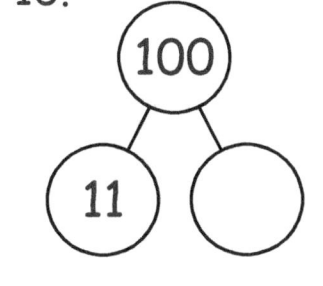

11.
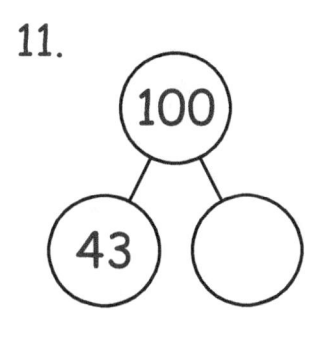

12.
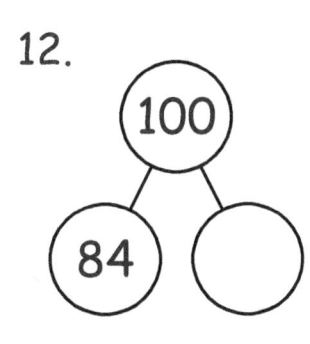

13.
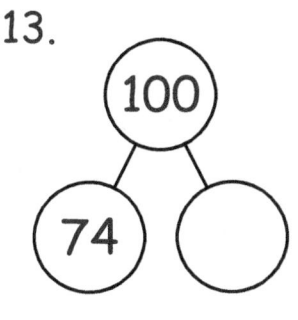

14.
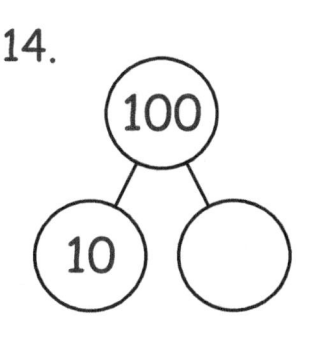

15.
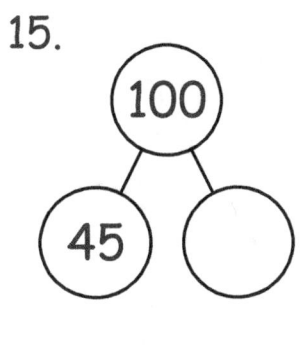

16.
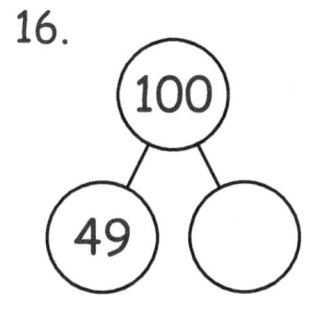

17.
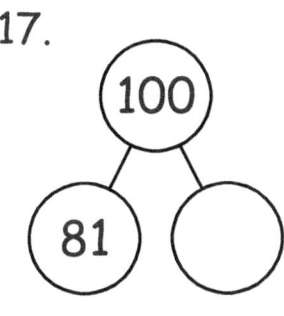

18.
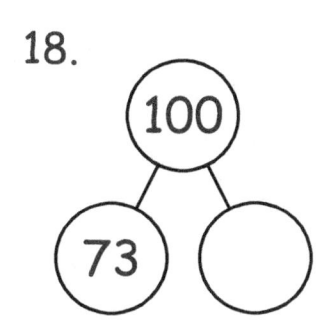

19.
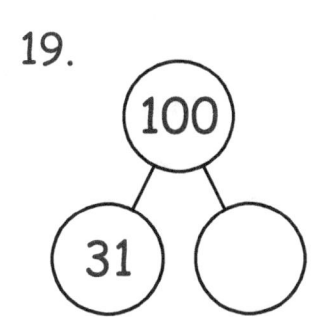

20.
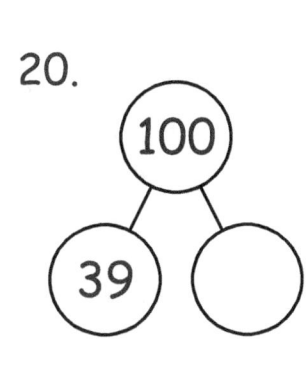

Number Bonds

Let's create bonds with Numbers 0 - 100.

Date: ____/____/_____

Fill in the empty circle with the missing number.

1.
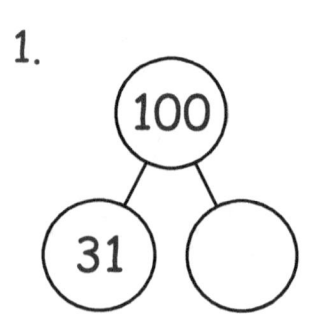

2.
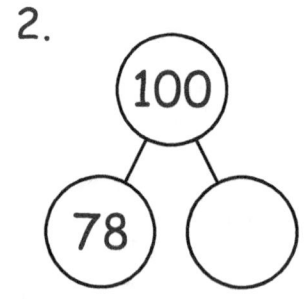

3.
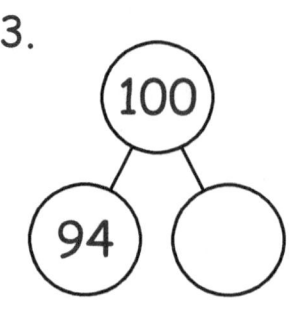

4.
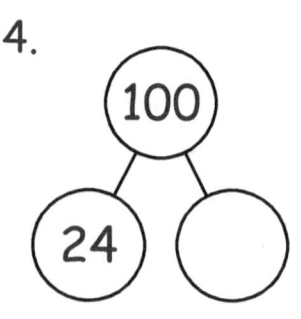

5.
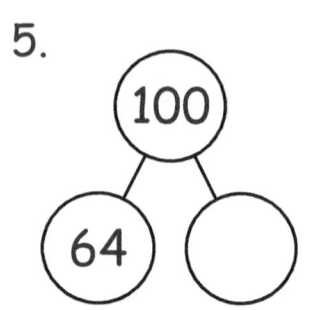

6.
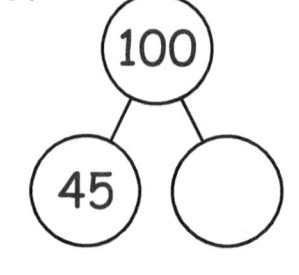

7.
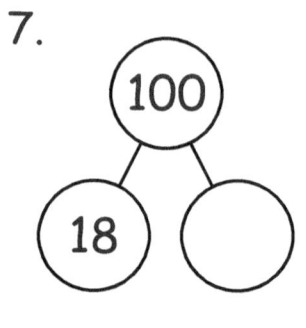

8.
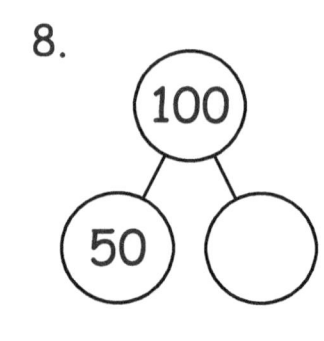

9.
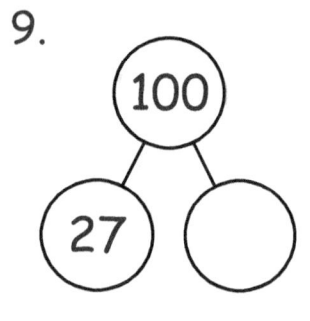

10.
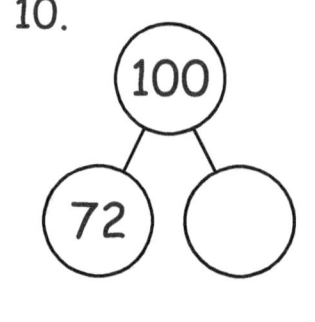

11.
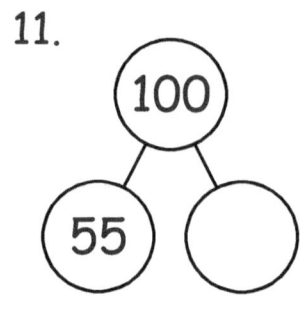

12.
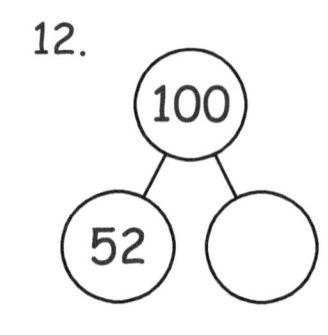

13.
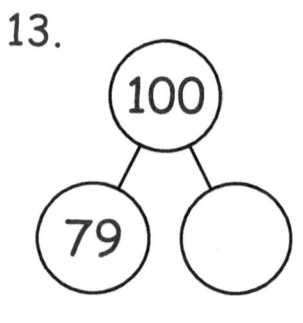

14.
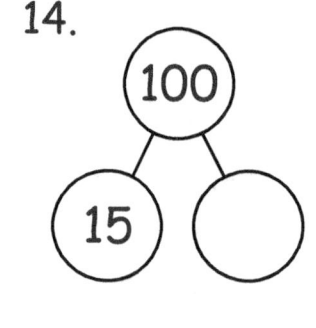

15.
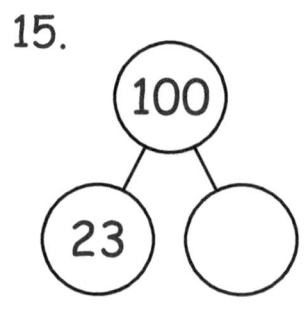

16.
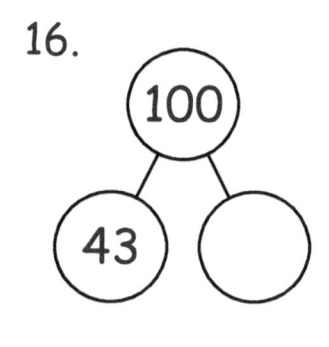

17.
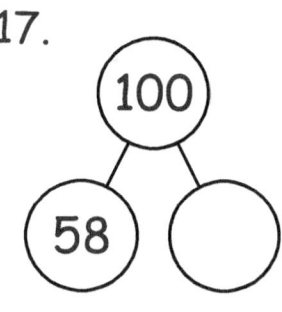

18.
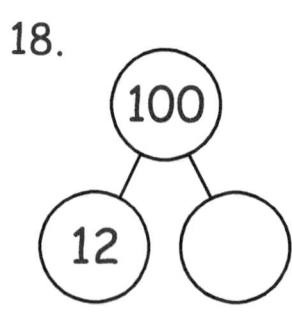

19.
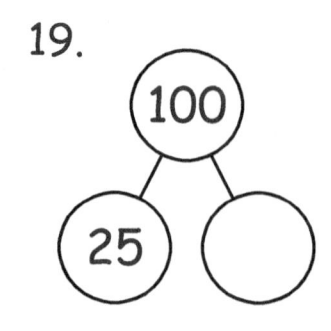

20.
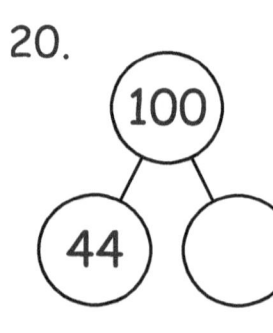

Number Bonds

Let's create bonds with Numbers 0 - 5.

SCORE /16

Date: ____ / ____ / _____

Fill in the empty circle with the missing number.

1.
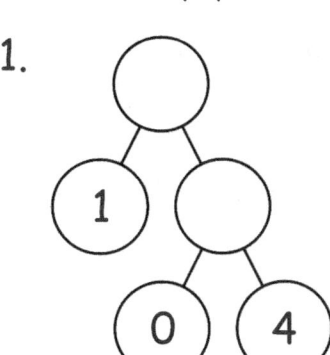

2.
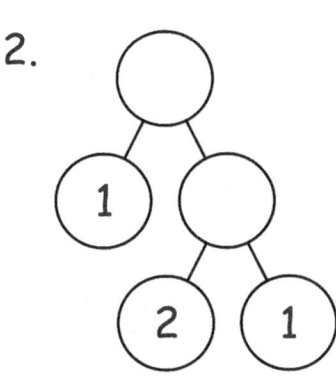

3.

4.
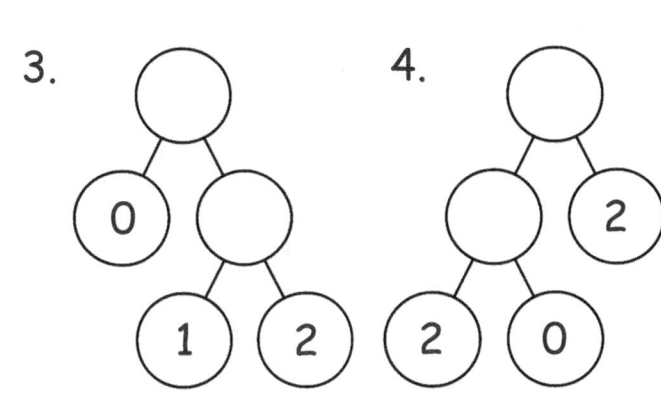

5.
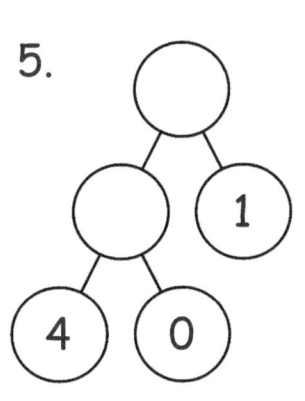

6.

7.
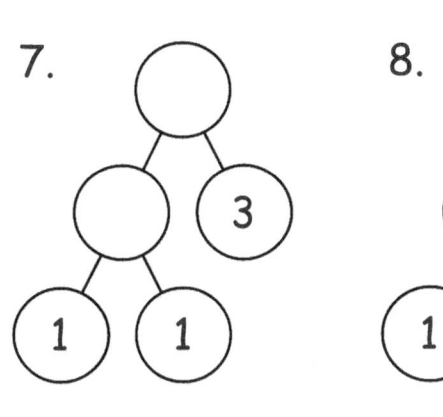

8.
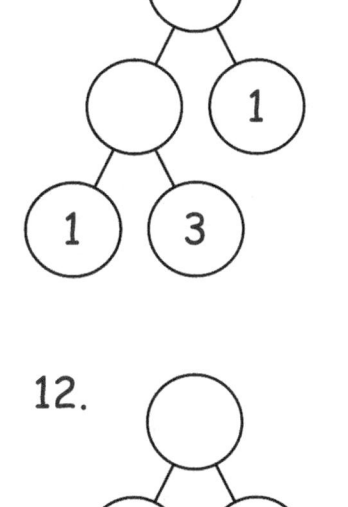

9.
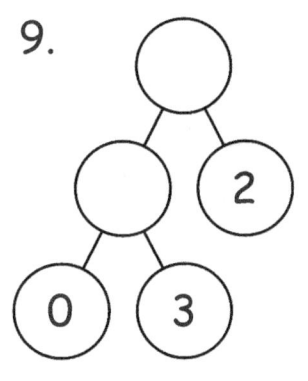

10.

11.
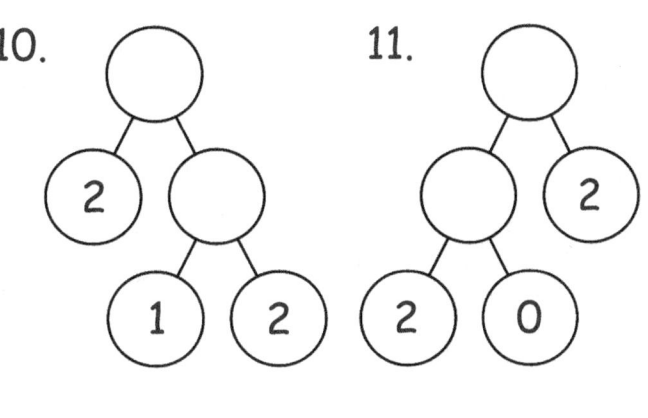

12.
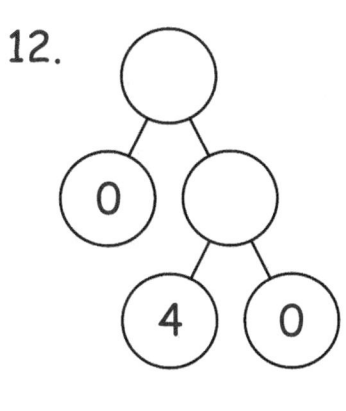

13.
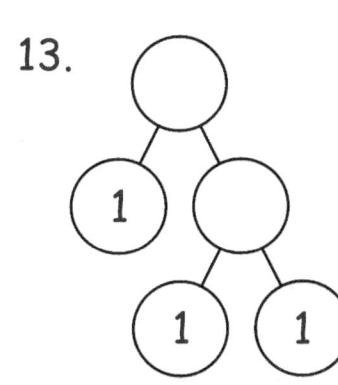

14.

15.
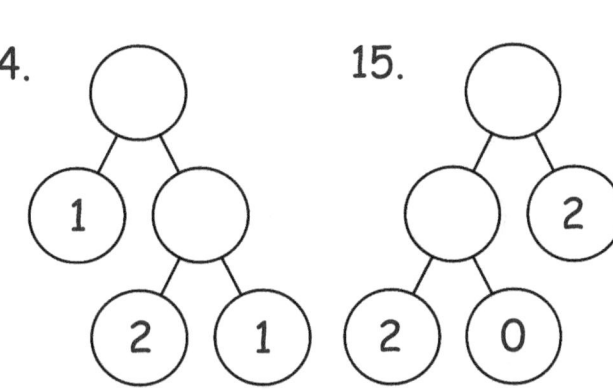

16.
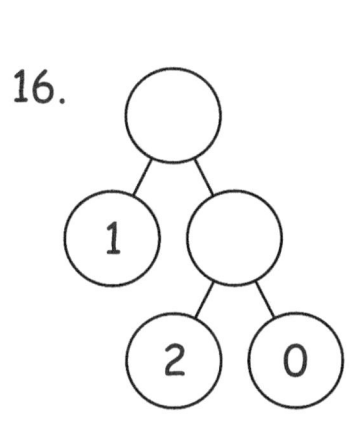

Number Bonds

Let's create bonds with Numbers 0 - 5.

Date: ____/____/____

Fill in the empty circle with the missing number.

1.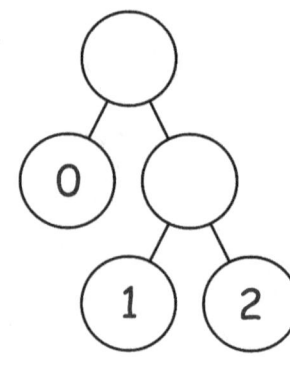

2.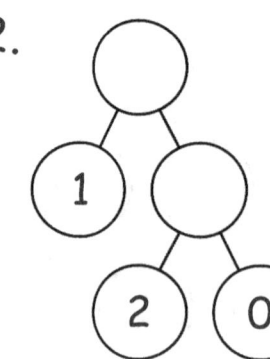

3. 4.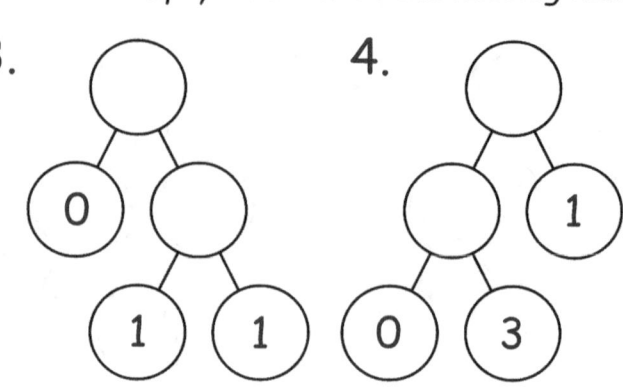

5.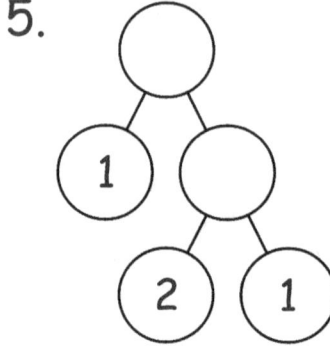

6.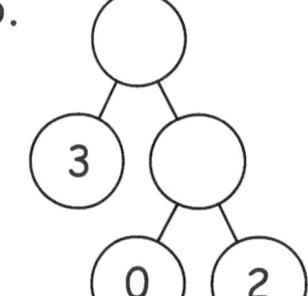

7.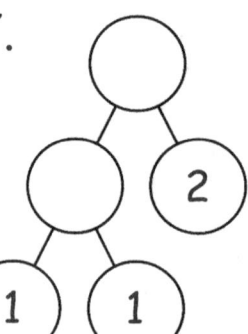

8.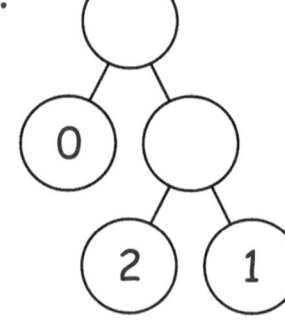

9. 10.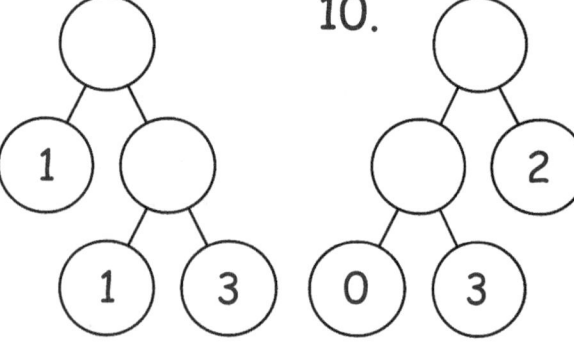

11. 12.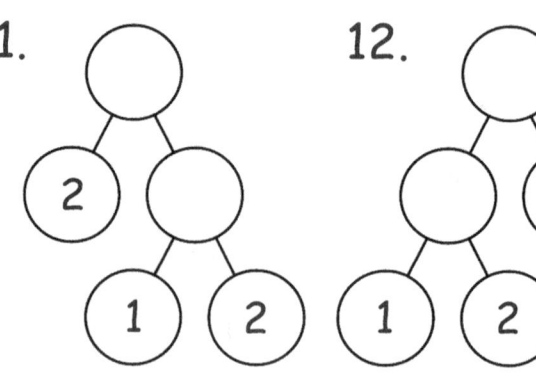

13.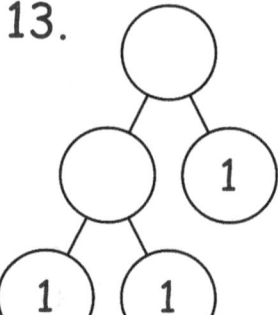

14.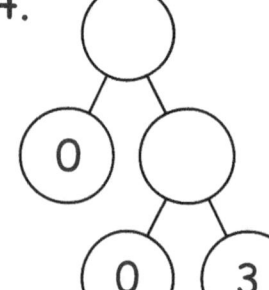

15.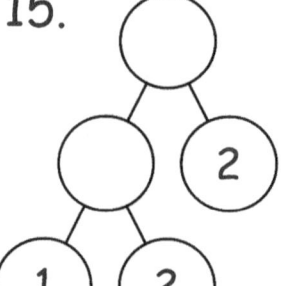

16.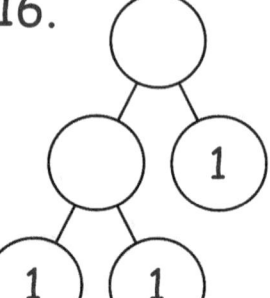

Number Bonds

SCORE /16

Let's create bonds with Numbers 0 - 5.

Date: ____ / ____ / _____

Fill in the empty circle with the missing number.

1.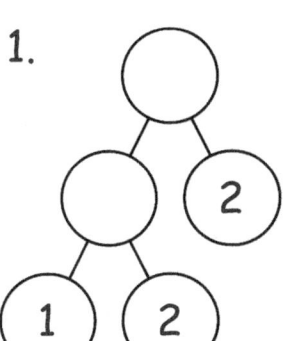

2.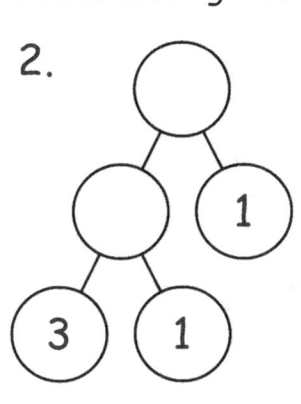

3.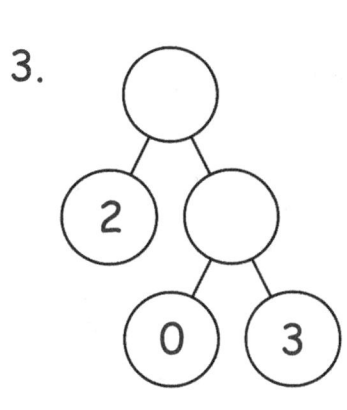

4.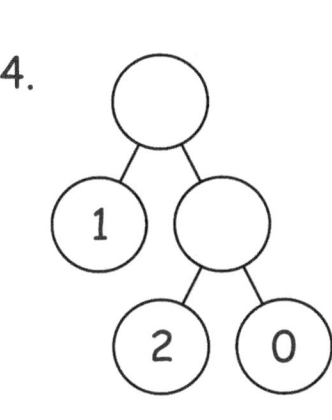

5.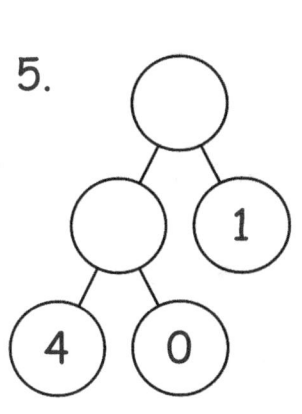

6.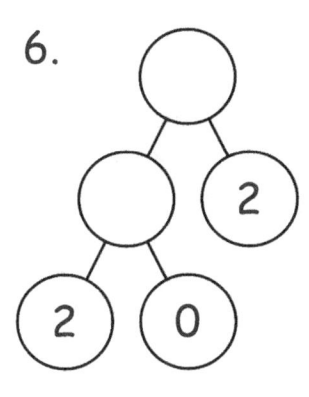

7. 8.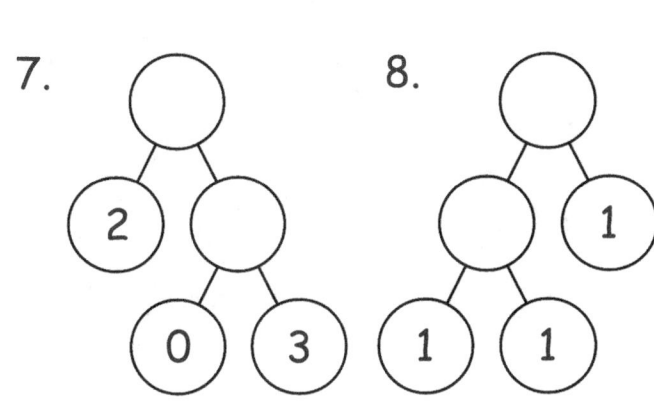

9.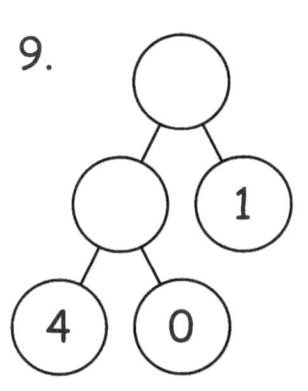

10. 11. 12.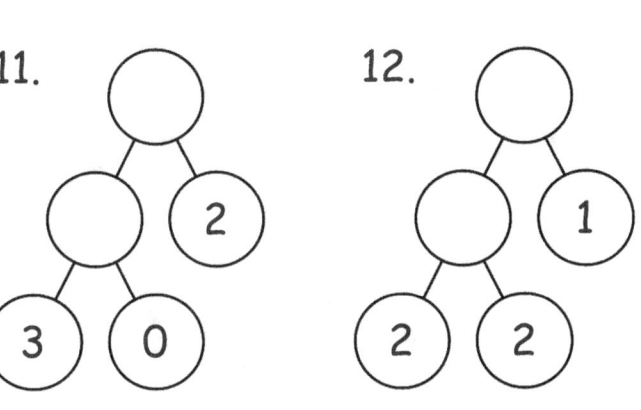

13.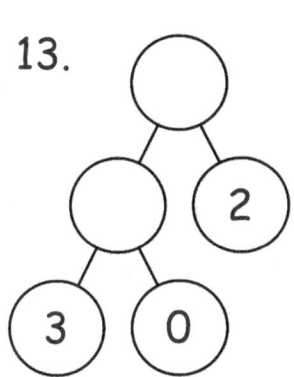

14. 15. 16.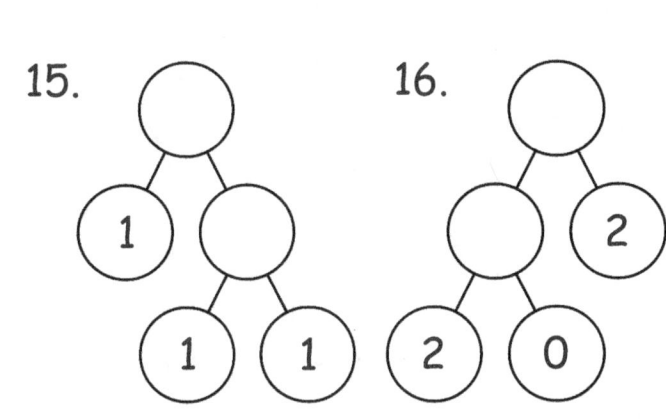

SCORE
/16

Number Bonds

Let's create bonds with Numbers 0 - 5.

Date: ____/____/_____

Fill in the empty circle with the missing number.

1.
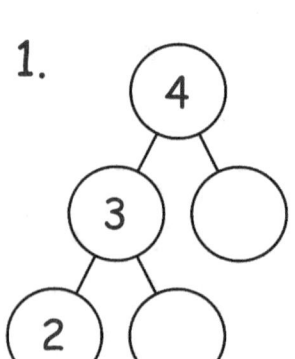

2.
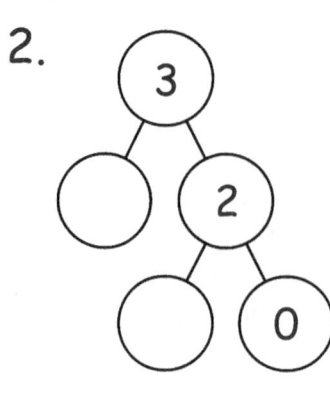

3.
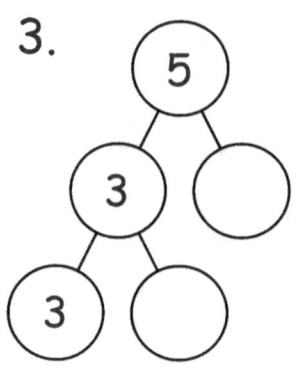

4.
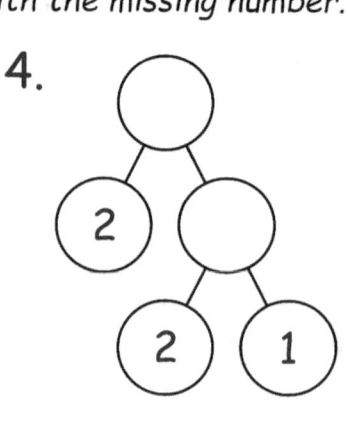

5.
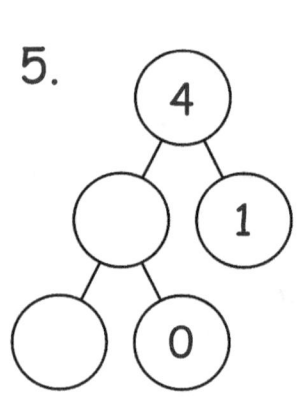

6.
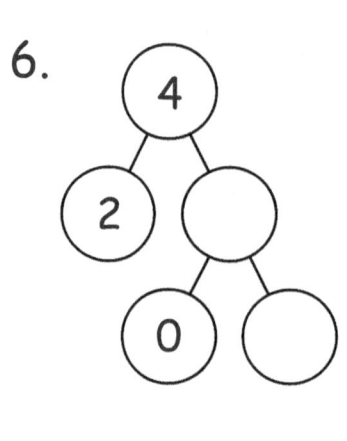

7. 8.
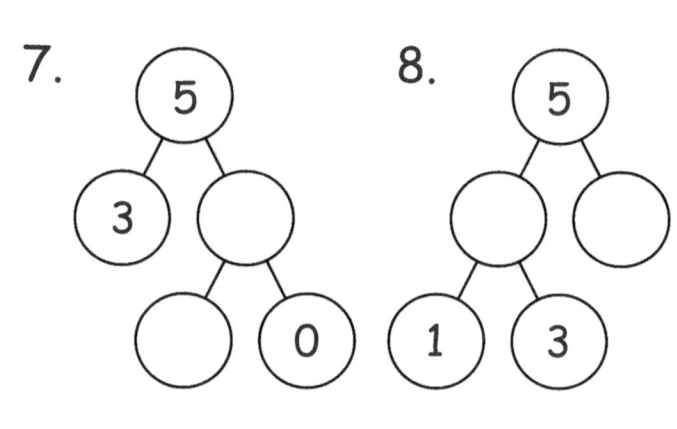

9. 10.
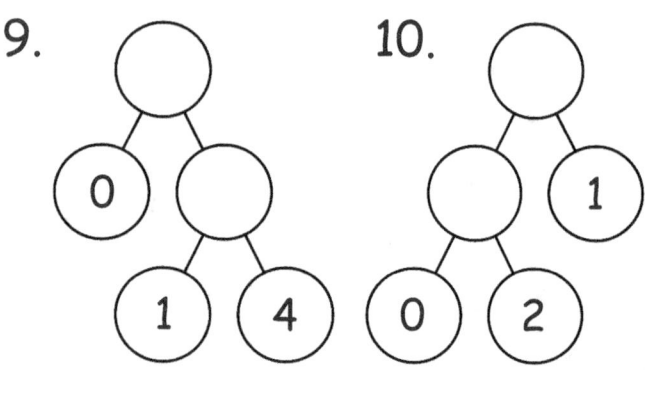

11. 12.
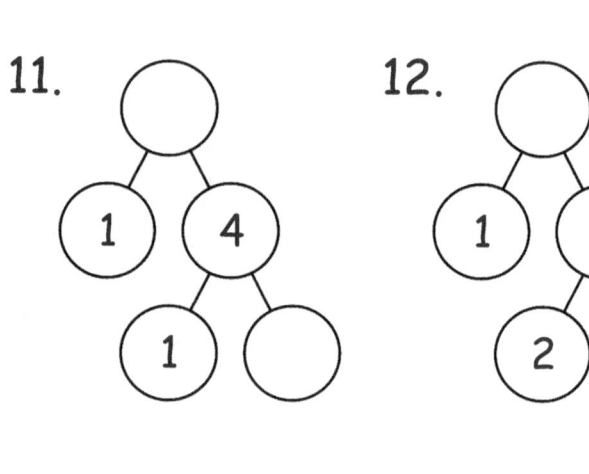

13.
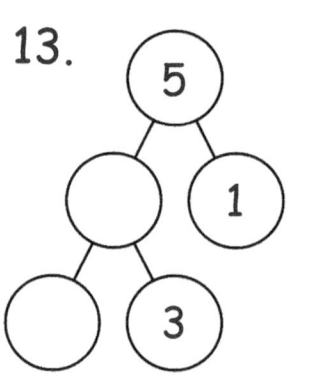

14.
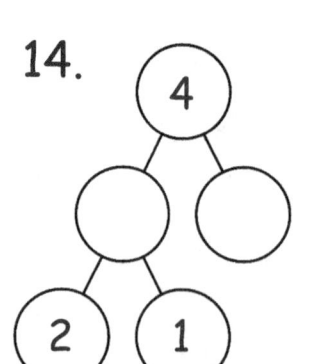

15.
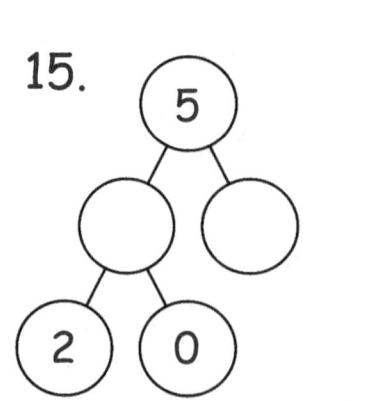

16.
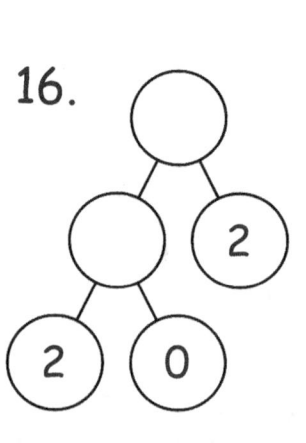

Number Bonds

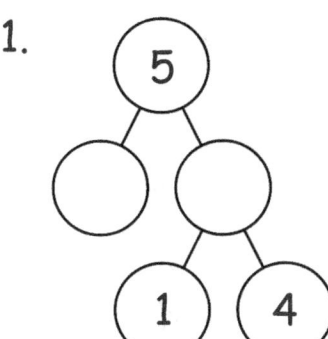

Let's create bonds with Numbers 0 - 5.

SCORE

/16

Date: ____ / ____ / ____

Fill in the empty circle with the missing number.

1.

(5)
( ) ( )
(1) (4)

2.
( )
(1) ( )
(3) (0)

3.
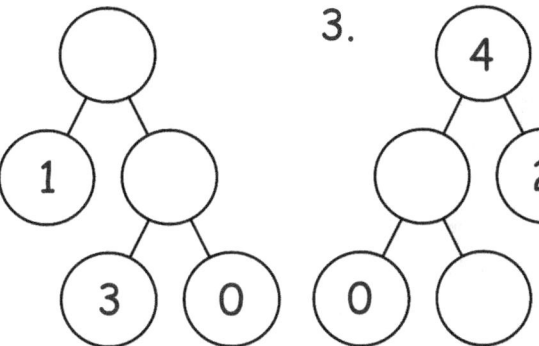
(4)
( ) (2)
(0) ( )

4.
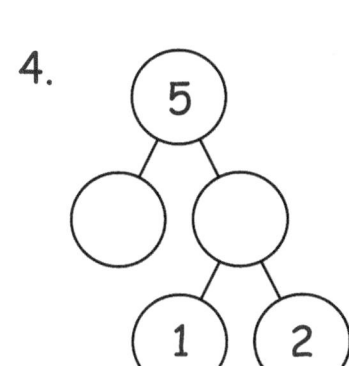
(5)
( ) ( )
(1) (2)

5.
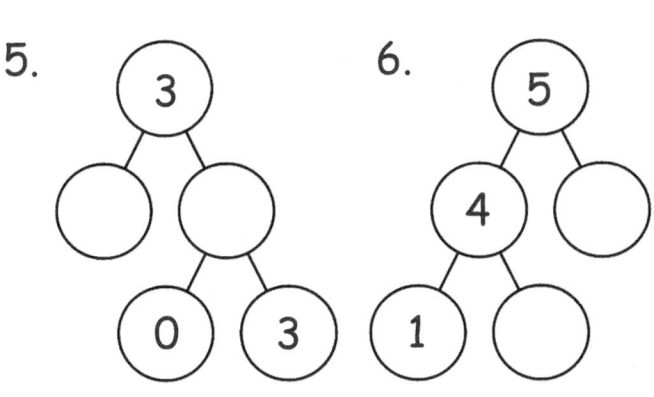
(3)
( ) ( )
(0) (3)

6.
(5)
(4) ( )
(1) ( )

7.
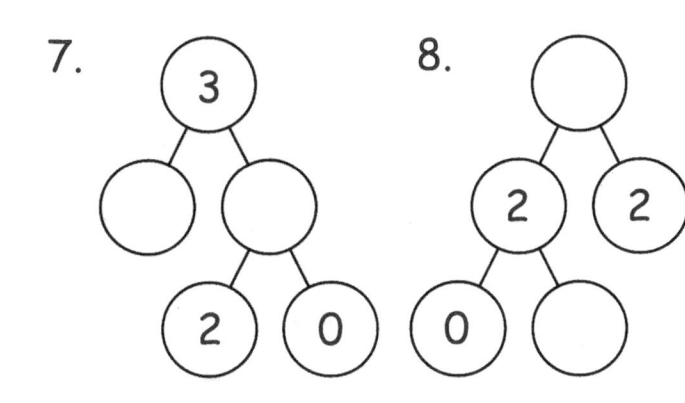
(3)
( ) ( )
(2) (0)

8.
( )
(2) (2)
(0) ( )

9.
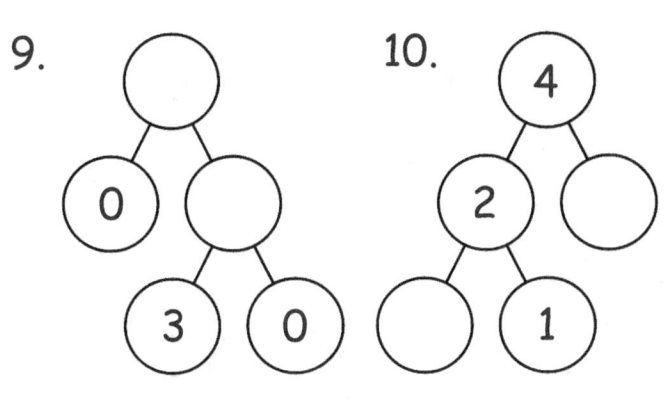
( )
(0) ( )
(3) (0)

10.
(4)
(2) ( )
( ) (1)

11.
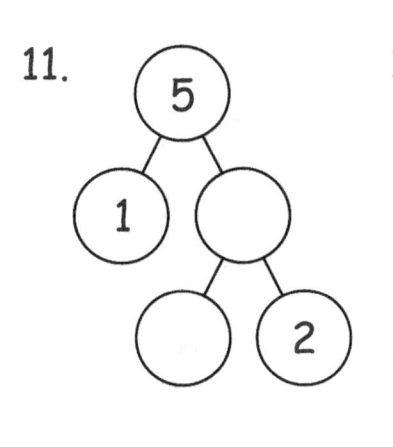
(5)
(1) ( )
( ) (2)

12.
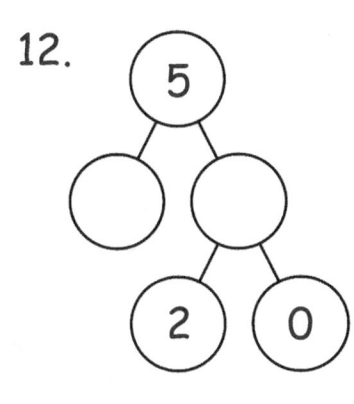
(5)
( ) ( )
(2) (0)

13.
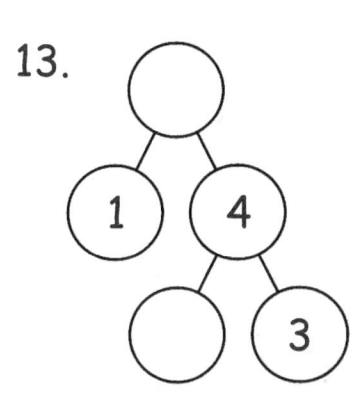
( )
(1) (4)
( ) (3)

14.
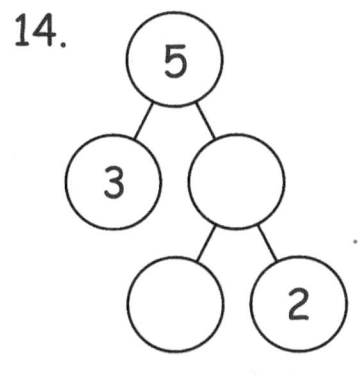
(5)
(3) ( )
( ) (2)

15.
( )
(0) (5)
(3) ( )

16.
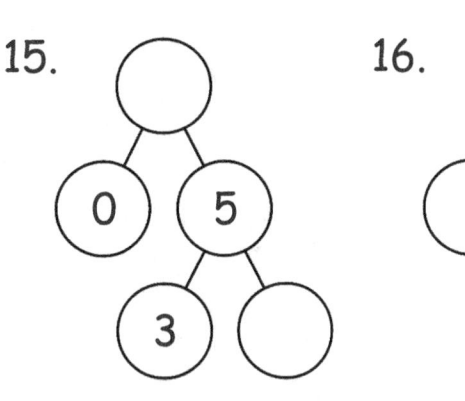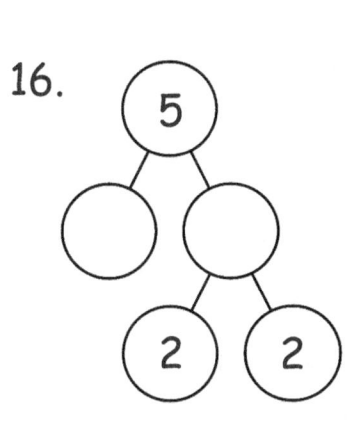
(5)
( ) ( )
(2) (2)

Number Bonds

Let's create bonds with Numbers 0 - 5.

Date: _____ / _____ / _____

Fill in the empty circle with the missing number.

1.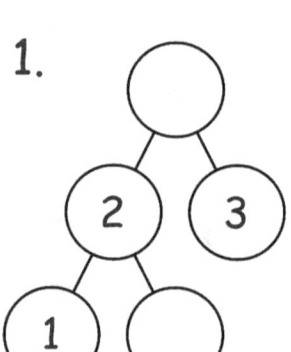

2.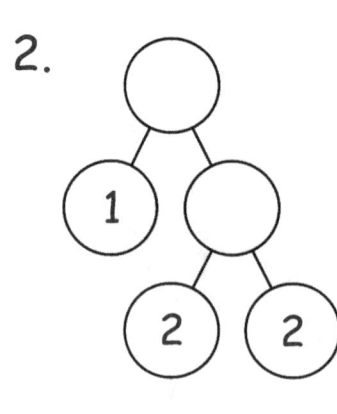

3.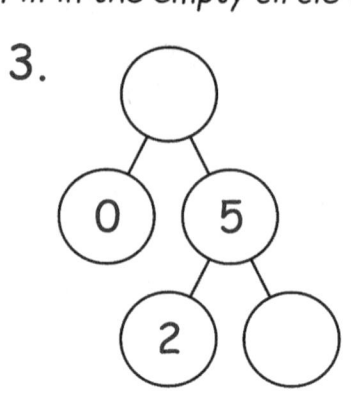

4.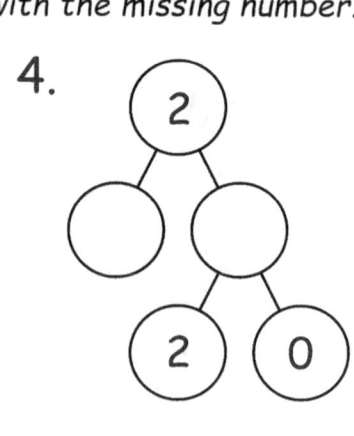

5.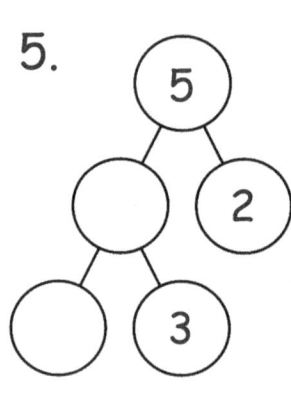

6.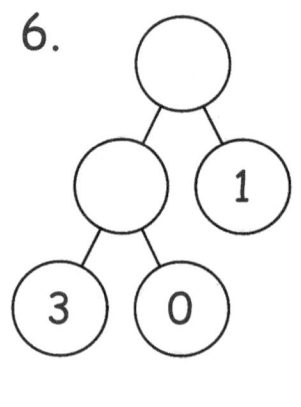

7.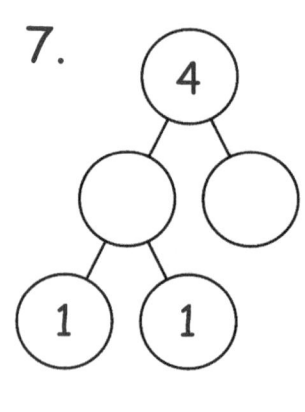

8.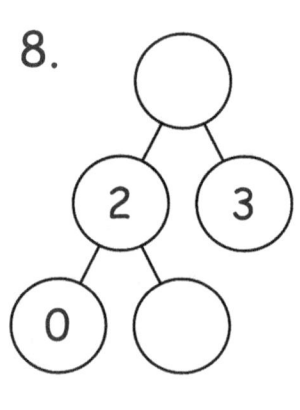

9. 10.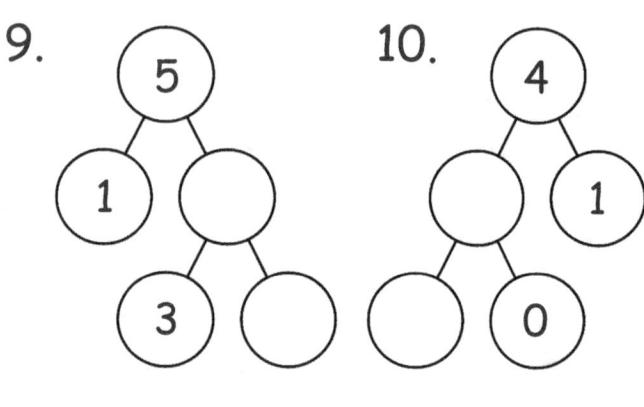

11.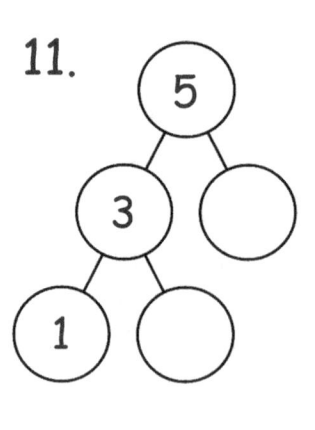

12.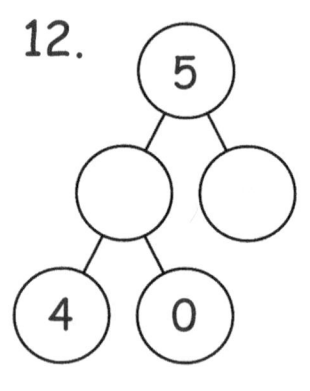

13.

14.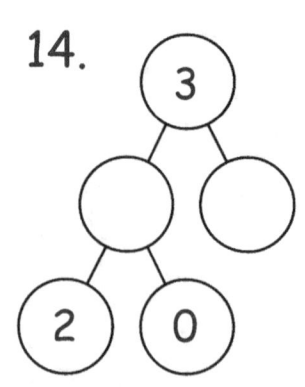

15.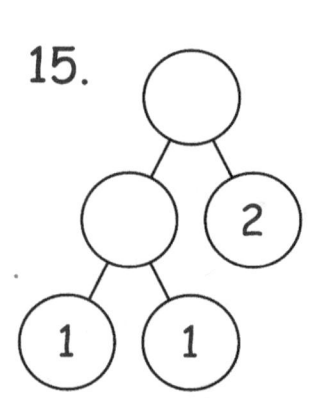

16.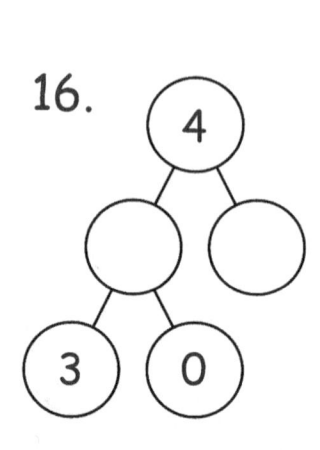

Number Bonds

Let's create bonds with Numbers 0 - 5.

SCORE /16

Date: ____/____/____

Fill in the empty circle with the missing number.

1.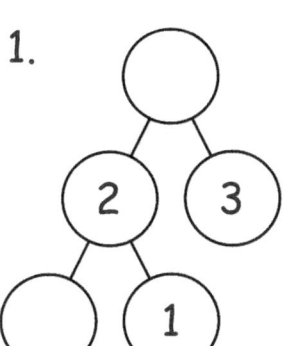

2.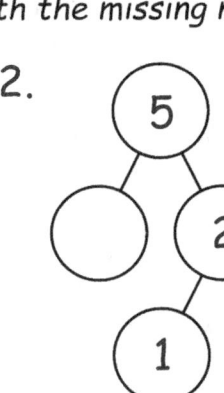

3.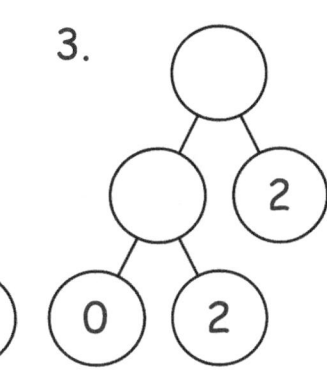

4.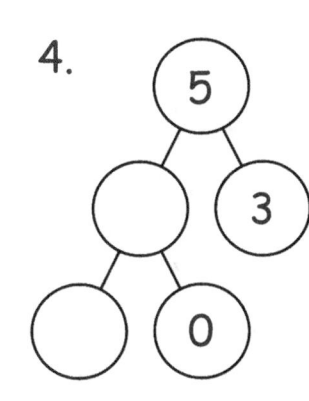

5.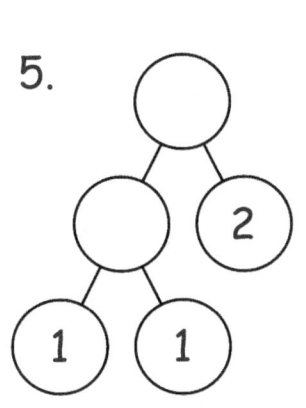

6.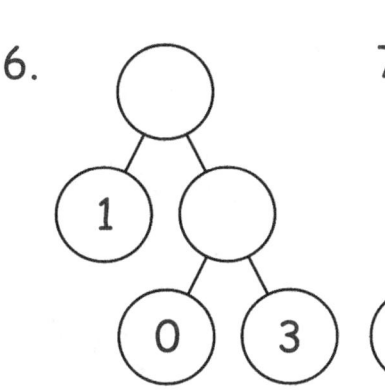

7.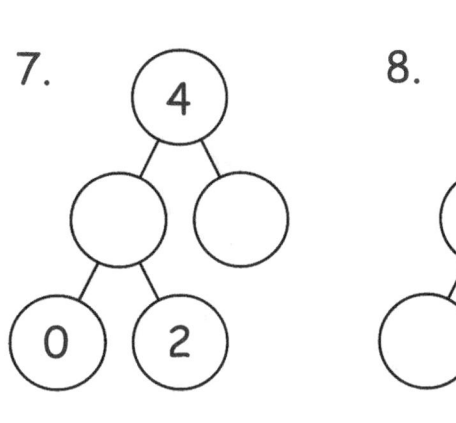

8.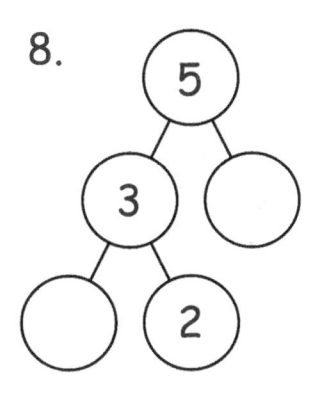

9.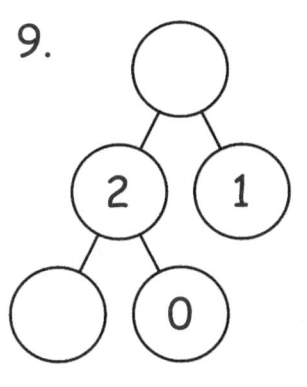

10.

11.

12.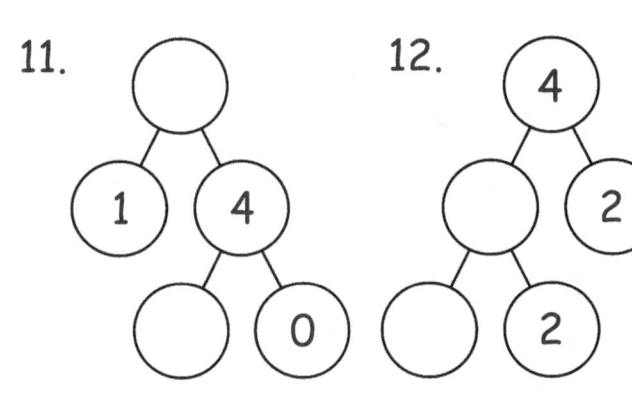

13.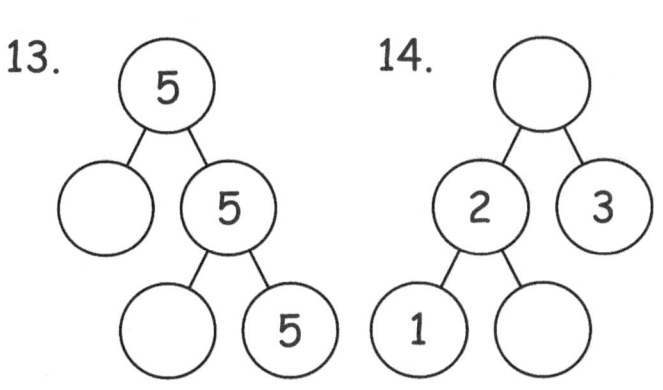

14.

15.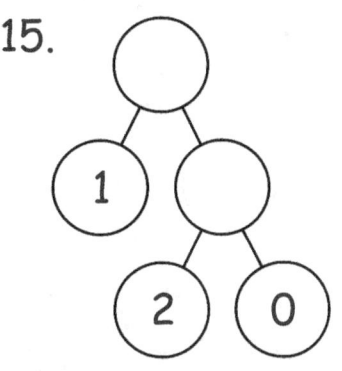

16.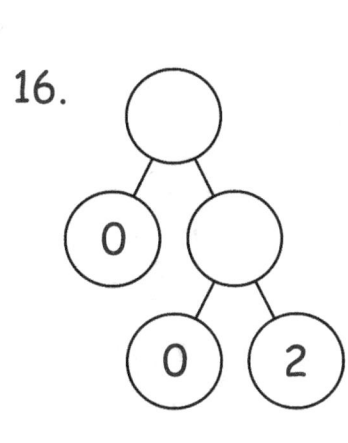

SCORE
/16

Number Bonds

Let's create bonds with Numbers 0 - 5.

Date: ___/___/_____

Fill in the empty circle with the missing number.

1.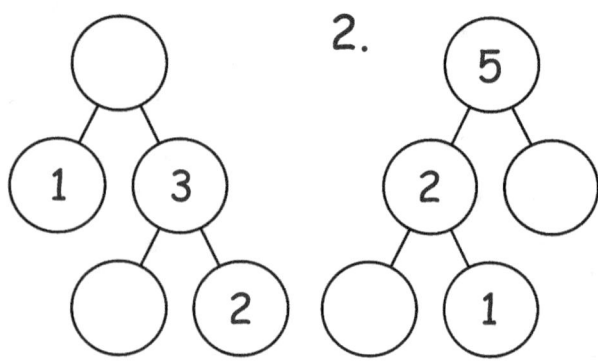

2.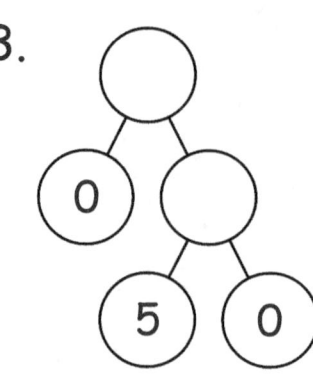

3.

4.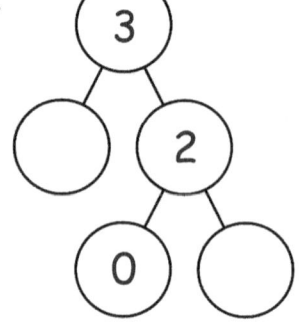

5.

6.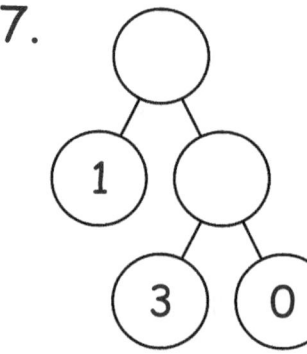

7.

8.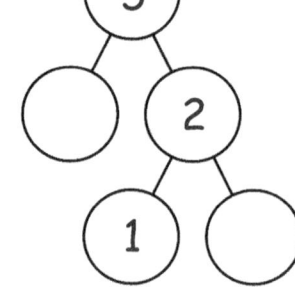

9.

10.

11.

12.

13.

14.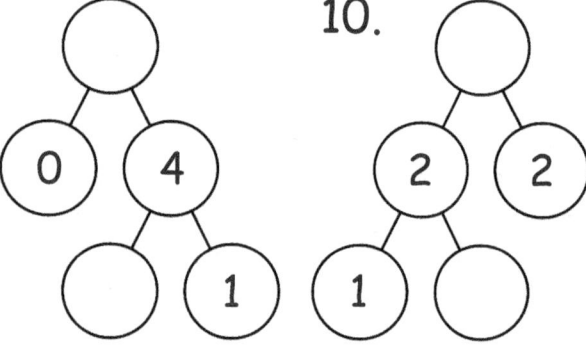

15.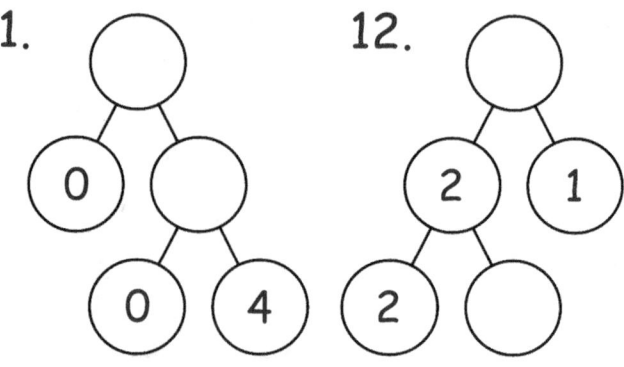

16.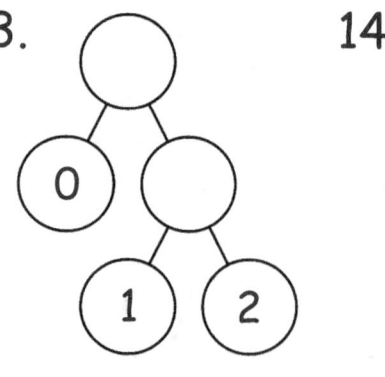

Number Bonds

Let's create bonds with Numbers 0 - 10.

Date: ____ / ____ / ____

Fill in the empty circle with the missing number.

1.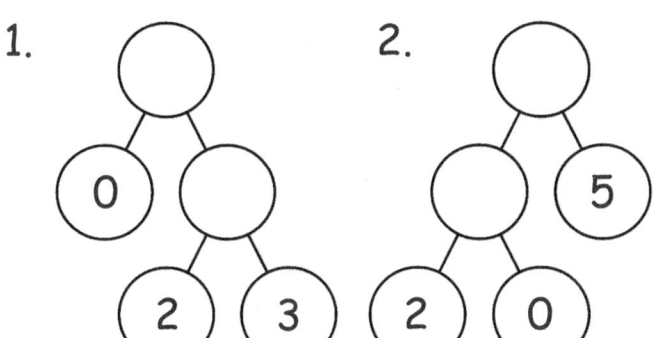

2.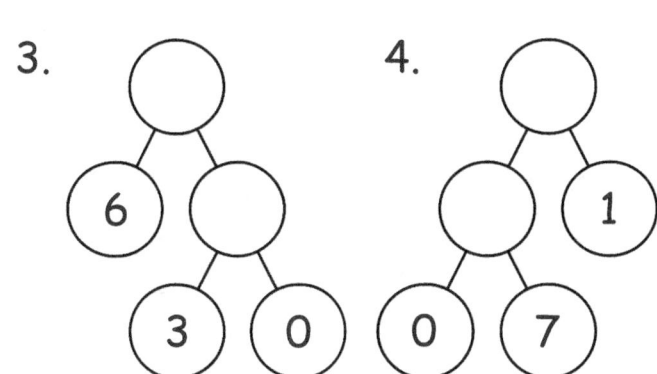

3.

4.

5.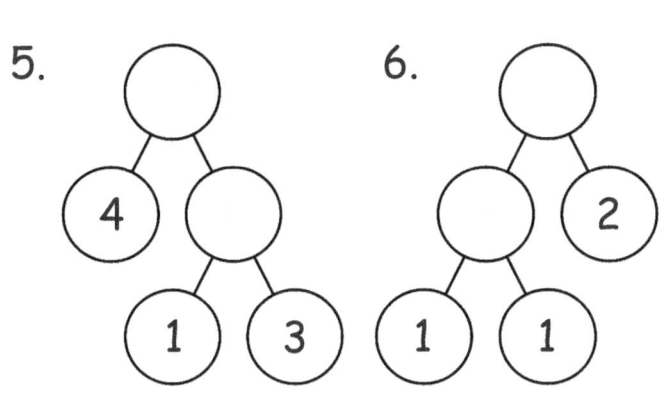

6.

7.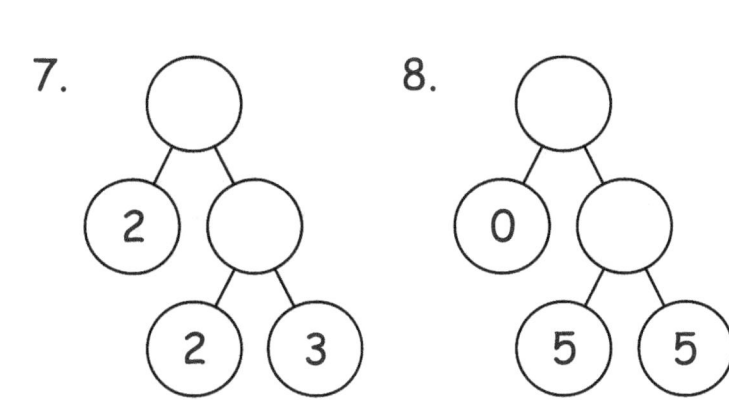

8.

9.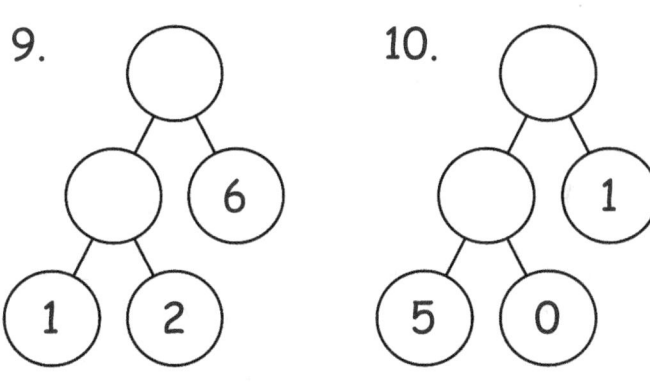

10.

11.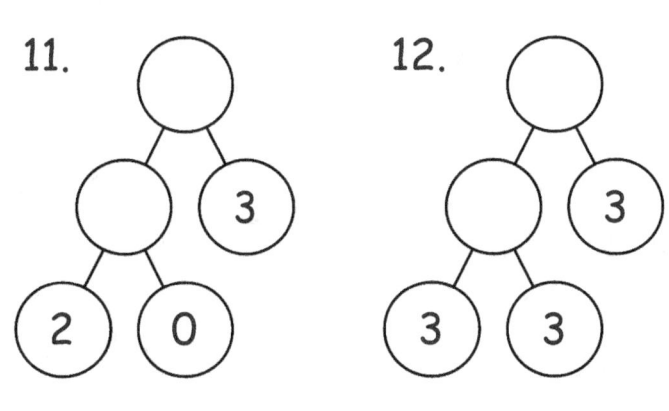

12.

13.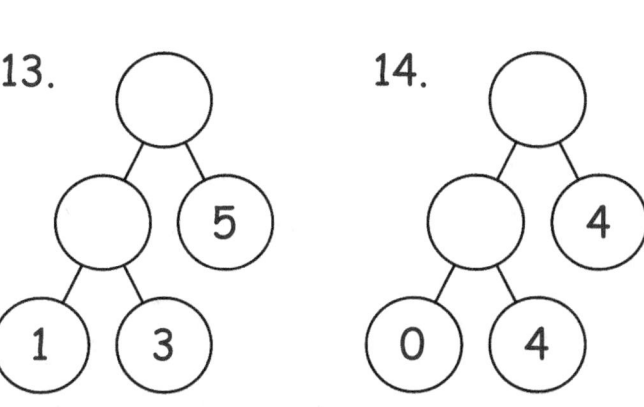

14.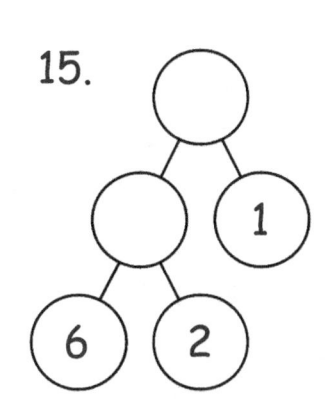

15.

16.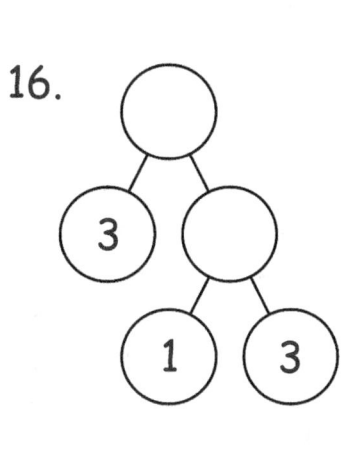

SCORE /16

Number Bonds

Let's create bonds with Numbers 0 - 10.

Date: ___ /____ /_____

Fill in the empty circle with the missing number.

1.
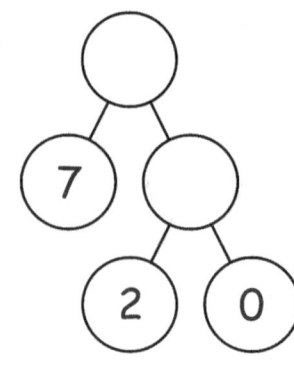

2.
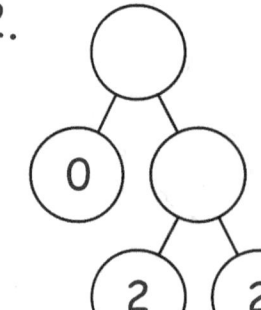

3.
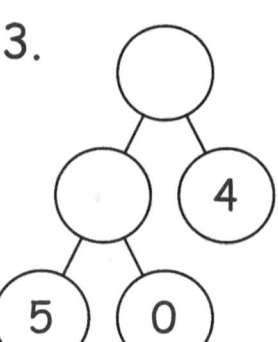

4.
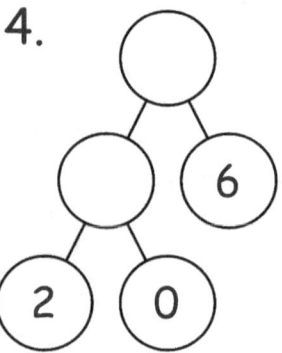

5.
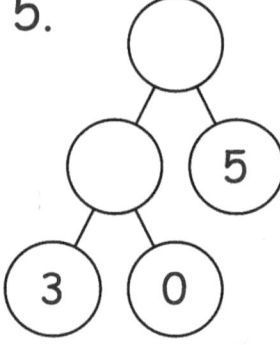

6.
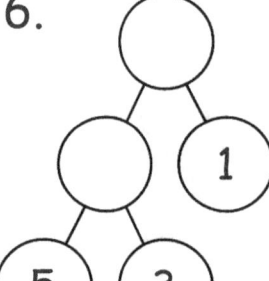

7.
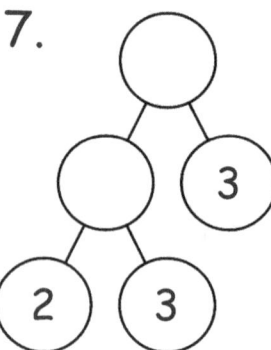

8.
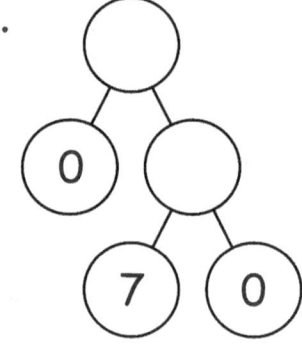

9.
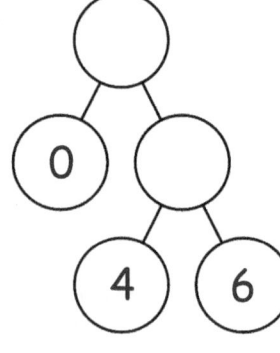

10.
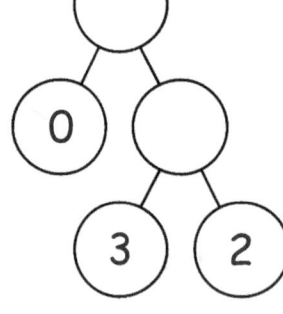

11.
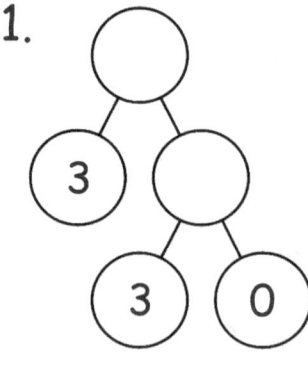

12.
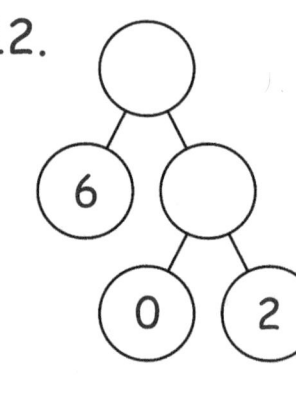

13.
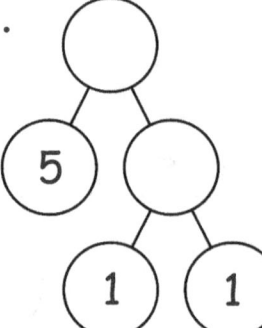

14.
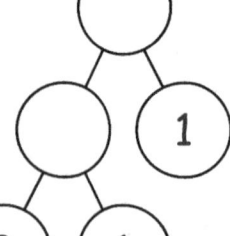

15.
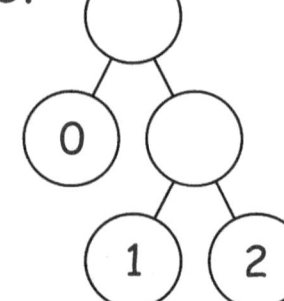

16.
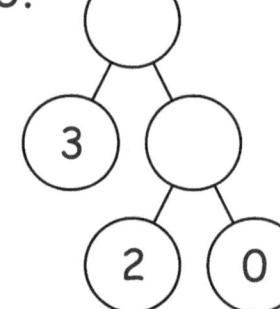

Number Bonds

Let's create bonds with Numbers 0 - 10.

Date: ___/___/____

Fill in the empty circle with the missing number.

1.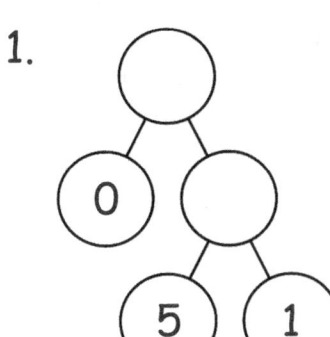

2.

3.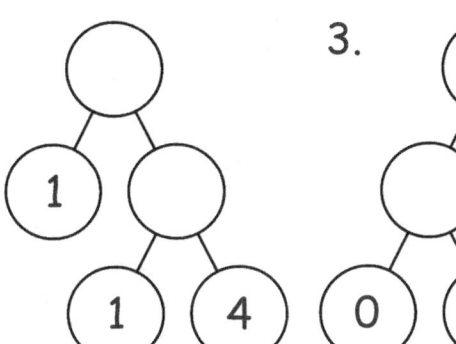

4.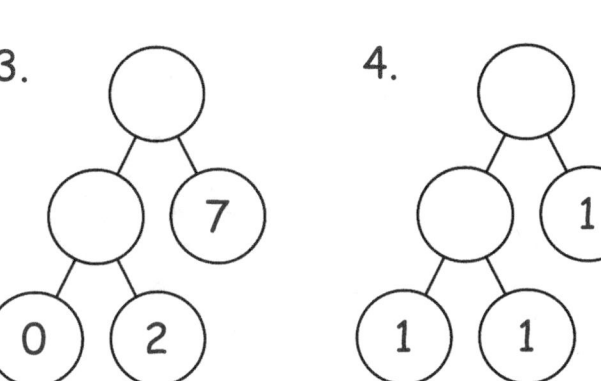

5.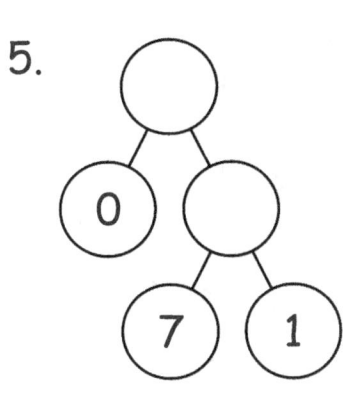

6.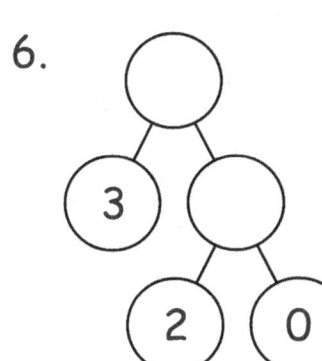

7.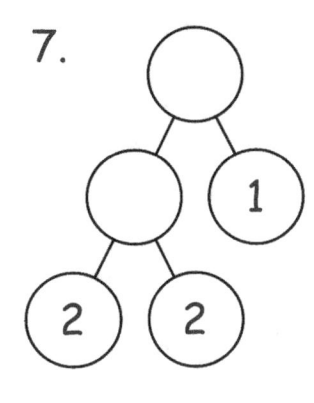

8.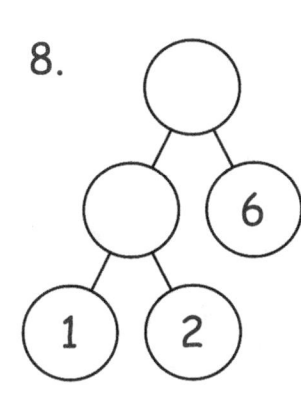

9.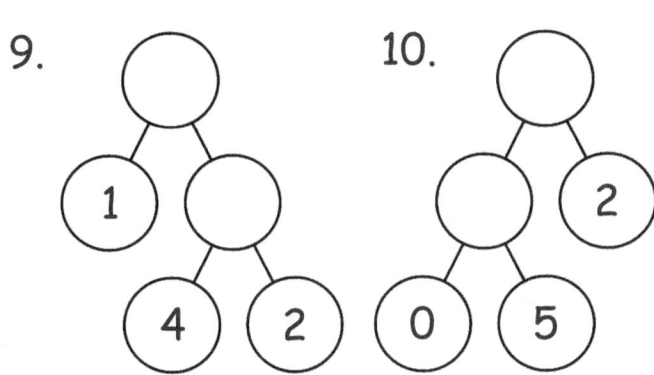

10.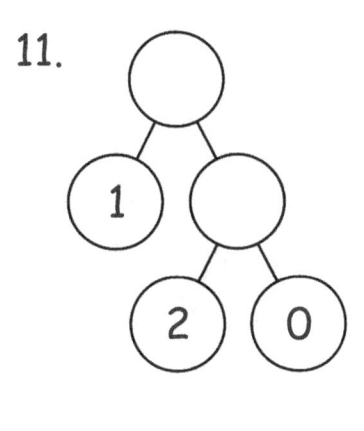

11.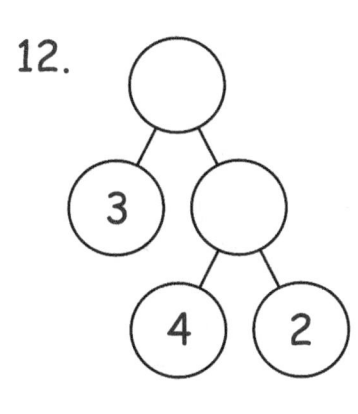

12.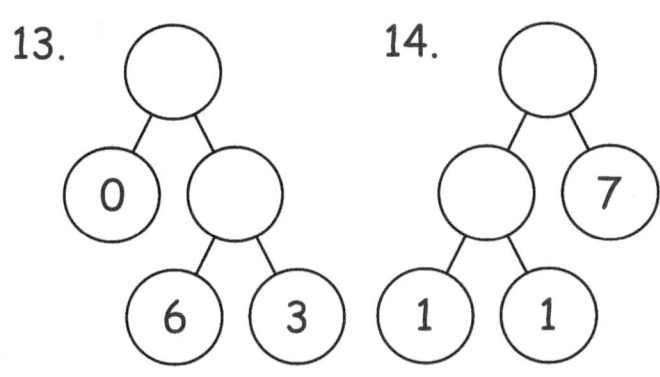

13.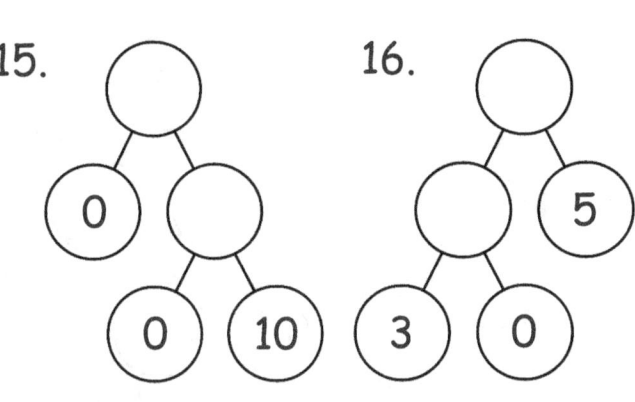

14.

15.

16.

Number Bonds

Let's create bonds with Numbers 0 - 10.

Date: ____/____/_____

Fill in the empty circle with the missing number.

1.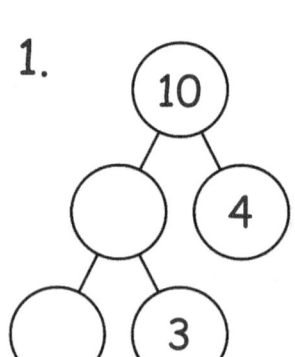

2.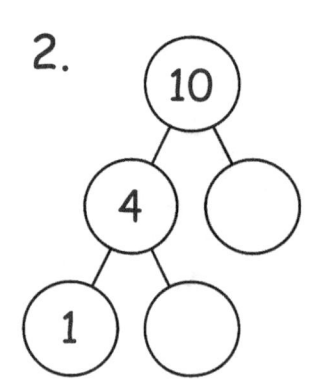

3. 4.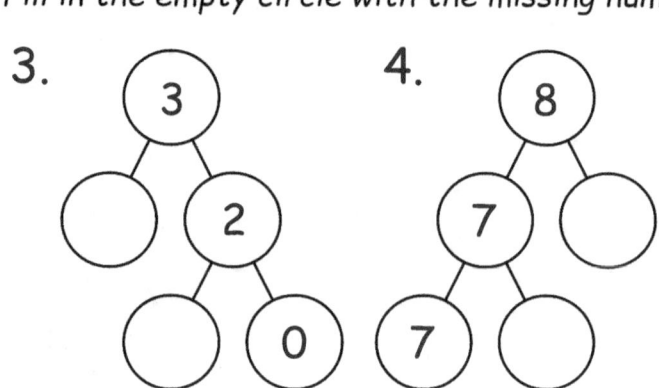

5.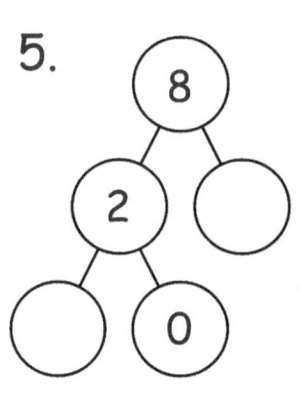

6.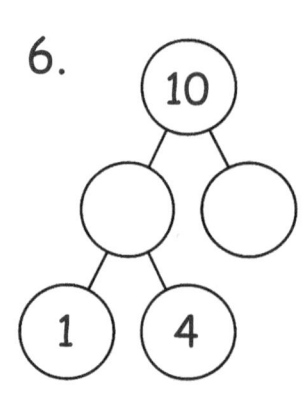

7.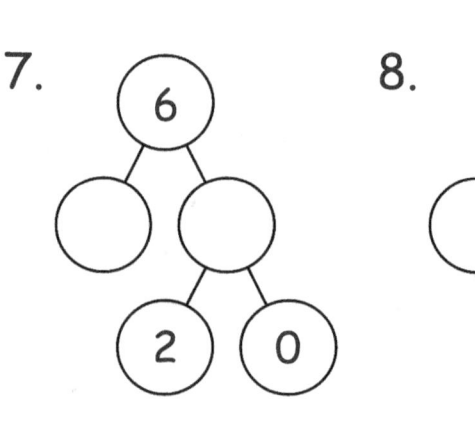

8.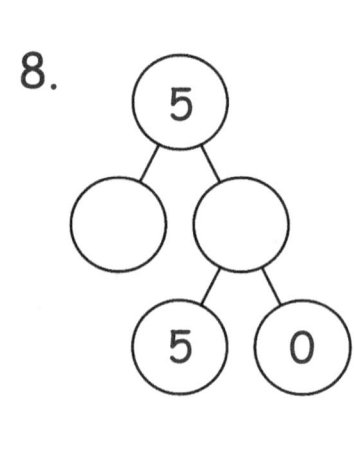

9. 10.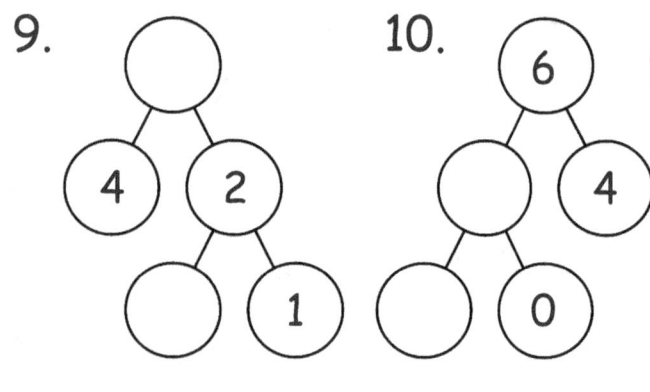

11.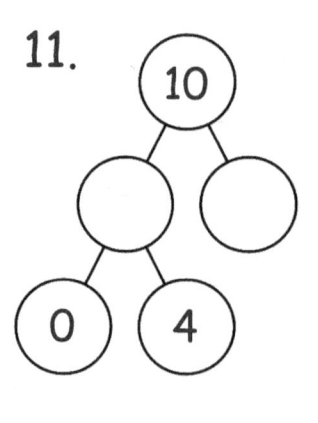

12.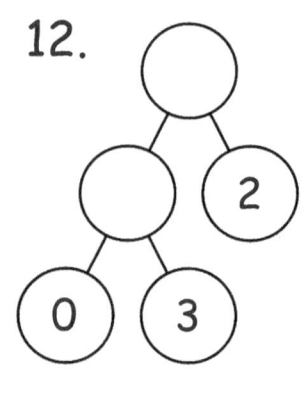

13. 14.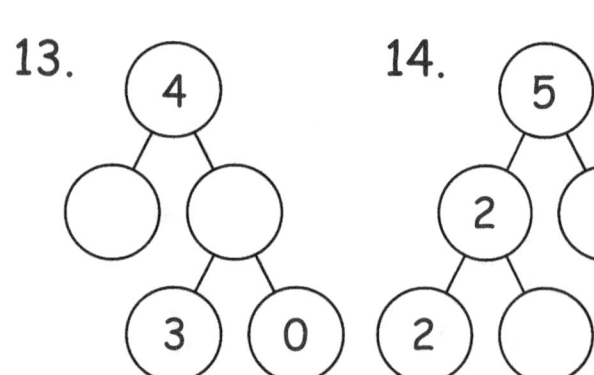

15.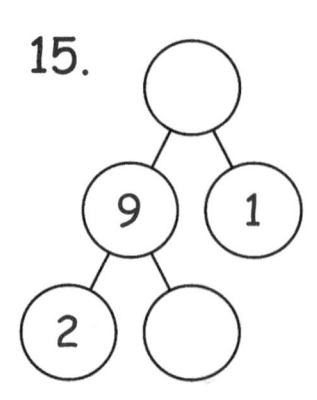

16.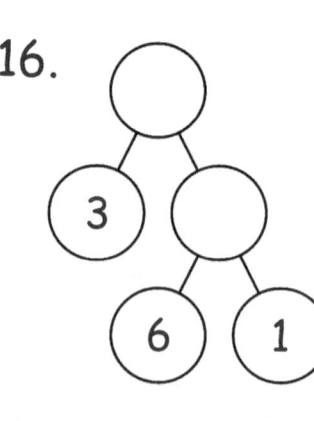

Number Bonds

Let's create bonds with Numbers 0 - 10.

Date: ____ / ____ / ____

Fill in the empty circle with the missing number.

1.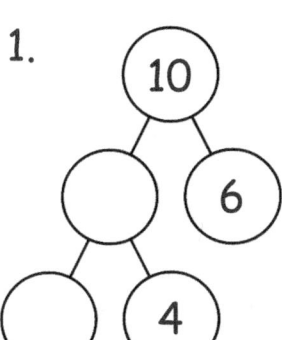

2.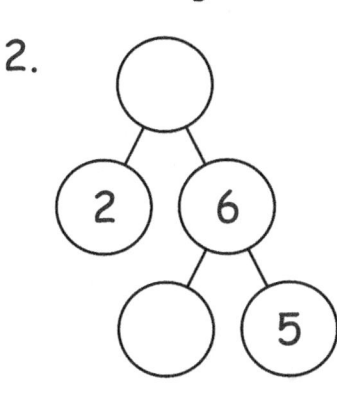

3.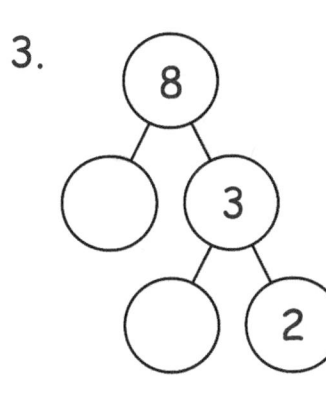

4.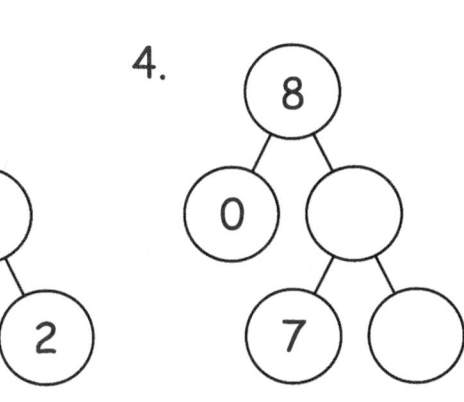

5.

6.

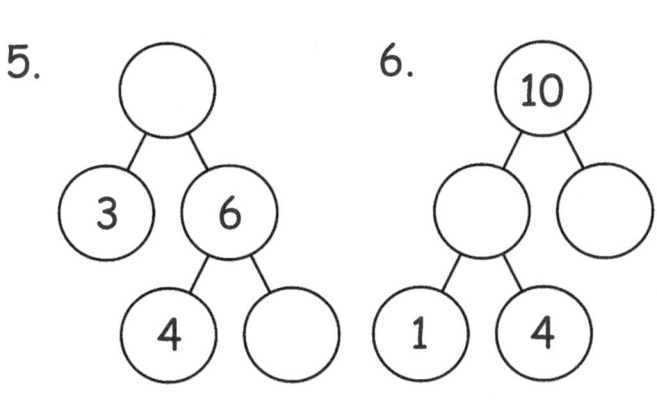

7.

8.

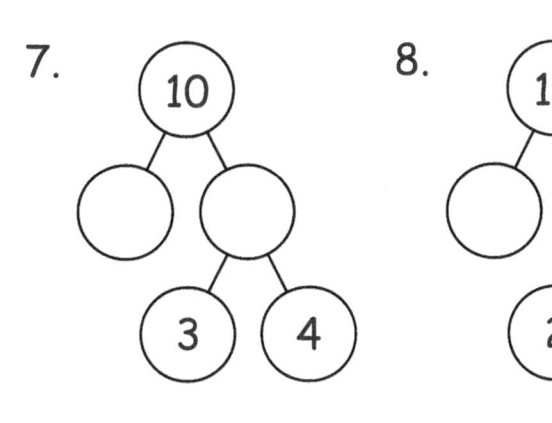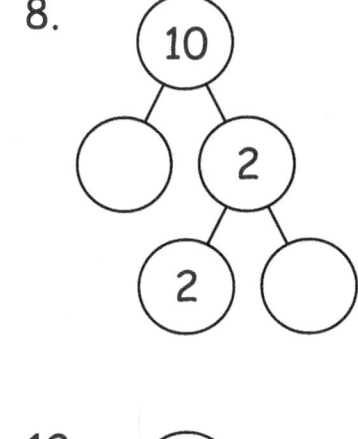

9.

10.

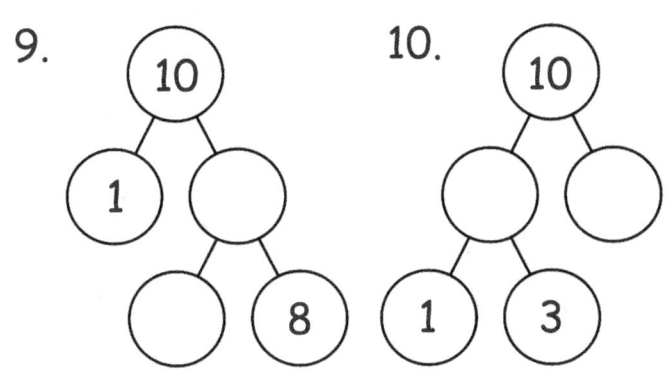

11.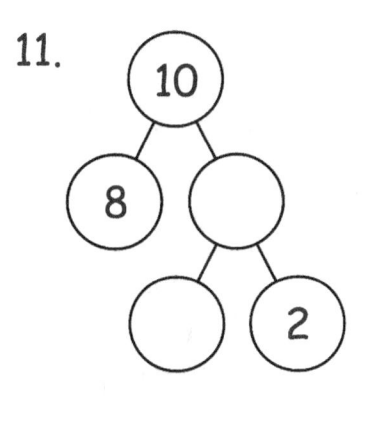

12.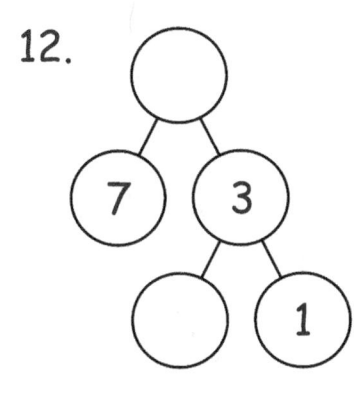

13.

14.

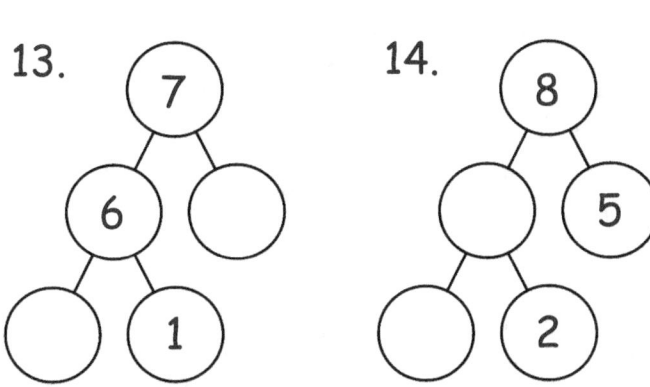

15.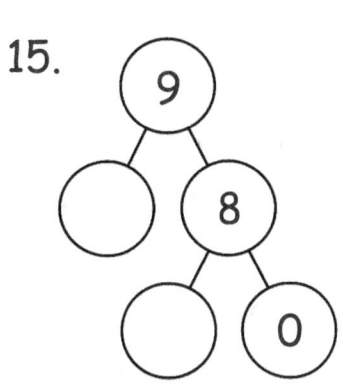

16.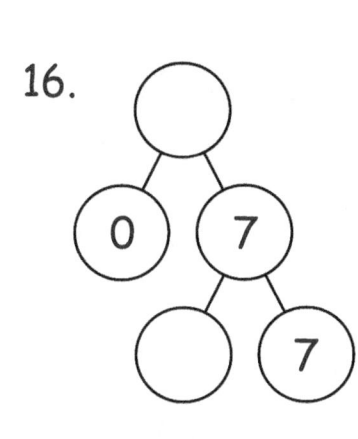

SCORE /16

Number Bonds

Let's create bonds with Numbers 0 - 10.

Date: ___/___/_____

Fill in the empty circle with the missing number.

1.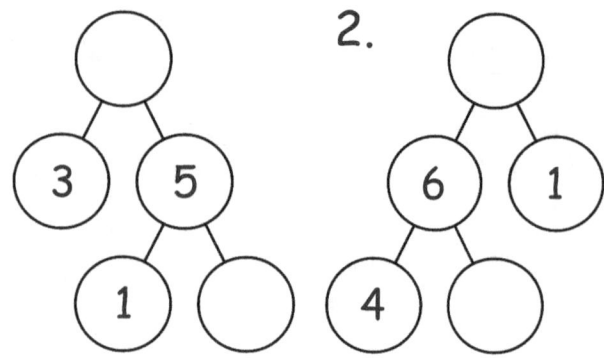

2.

3.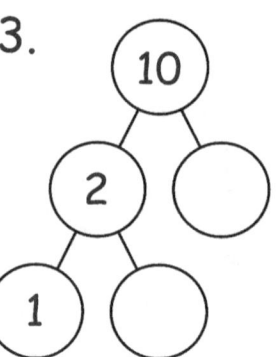

4.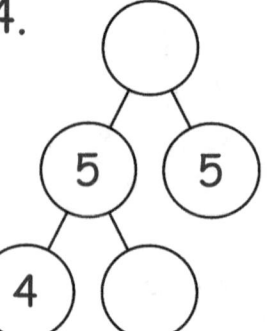

5.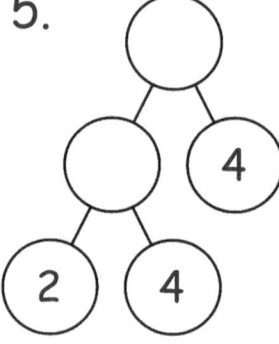

6.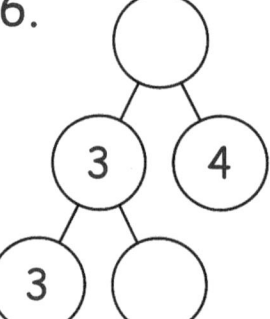

7.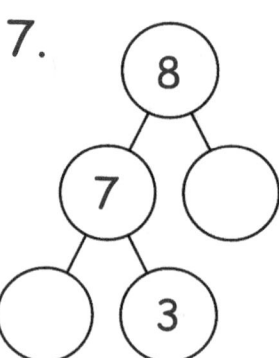

8.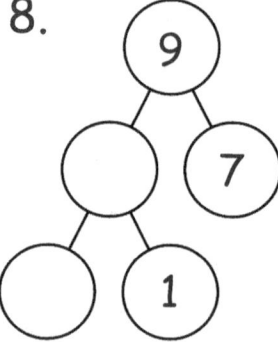

9.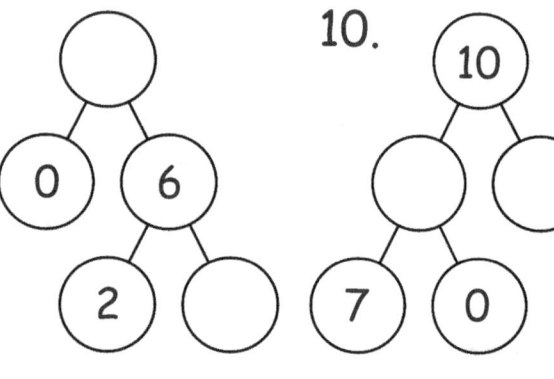

10.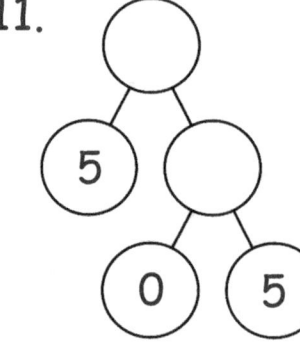

11.

12.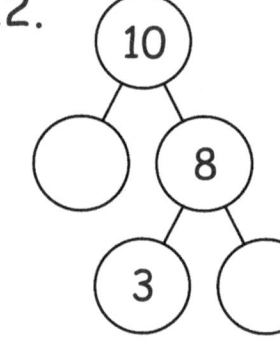

13.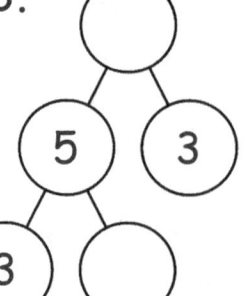

14.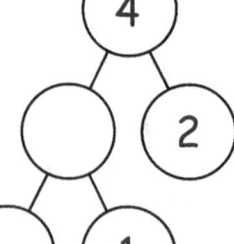

15.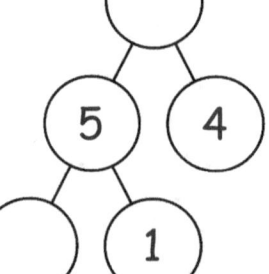

16.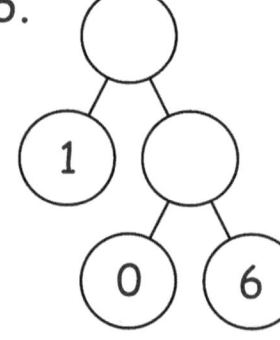

Number Bonds

Let's create bonds with Numbers 0 - 10.

SCORE
/16

Date: ____ / ____ / ____

Fill in the empty circle with the missing number.

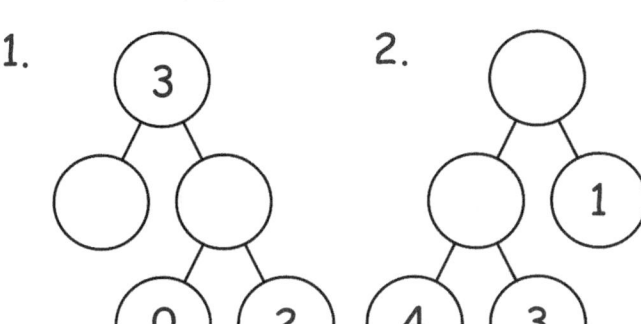

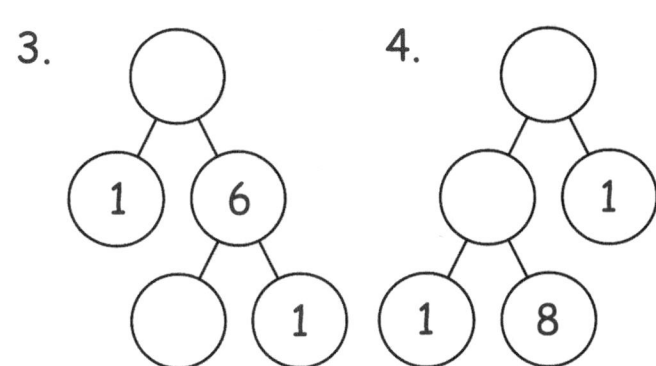

1. 3 / 0 / 2

2. ○ / 1 / 4 / 3

3. ○ / 1 / 6 / 1

4. ○ / 1 / 1 / 8

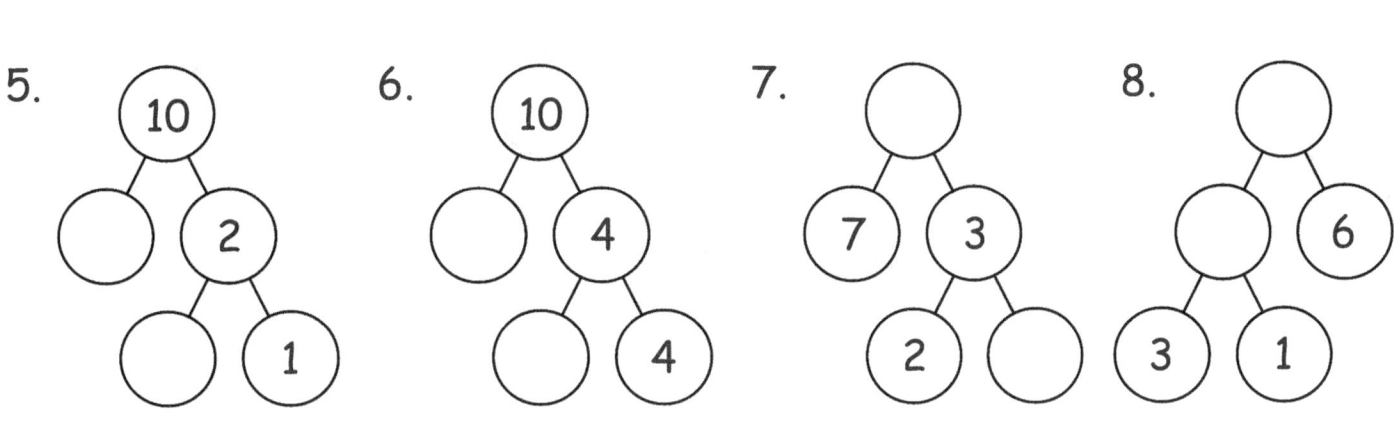

5. 10 / ○ / 2 / ○ / 1

6. 10 / ○ / 4 / ○ / 4

7. ○ / 7 / 3 / 2 / ○

8. ○ / ○ / 6 / 3 / 1

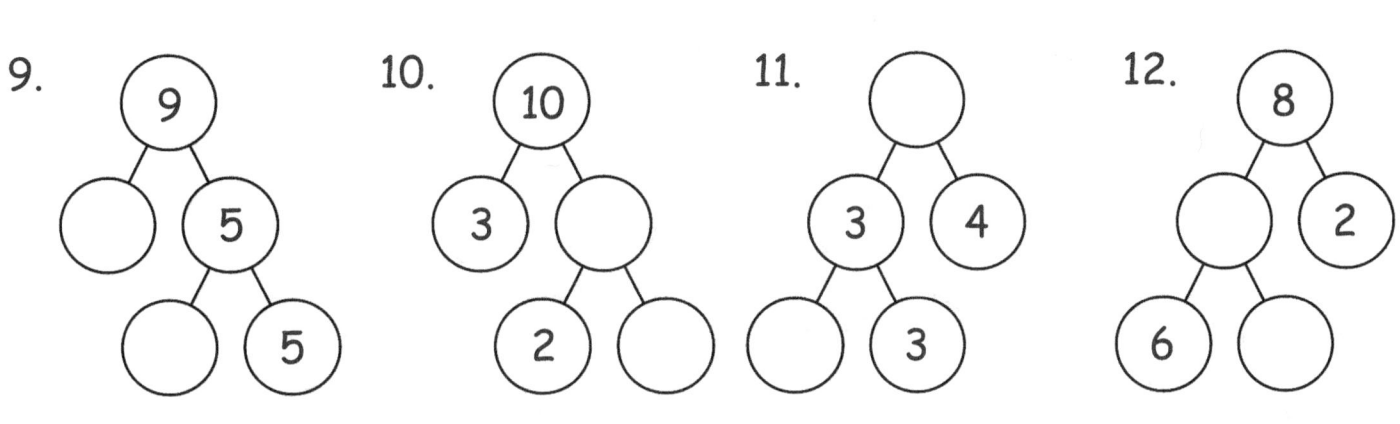

9. 9 / ○ / 5 / ○ / 5

10. 10 / 3 / ○ / 2 / ○

11. ○ / 3 / 4 / ○ / 3

12. 8 / ○ / 2 / 6 / ○

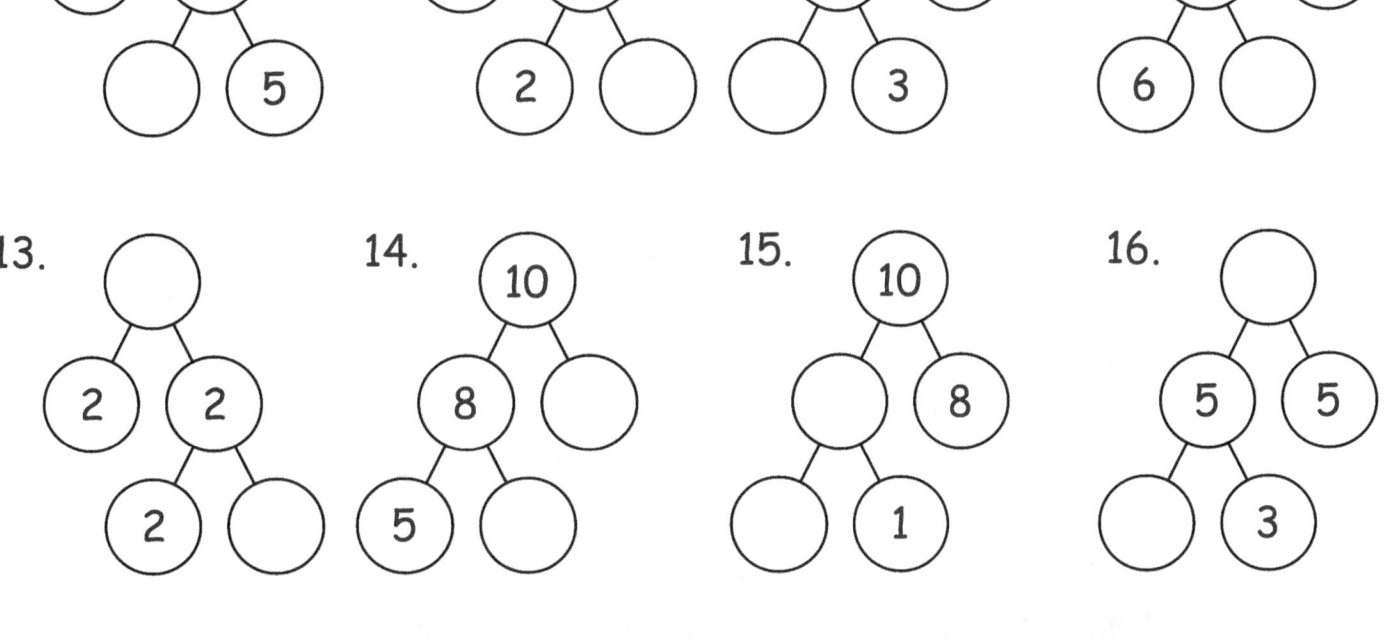

13. ○ / 2 / 2 / 2 / ○

14. 10 / 8 / ○ / 5 / ○

15. 10 / ○ / 8 / ○ / 1

16. ○ / 5 / 5 / ○ / 3

SCORE
/16

Number Bonds

Let's create bonds with Numbers 0 - 10.

Date: ___/___/___

Fill in the empty circle with the missing number.

1.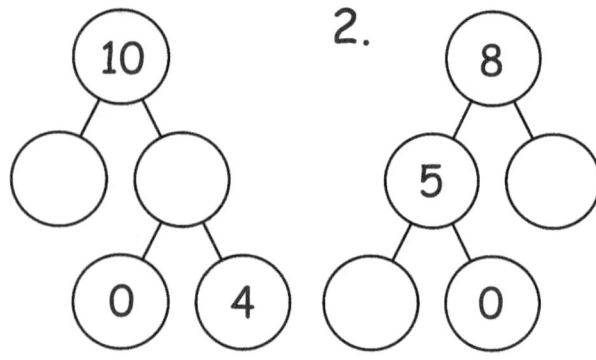

2.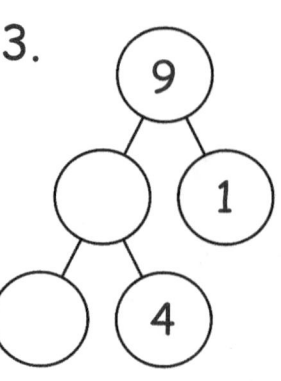

3.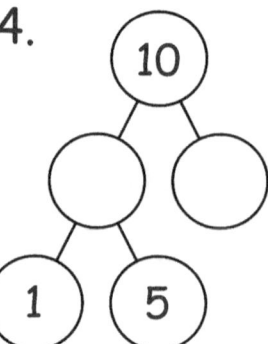

4.

5.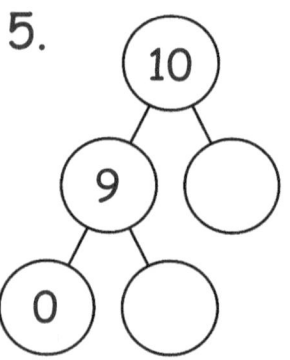

6.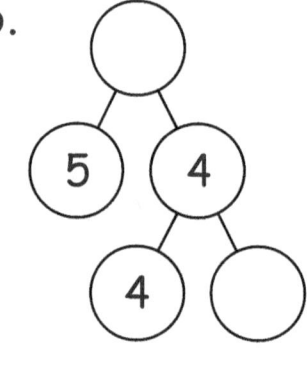

7.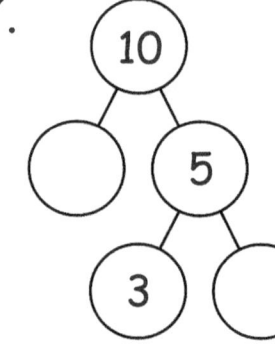

8.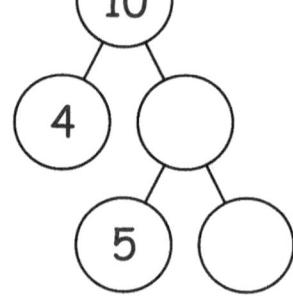

9.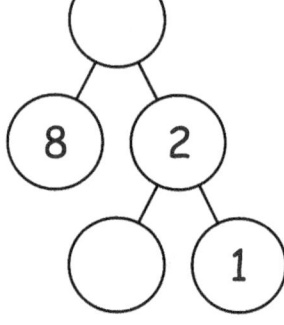

10.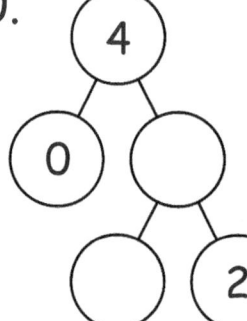

11.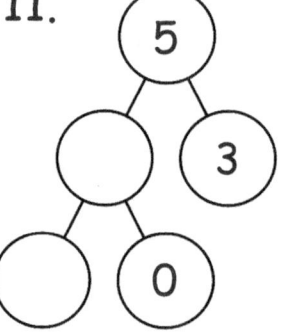

12.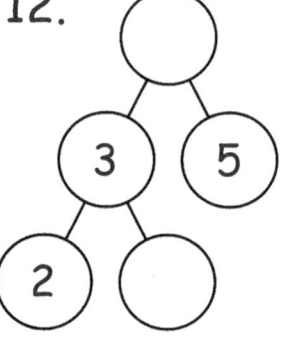

13.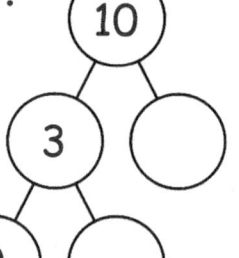

14.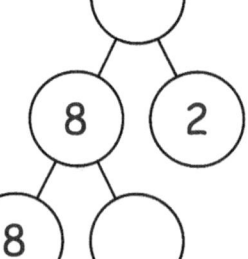

15.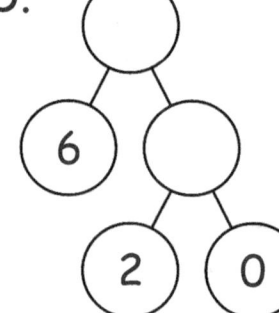

16.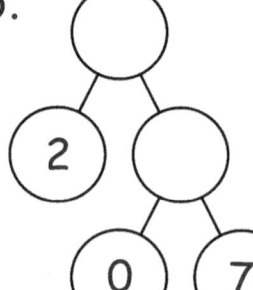

Number Bonds

Let's create bonds with Numbers 0 - 20.

SCORE

/16

Date: ____ / ____ / ____

Fill in the empty circle with the missing number.

1.
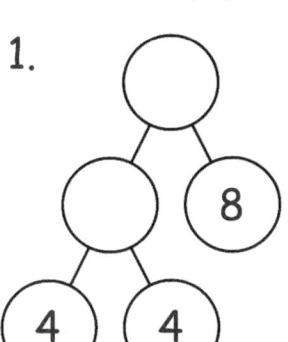
8
4 4

2.
7
9 1

3.
3
14 3

4.
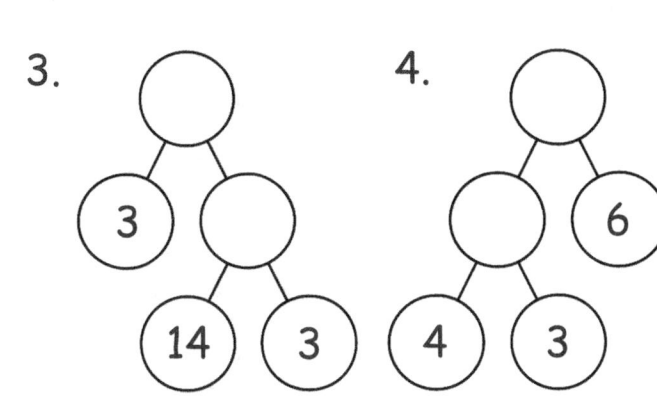
6
4 3

5.
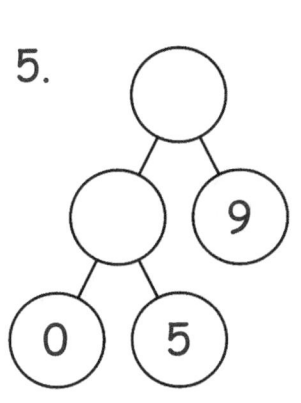
9
0 5

6.
8
0 5

7.
14
0 5

8.
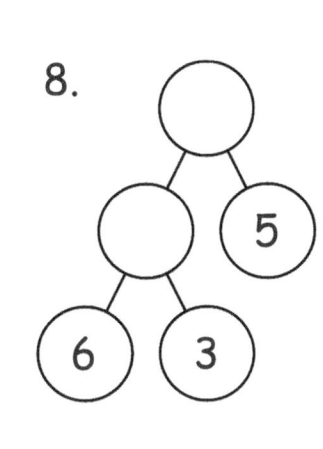
5
6 3

9.
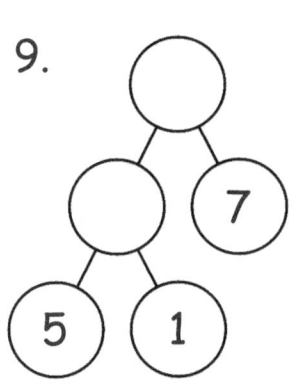
7
5 1

10.
4
1 8

11.
3
2 8

12.
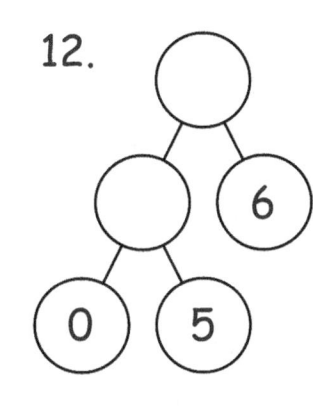
6
0 5

13.
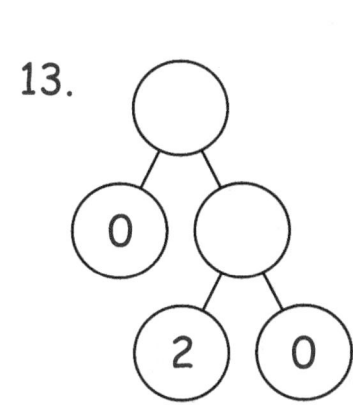
0
2 0

14.
9
0 10

15.
5
8 0

16.
1
1 11

Number Bonds

Let's create bonds with Numbers 0 - 20.

Date: ____ /_____ /_____

Fill in the empty circle with the missing number.

1.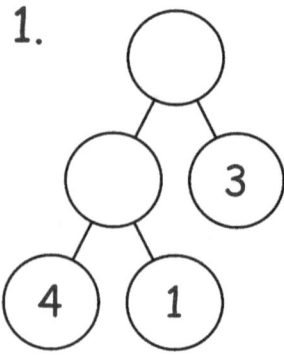

2.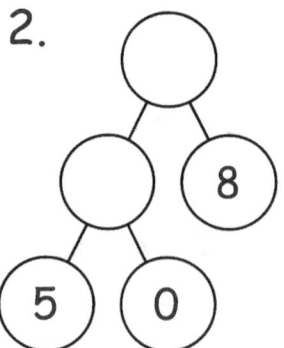

3.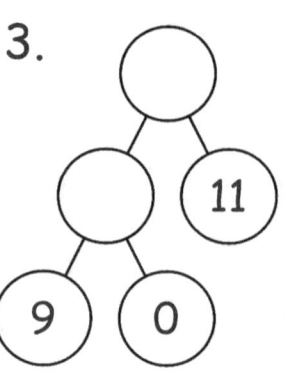

4.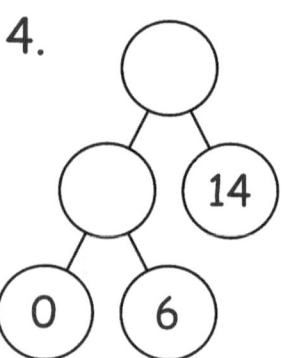

5.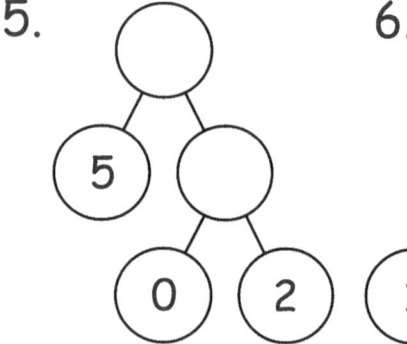

6.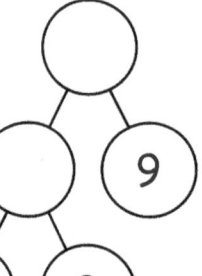

7.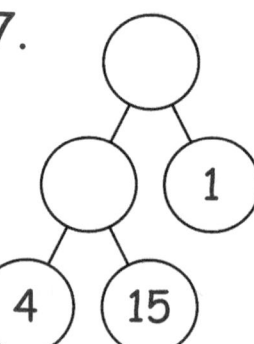

8.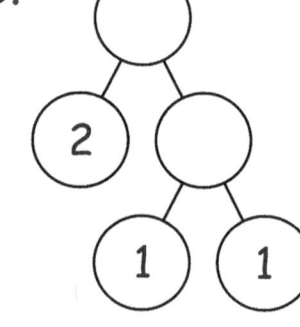

9.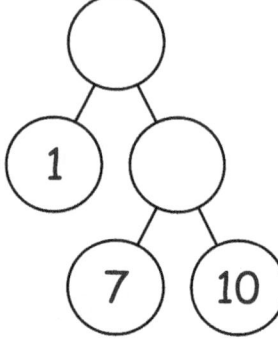

10.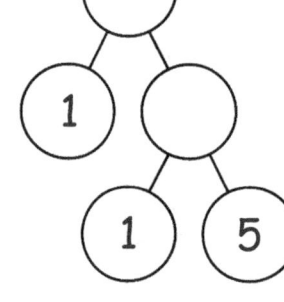

11.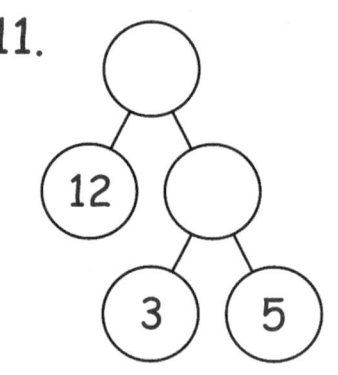

12.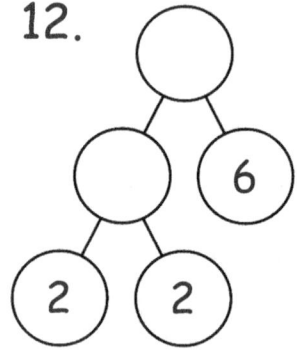

13.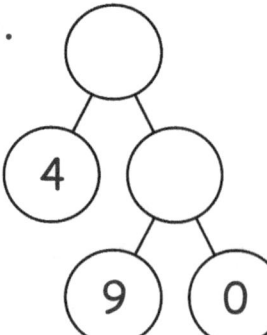

14.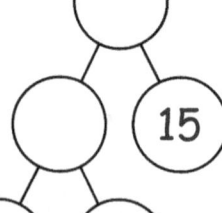

15.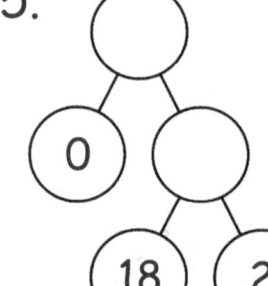

16.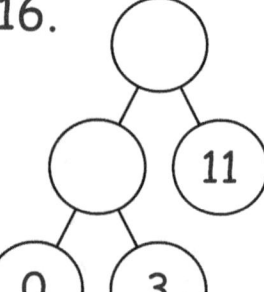

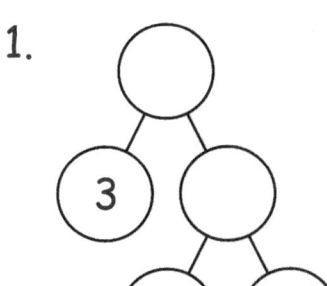

Number Bonds

Let's create bonds with Numbers 0 - 20.

SCORE /16

Date: ____ / ____ / ____

Fill in the empty circle with the missing number.

1.
```
    ( )
   /   \
 (3)   ( )
      /   \
    (4)   (11)
```

2.
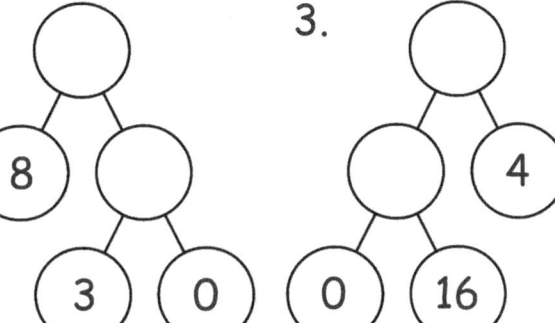
```
    ( )
   /   \
 (8)   ( )
      /   \
    (3)   (0)
```

3.
```
    ( )
   /   \
 ( )   (4)
  /   \
(0)   (16)
```

4.
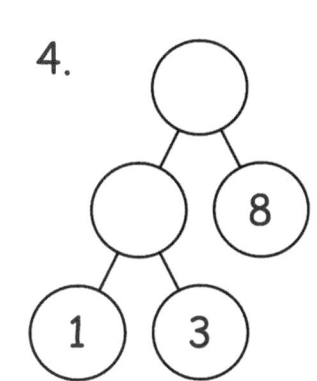
```
      ( )
     /   \
   ( )   (8)
  /   \
(1)   (3)
```

5.
```
    ( )
   /   \
 (3)   ( )
      /   \
    (5)   (12)
```

6.
```
    ( )
   /   \
 ( )   (7)
  /   \
(0)   (8)
```

7.
```
     ( )
    /   \
 (11)   ( )
       /   \
     (7)   (0)
```

8.
```
     ( )
    /   \
  ( )   (9)
 /   \
(2)   (9)
```

9.
```
     ( )
    /   \
  ( )   (9)
 /   \
(3)   (6)
```

10.
```
     ( )
    /   \
 (16)   ( )
       /   \
     (3)   (1)
```

11.
```
     ( )
    /   \
  (4)   ( )
       /   \
     (1)   (5)
```

12.
```
      ( )
     /   \
   ( )   (11)
  /   \
(3)   (3)
```

13.
```
     ( )
    /   \
  ( )   (4)
 /   \
(12)  (0)
```

14.
```
     ( )
    /   \
  (6)   ( )
       /   \
     (5)   (1)
```

15.
```
     ( )
    /   \
  (3)   ( )
       /   \
     (5)   (12)
```

16.
```
     ( )
    /   \
  (0)   ( )
       /   \
     (2)   (7)
```

Number Bonds

Let's create bonds with Numbers 0 - 20.

Date: ___/___/_____

Fill in the empty circle with the missing number.

1.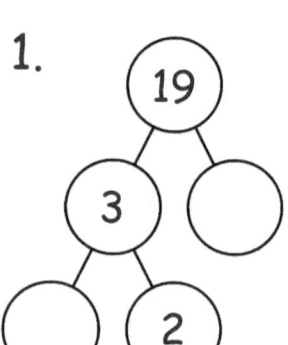

2.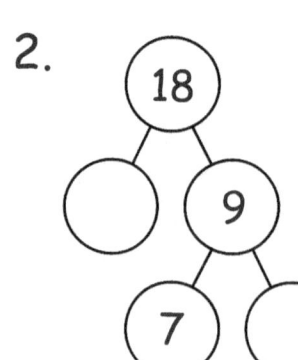

3.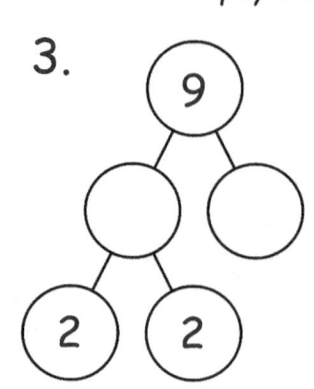

4.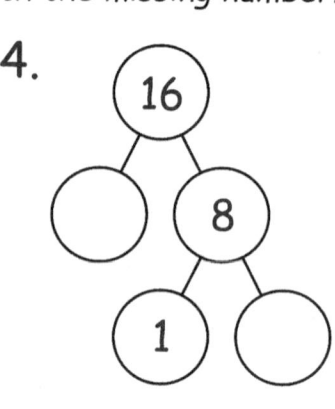

5.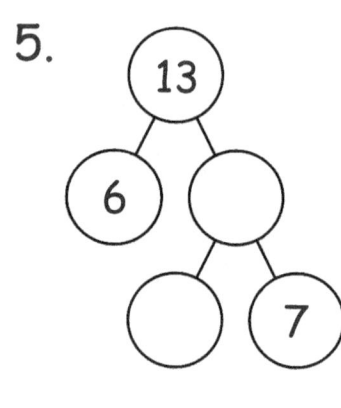

6.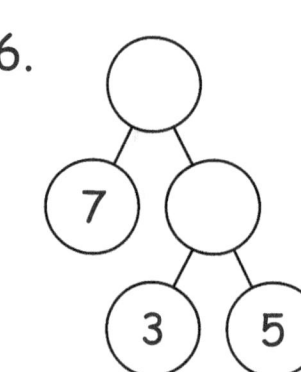

7.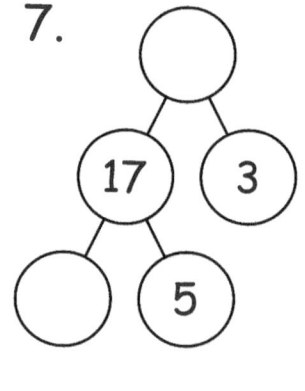

8.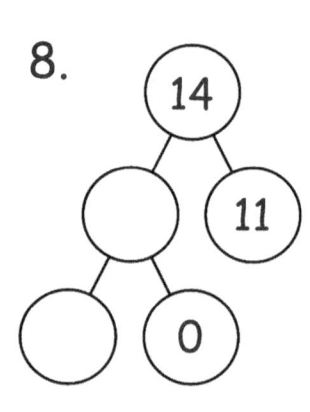

9.

10.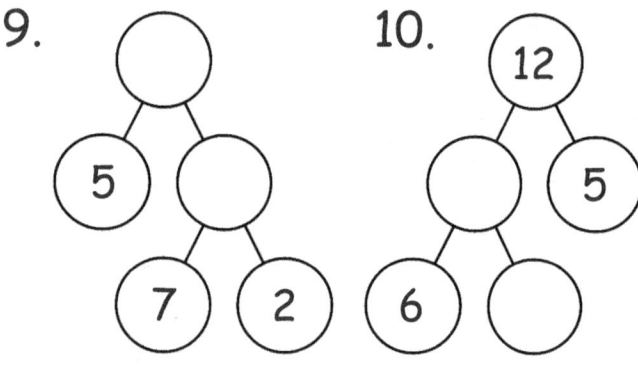

11.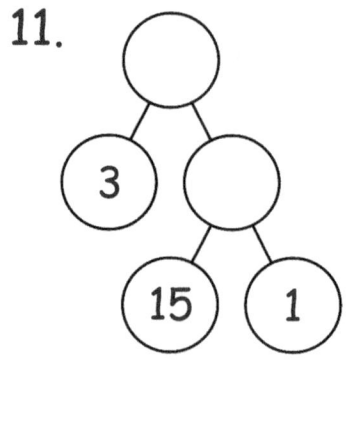

12.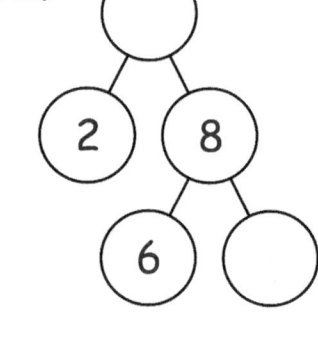

13.

14.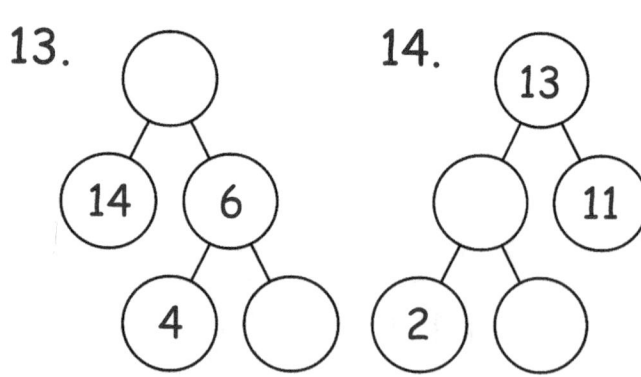

15.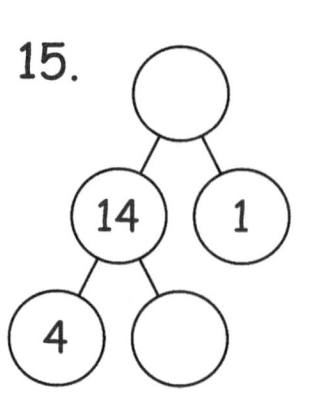

16.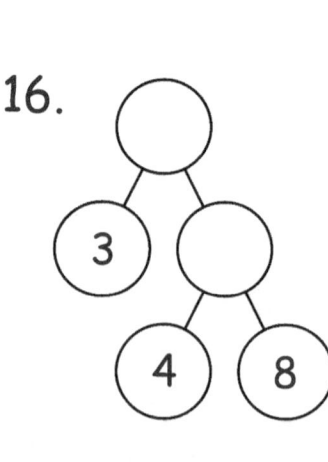

Number Bonds

Let's create bonds with Numbers 0 - 20.

Date: ____ /____ /____

Fill in the empty circle with the missing number.

1.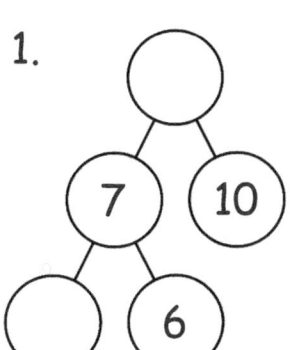

2.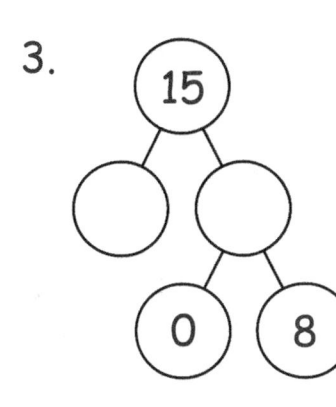

3.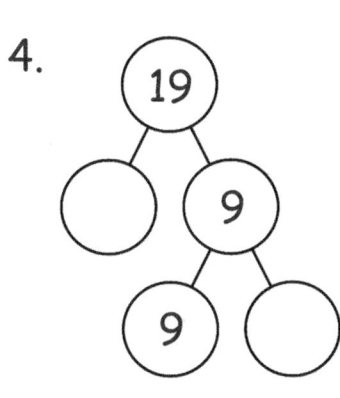

4.

5.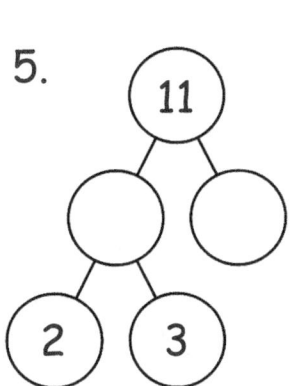

6.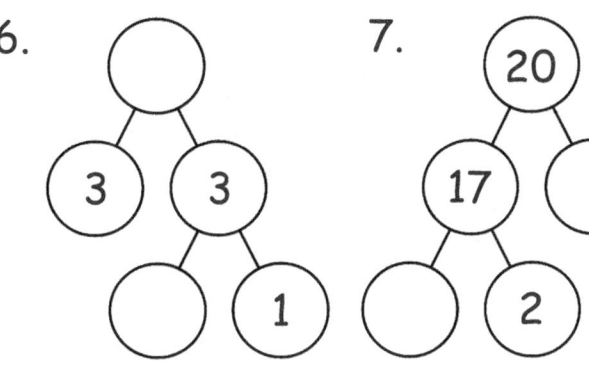

7.

8.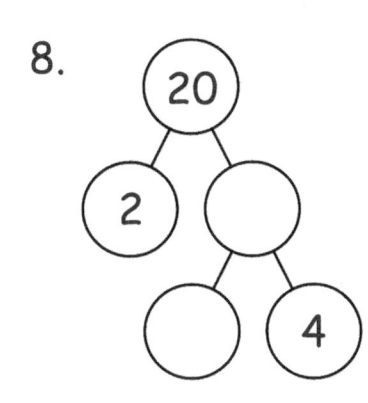

9.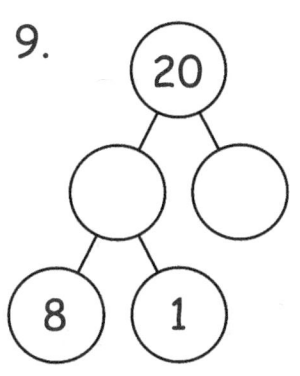

10.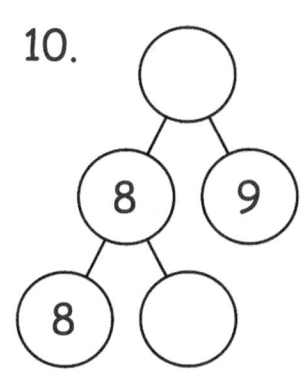

11.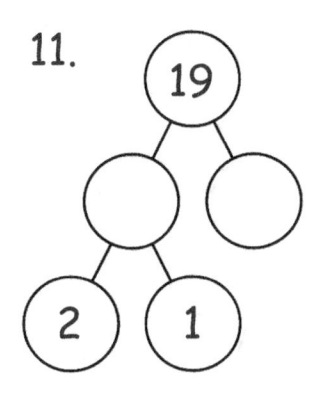

12.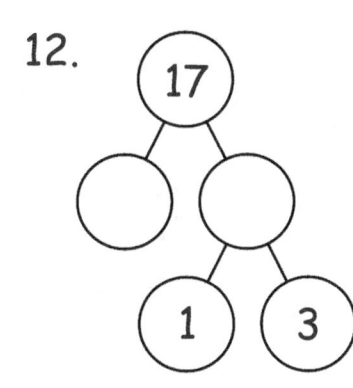

13.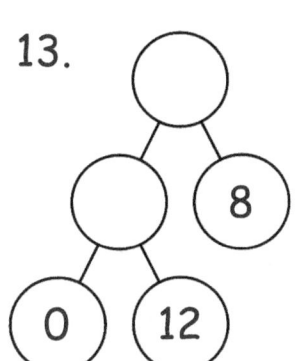

14.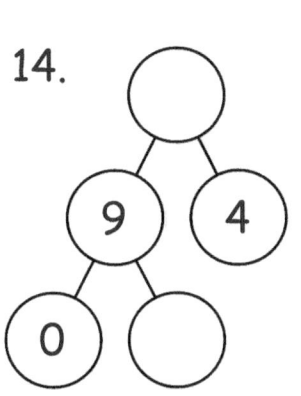

15.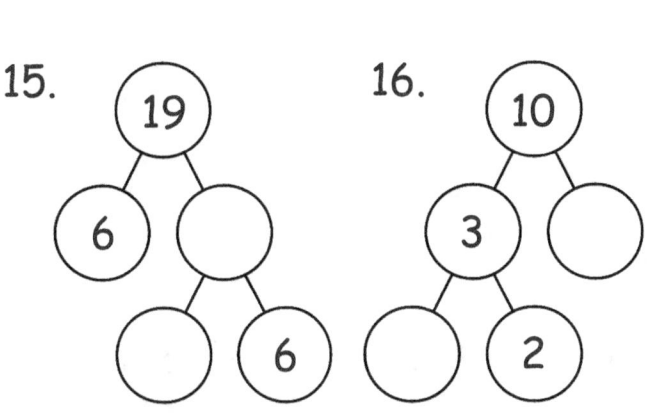

16.

Number Bonds

Let's create bonds with Numbers 0 - 20.

Date: ____/____/_____

Fill in the empty circle with the missing number.

1.
8
2 0

2.
10
3 4

3.
11
6
6

4.
17
4
3

5.
13
5 5

6.
20
9 2

7.
15
8
6

8.
19
0
10

9.
7
4 3

10.
13
0
4

11.
19
18
0

12.
16
5 2

13.
6 14
2

14.
19
6
6

15.
1
1 2

16.
12 6
4

Number Bonds

Let's create bonds with Numbers 0 - 20.

Date: ____ / ____ / _____

Fill in the empty circle with the missing number.

1.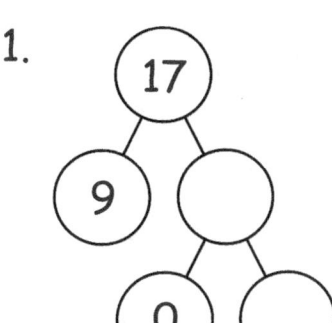

2.

3.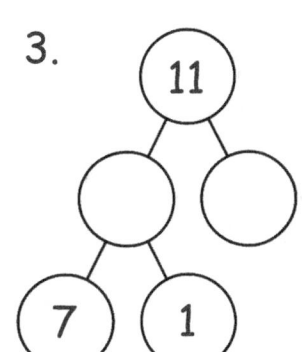

4.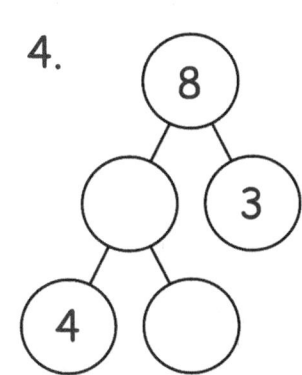

5.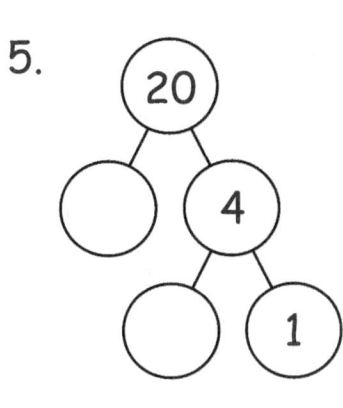

6.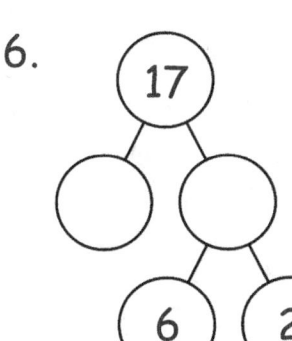

7.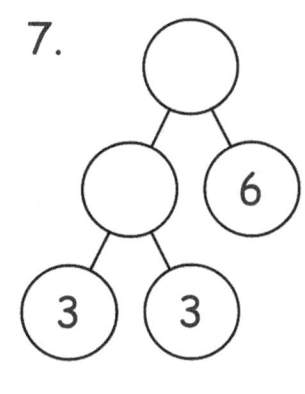

8.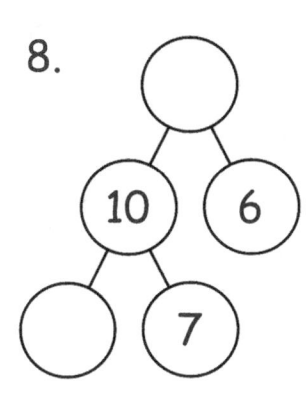

9.

10.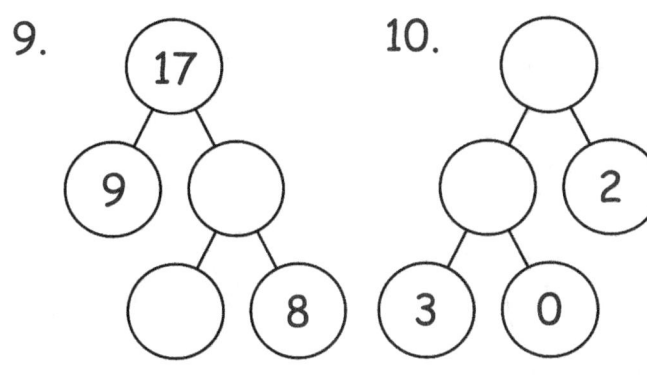

11.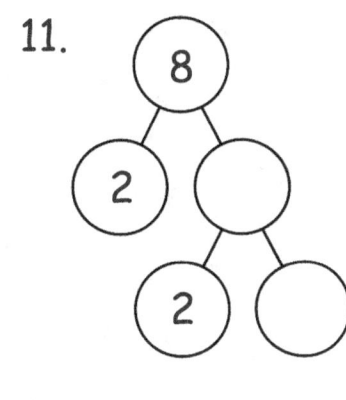

12.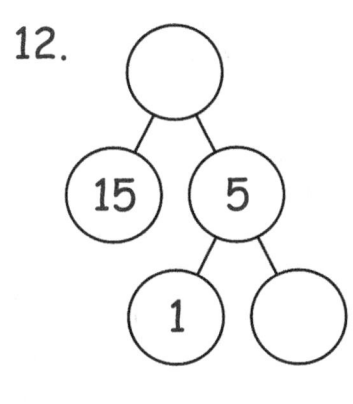

13.

14.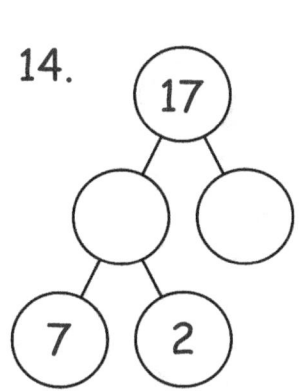

15.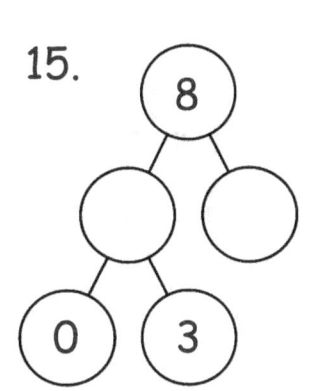

16.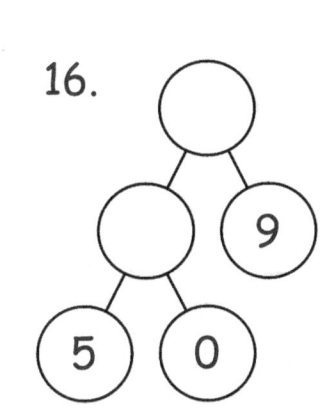

Number Bonds

Let's create bonds with Numbers 0 - 20.

Date: _____/_____/_____

Fill in the empty circle with the missing number.

1.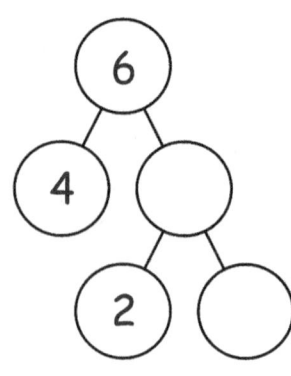

2.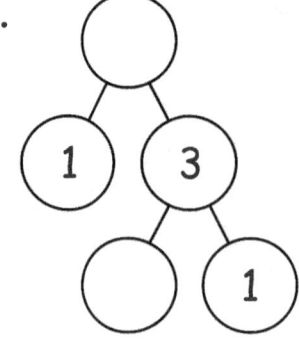

3.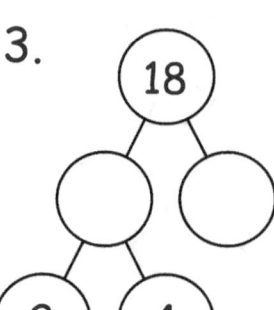

4.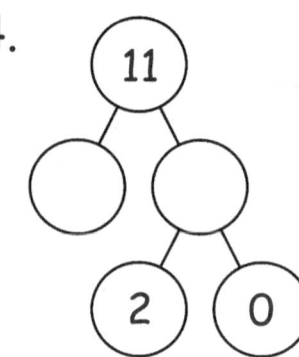

5.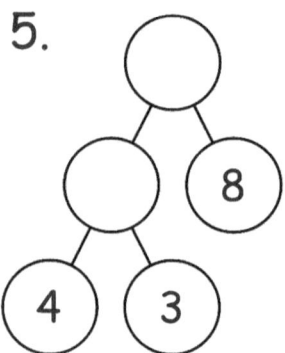

6.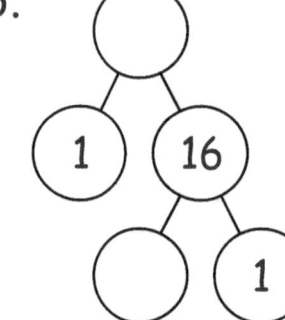

7.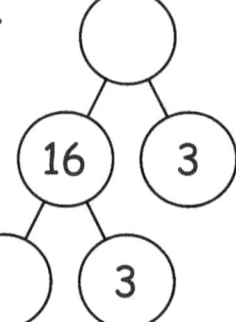

8.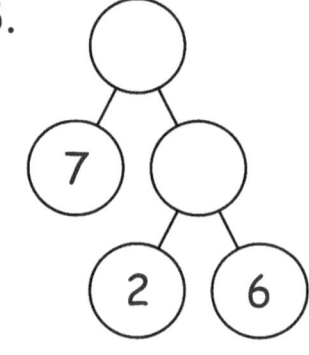

9.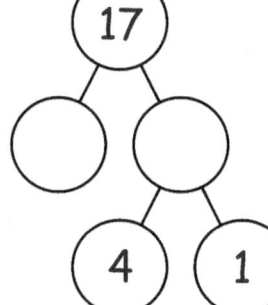

10.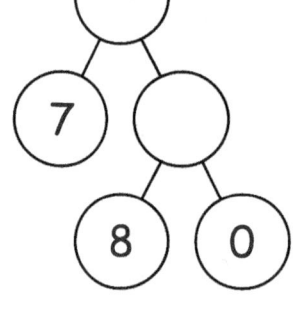

11.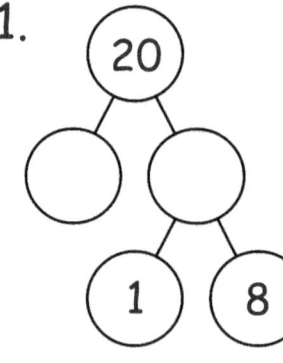

12.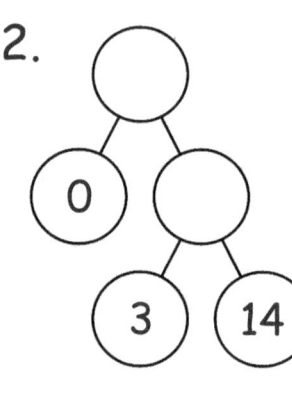

13.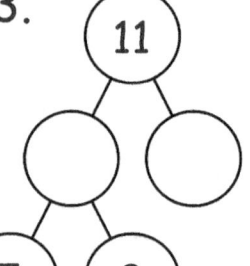

14.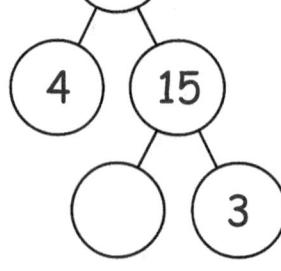

15.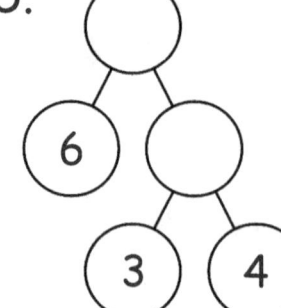

16.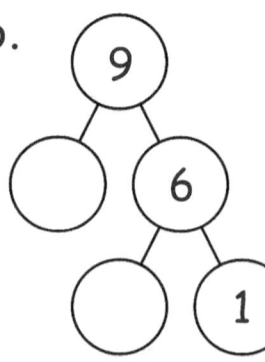

Number Bonds

Let's create bonds with Numbers 0 - 50.

SCORE /16

Date: ____ /____ /____

Fill in the empty circle with the missing number.

1.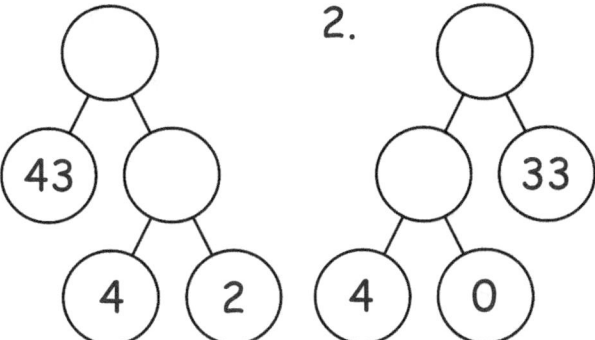

2.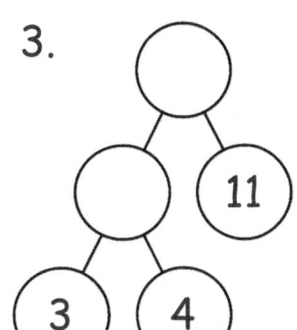

3.

4.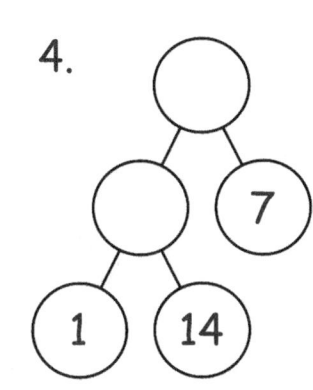

5.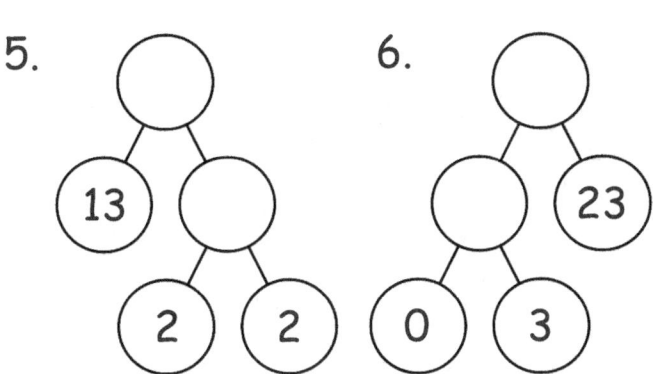

6.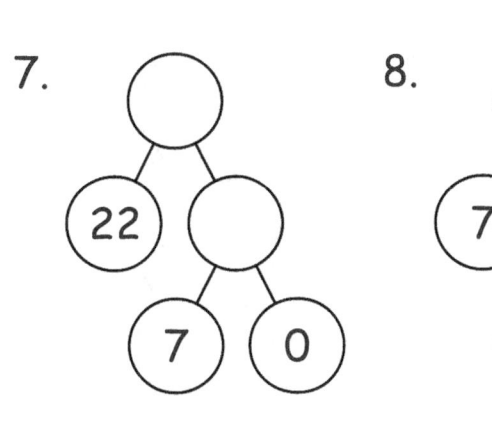

7.

8.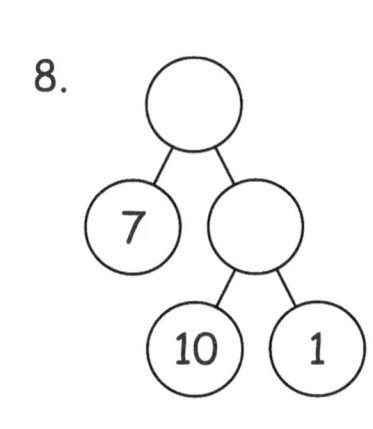

9.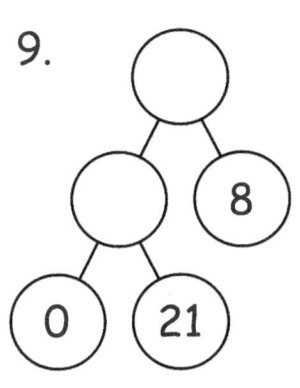

10.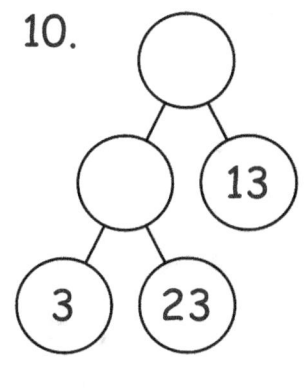

11.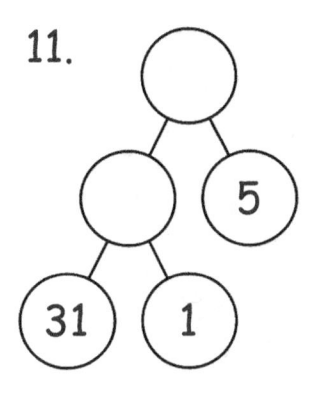

12.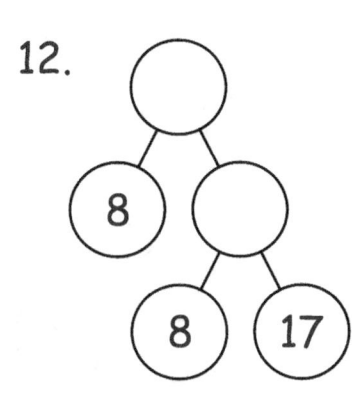

13.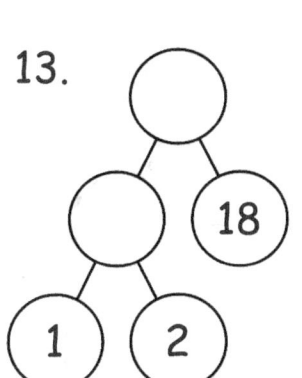

14.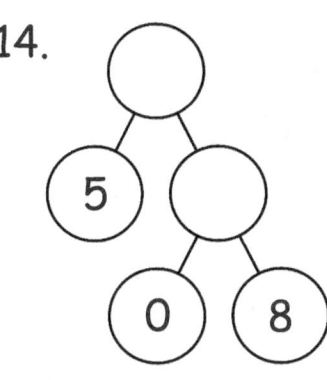

15.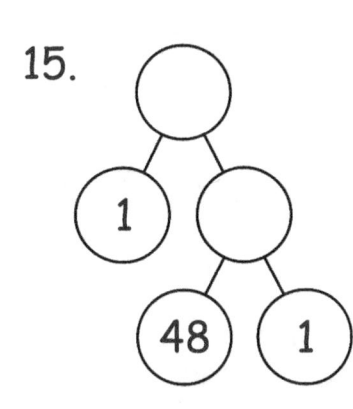

16.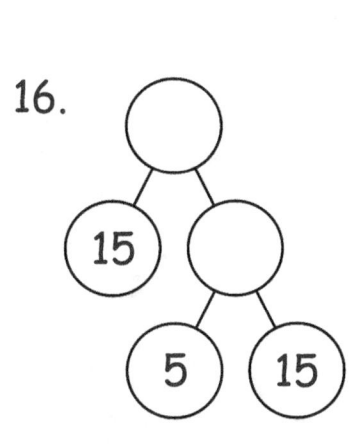

SCORE
/16

Number Bonds

Let's create bonds with Numbers 0 - 50.

Date: ____/____/_____

Fill in the empty circle with the missing number.

1.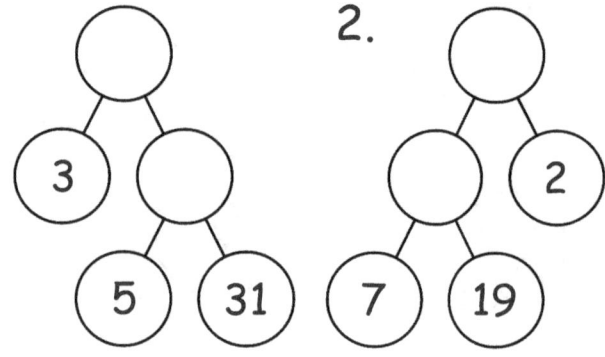

2.

3.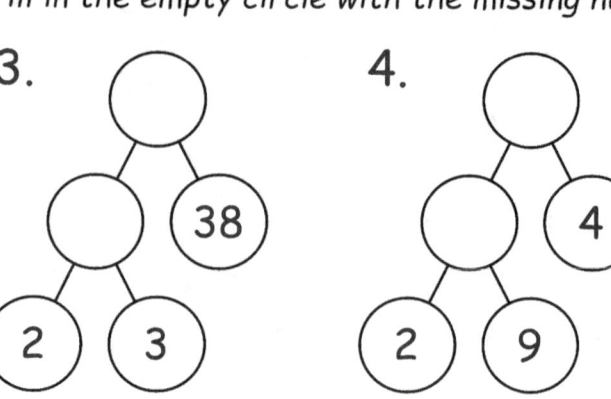

4.

5.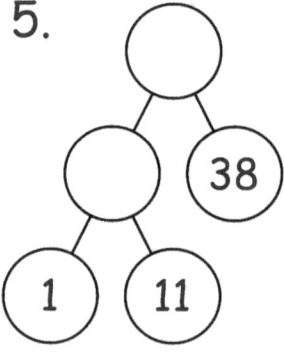

6.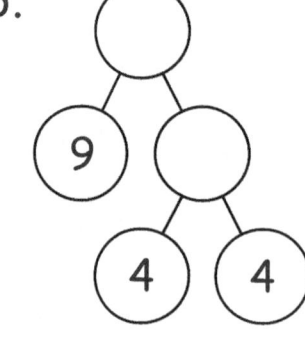

7.

8.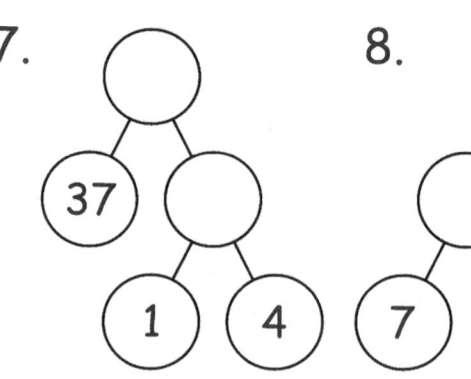

9.

10.

11.

12.

13.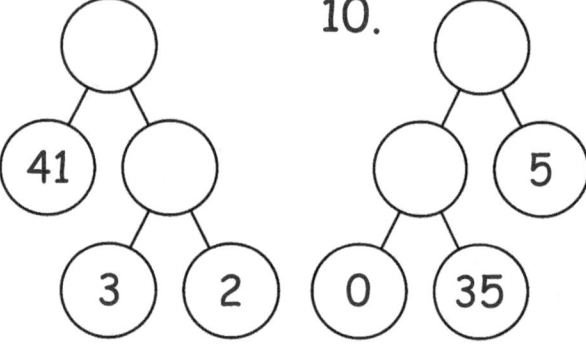

14.

15.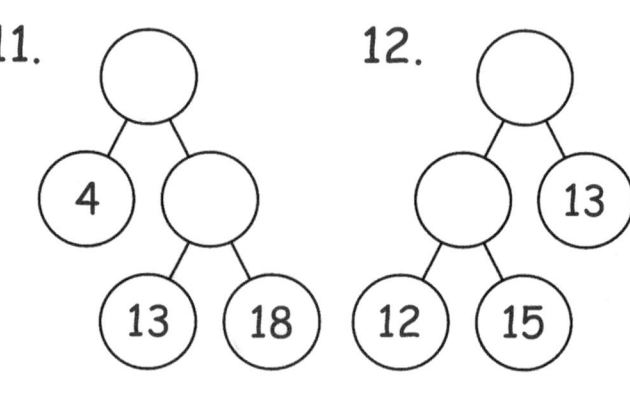

16.

Number Bonds

Let's create bonds with Numbers 0 - 50.

Date: ___ / ___ / _____

Fill in the empty circle with the missing number.

1.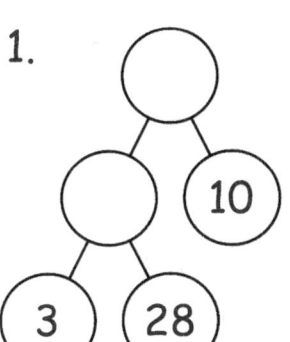

2.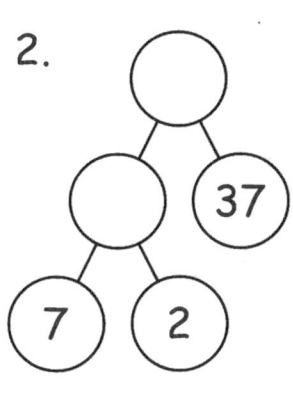

3.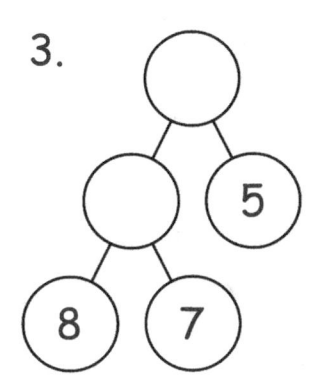

4.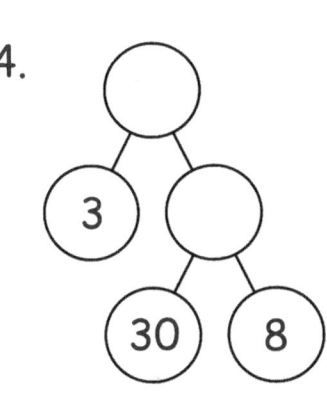

5.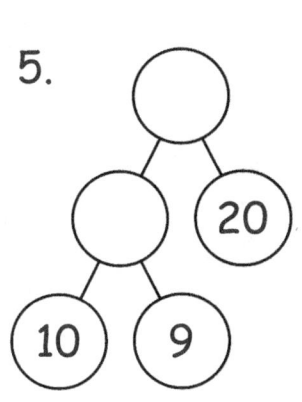

6.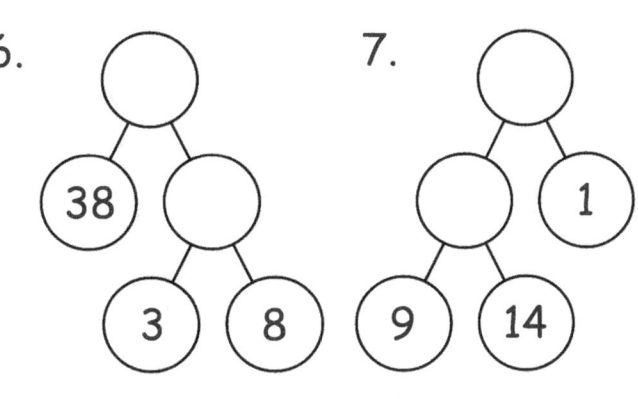

7.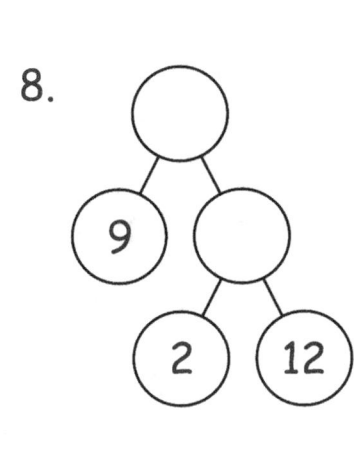

8.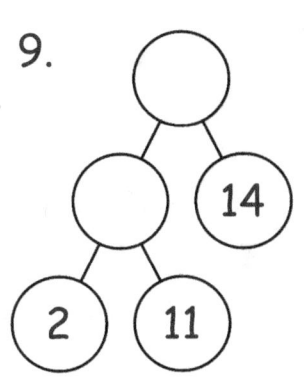

9.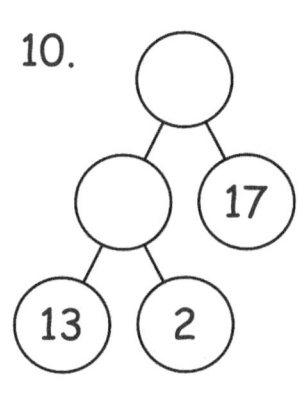

10.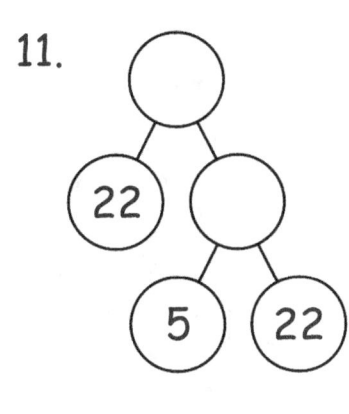

11.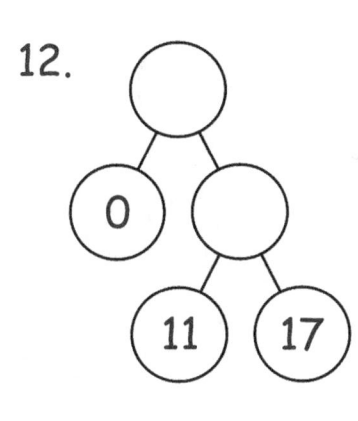

12.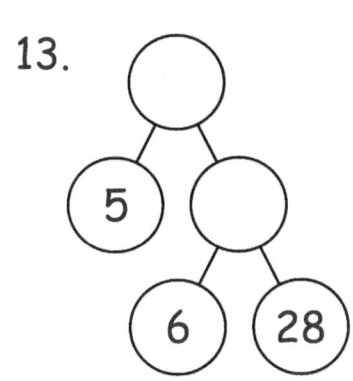

13.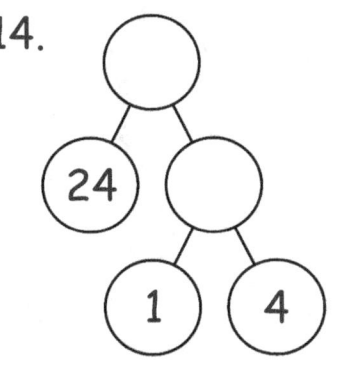

14.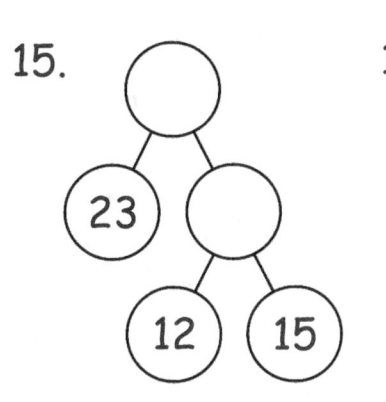

15.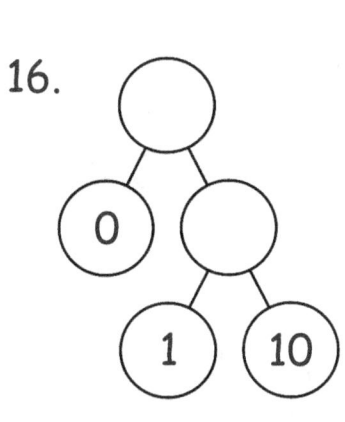

16.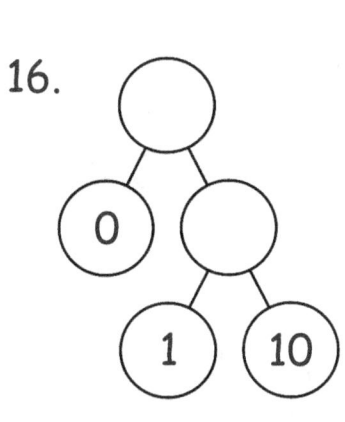

Number Bonds

Let's create bonds with Numbers 1 - 50.

Date: ____ /____ /_____

Fill in the empty circle with the missing number.

1.
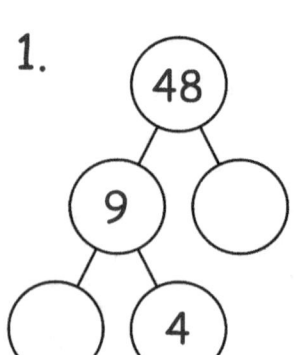

2.
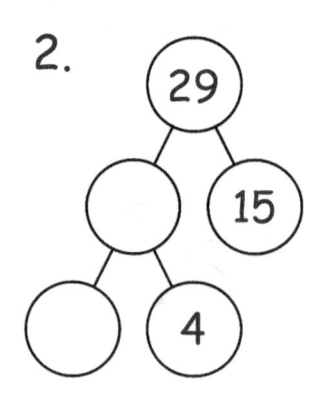

3.
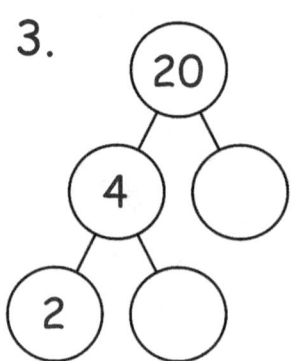

4.
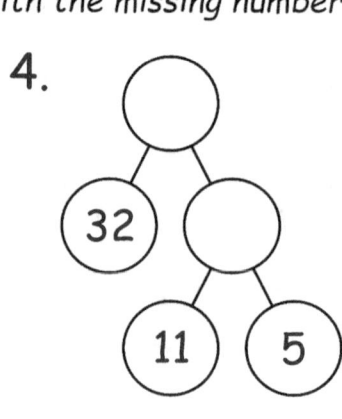

5.
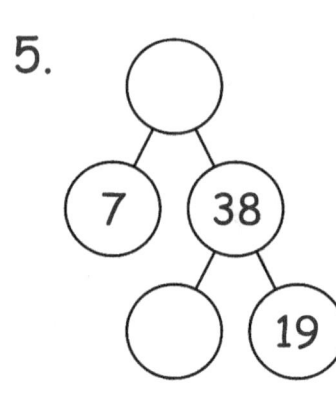

6.
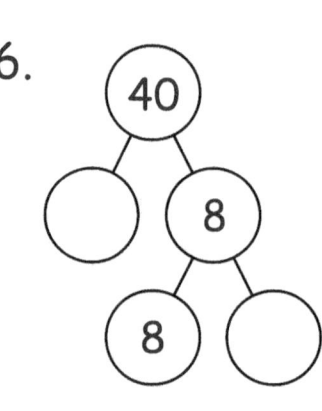

7.
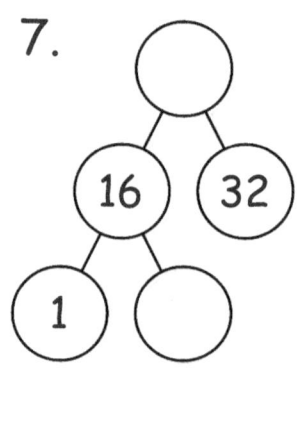

8.
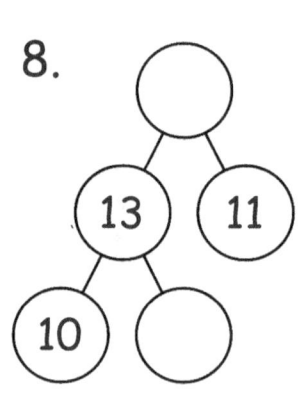

9.
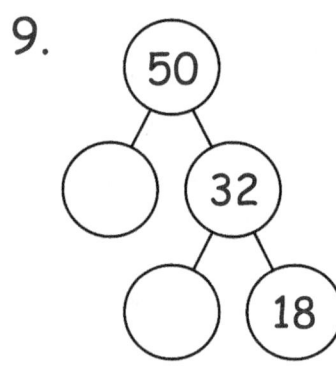

10.
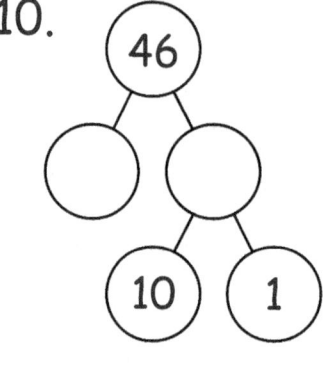

11.
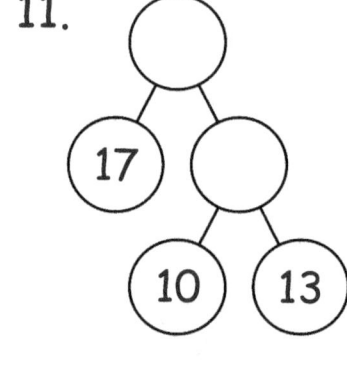

12.
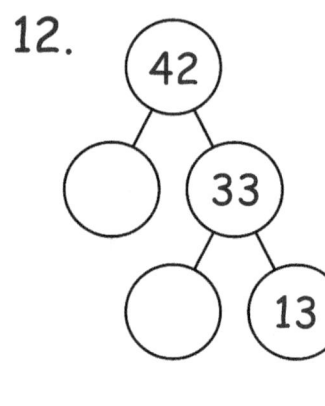

13.
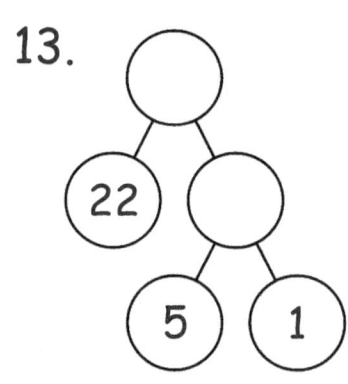

14.
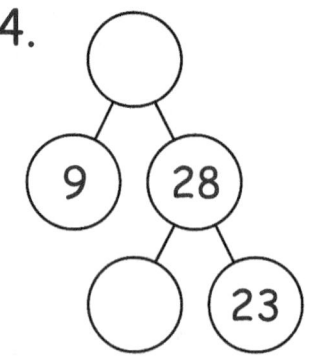

15.
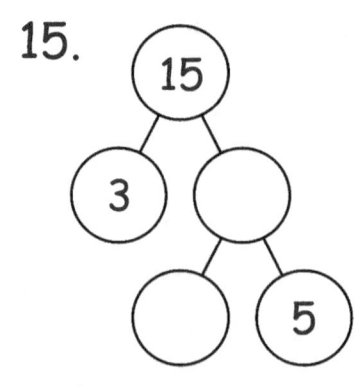

16.
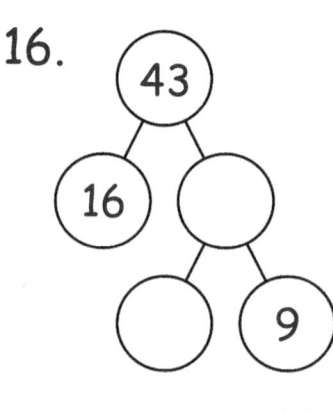

Number Bonds

Let's create bonds with Numbers 1 - 50.

SCORE /16

Date: ____ /____ /_____

Fill in the empty circle with the missing number.

1.

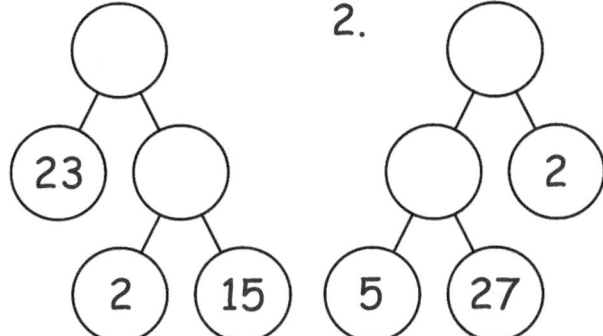
( ) → 23, ( ), 2, 15

2.

( ) → ( ), 2, 5, 27

3.

43 → 7, ( ), 30, ( )

4.

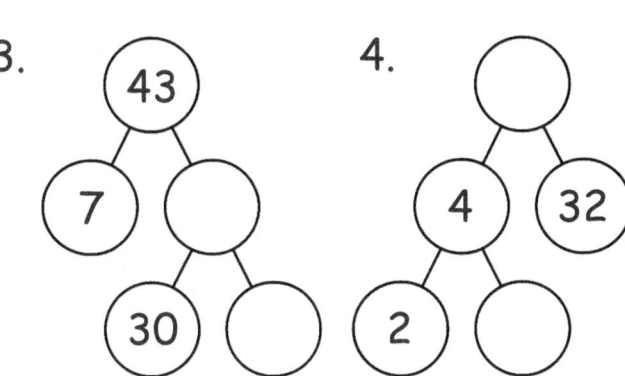
( ) → 4, 32, 2, ( )

5.

27, 3, ( ), 3 → ( )

6.

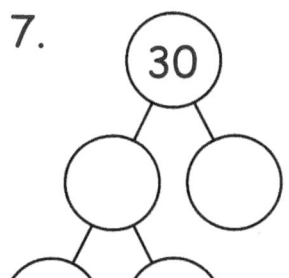
21 → ( ), ( ), 2, 13

7.

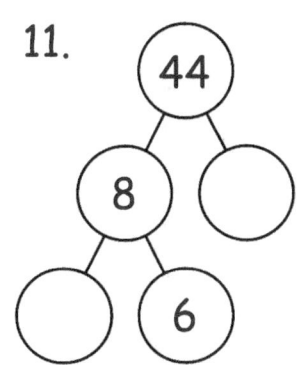
30 → ( ), ( ), 8, 8

8.

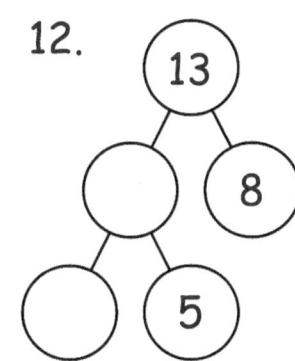
47 → ( ), 42, 3, ( )

9.

39 → 20, ( ), 12, ( )

10.

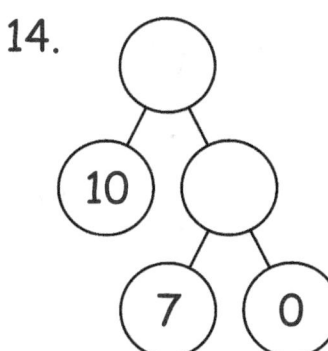
17 → ( ), 8, 1, ( )

11.

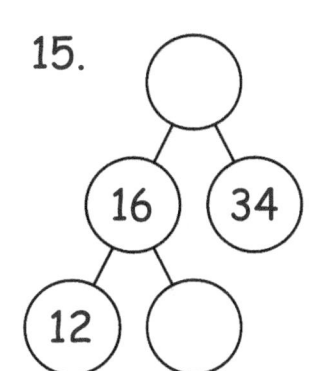
44 → 8, ( ), ( ), 6

12.

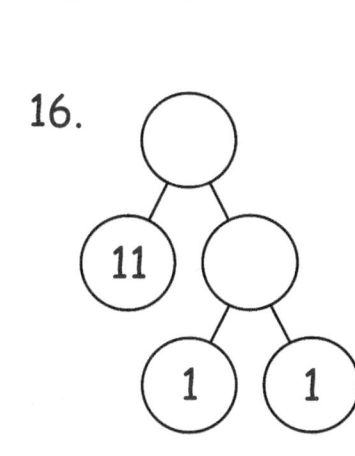
13 → ( ), 8, ( ), 5

13.

28 → ( ), ( ), 6, 9

14.

( ) → 10, ( ), 7, 0

15.

( ) → 16, 34, 12, ( )

16.

( ) → 11, ( ), 1, 1

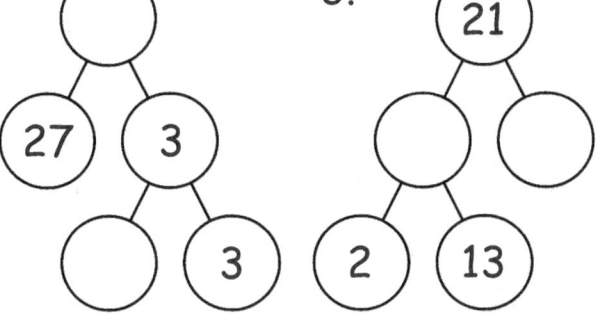
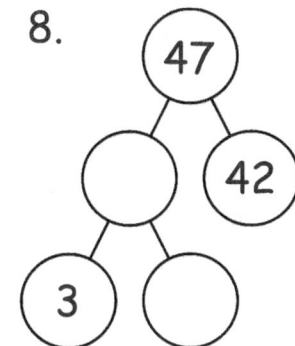

SCORE /16

Number Bonds

Let's create bonds with Numbers 1 - 50.

Date: ____/_____/_____

Fill in the empty circle with the missing number.

1.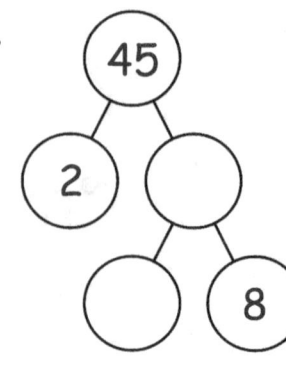

2.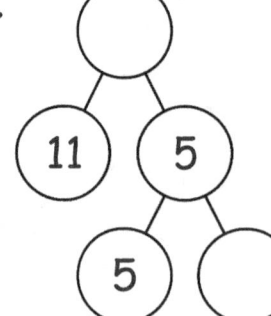

3.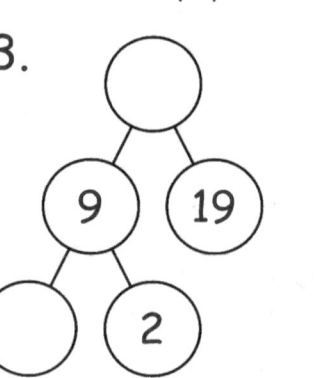

4.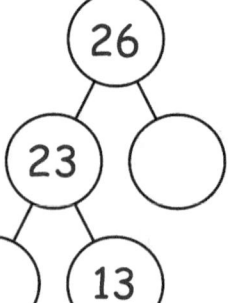

5.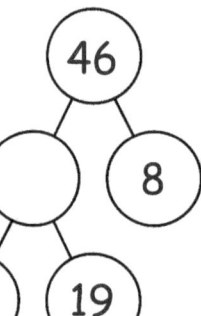

6.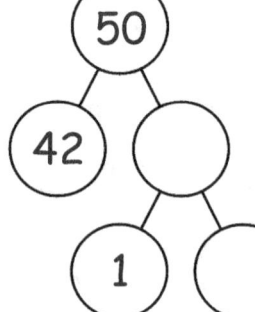

7.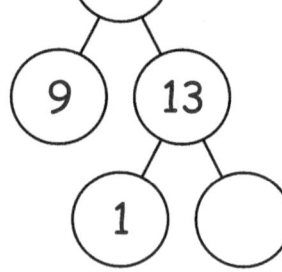

8.

9.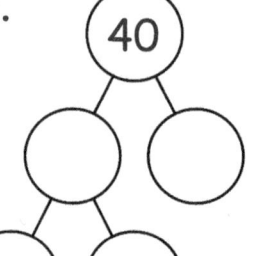

10.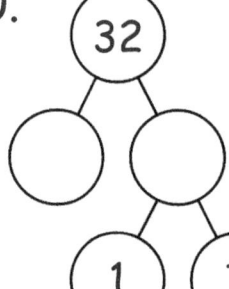

11.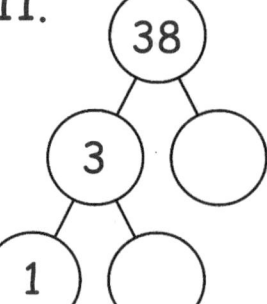

12.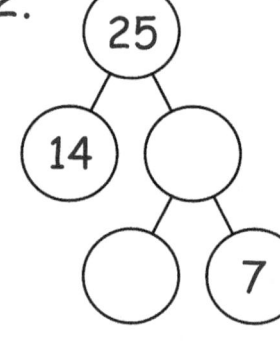

13.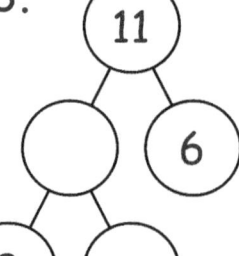

14.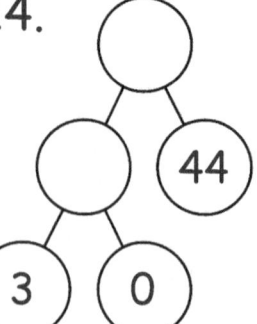

15.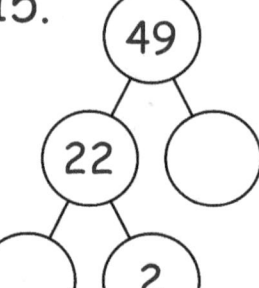

16.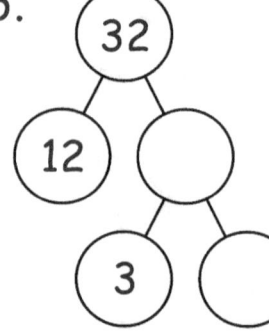

Number Bonds

Let's create bonds with Numbers 1 - 50.

SCORE /16

Date: ____ / ____ / ____

Fill in the empty circle with the missing number.

1.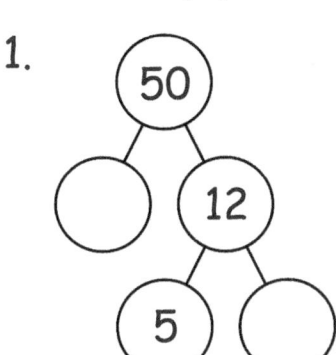

2.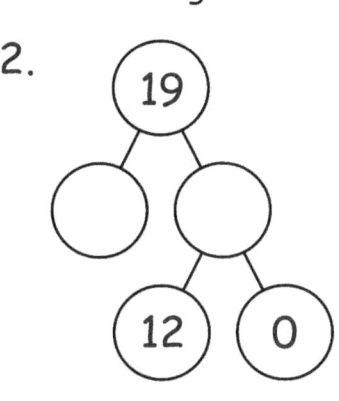

3.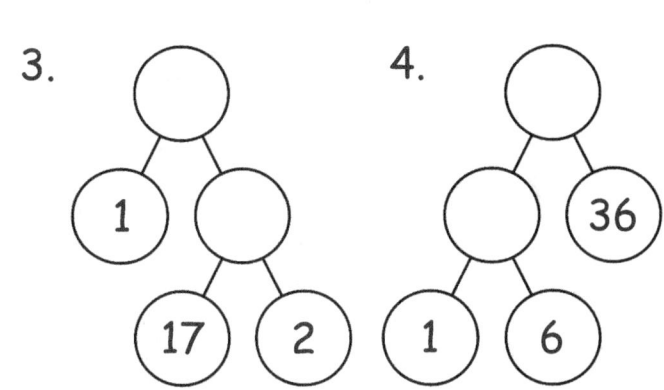

4.

5.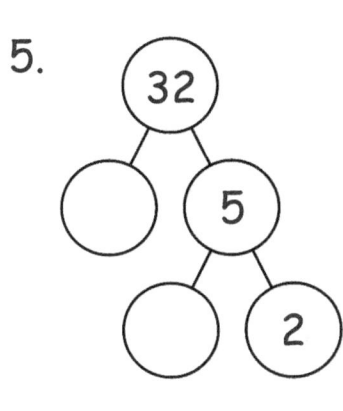

6.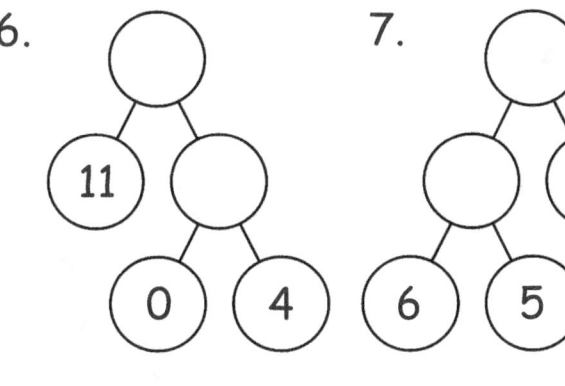

7.

8.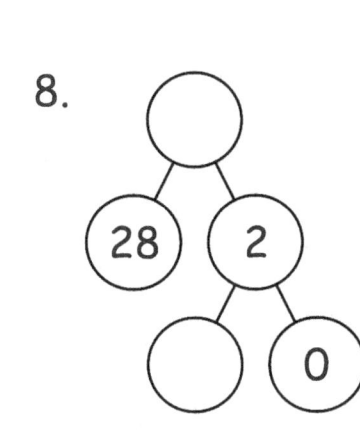

9.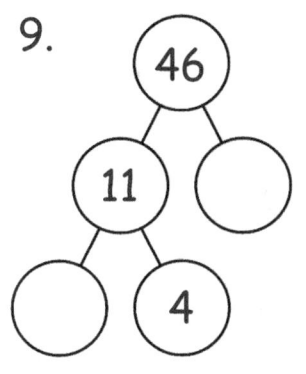

10.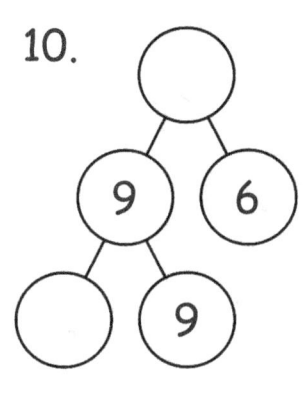

11.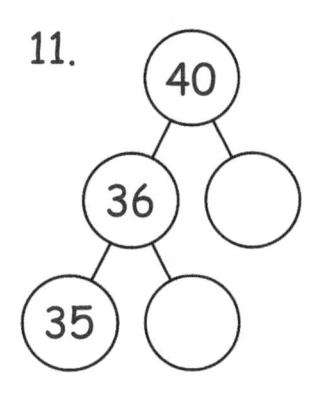

12.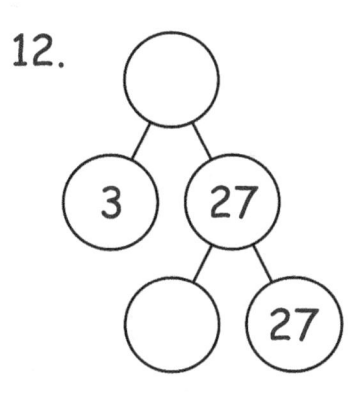

13.

14.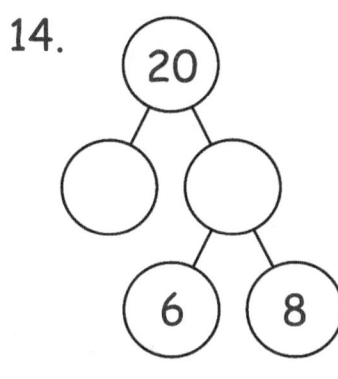

15.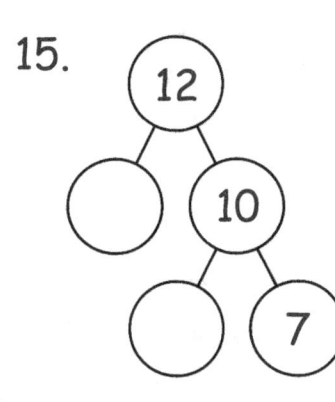

16.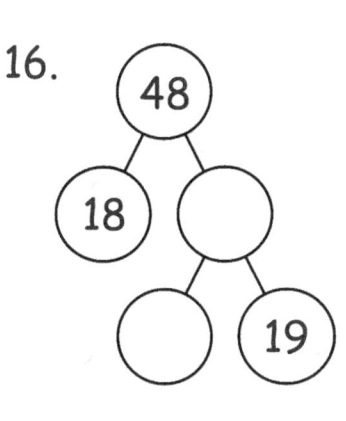

Number Bonds

Let's create bonds with Numbers 1 - 50.

Date: ____/____/_____

Fill in the empty circle with the missing number.

1.
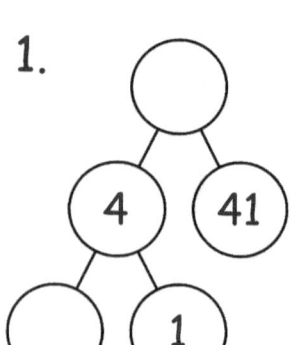

2.
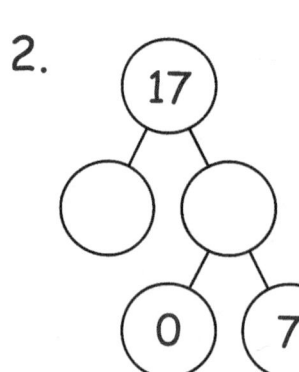

3.

4.
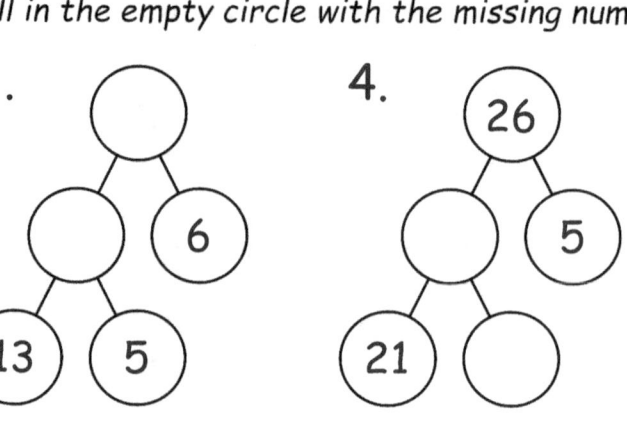

5.
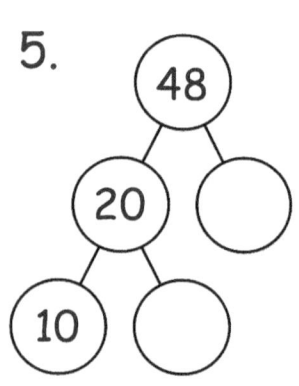

6.
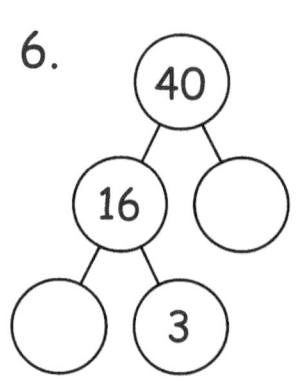

7.

8.
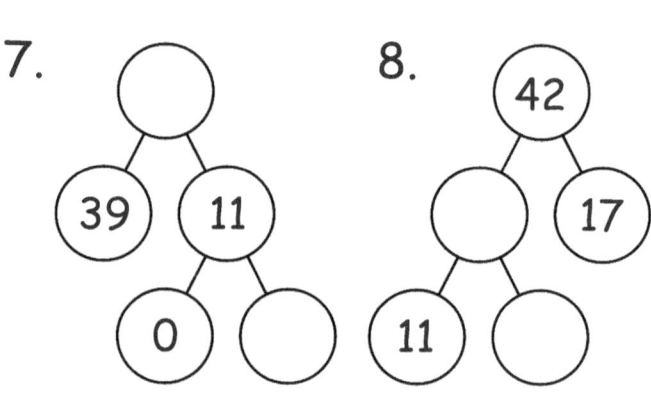

9.
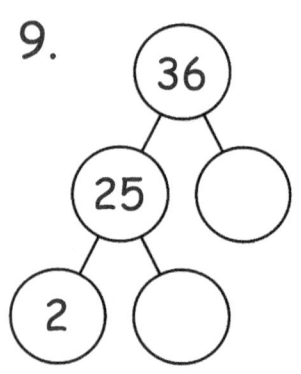

10.
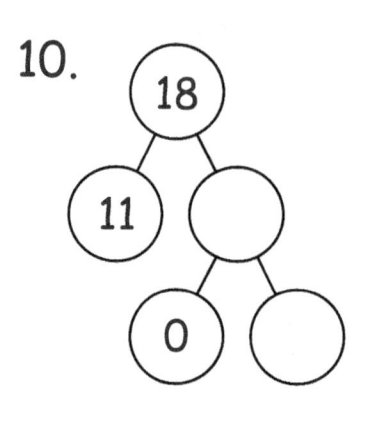

11.

12.
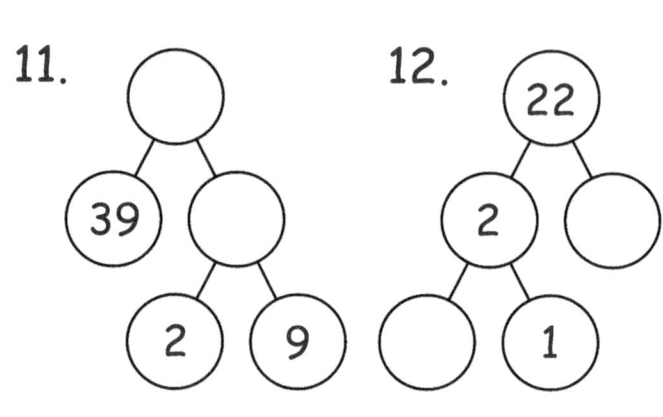

13.
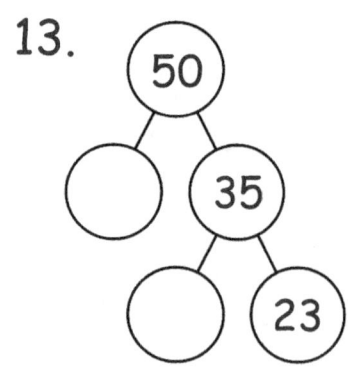

14.
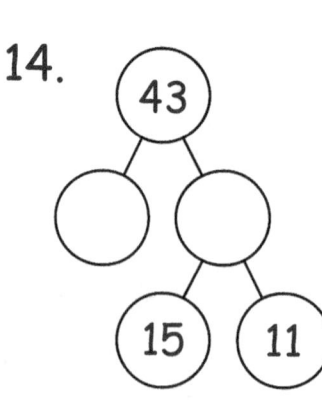

15.
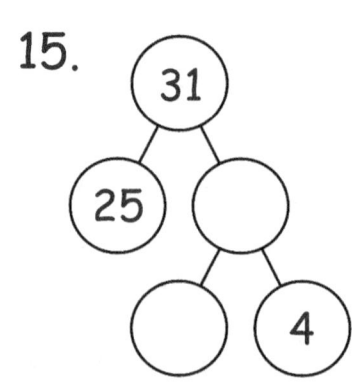

16.
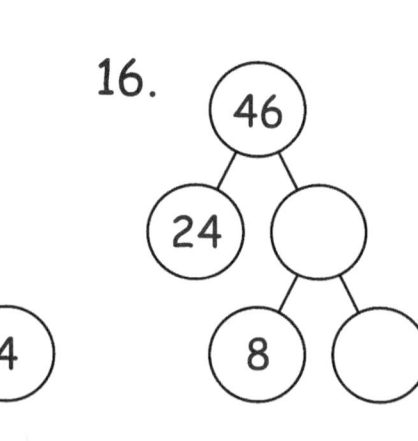

Number Bonds

Let's create bonds with Numbers 1 - 50.

SCORE /16

Date: ____ / ____ / ____

Fill in the empty circle with the missing number.

1.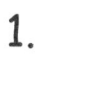

2.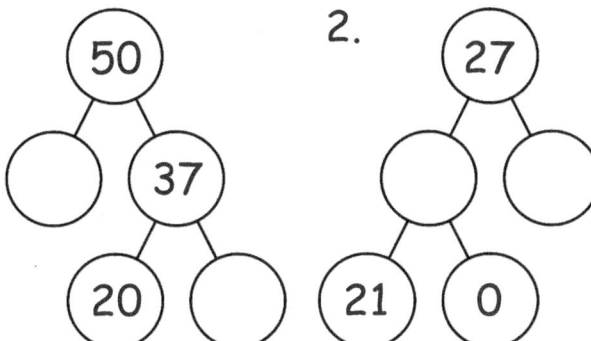

3.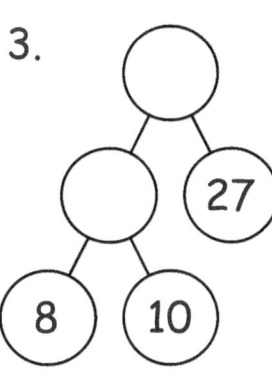

4.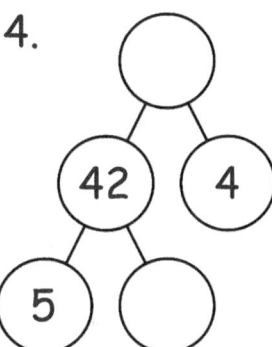

5.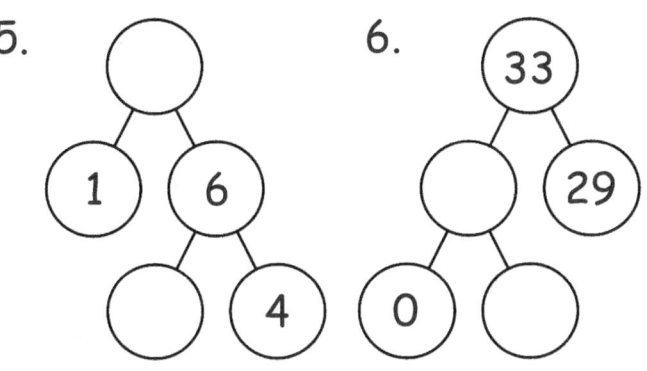

6.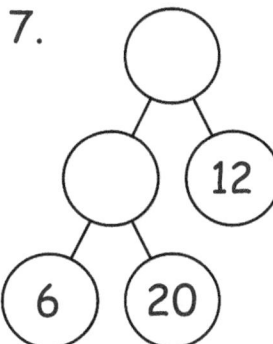

7.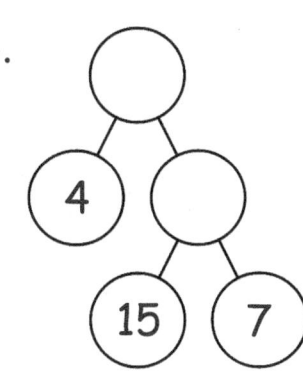

8.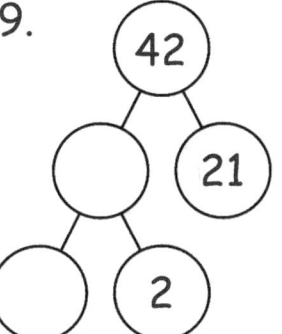

9.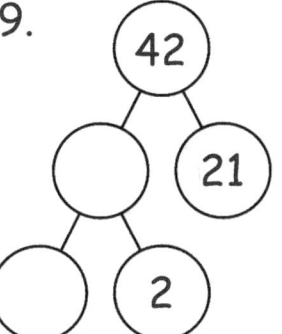

10.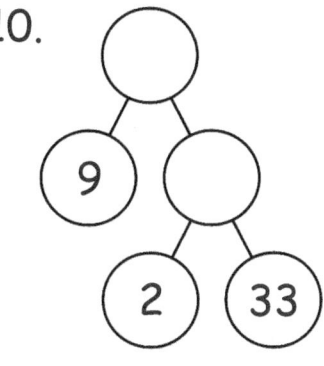

11.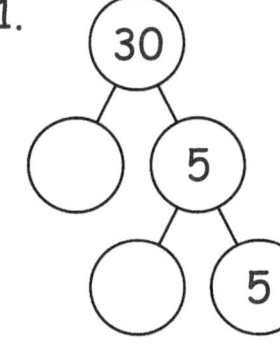

12.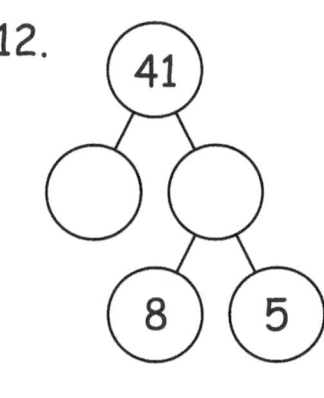

13.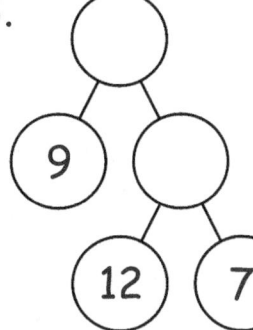

14.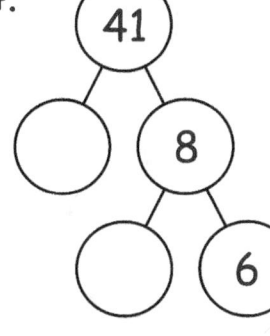

15.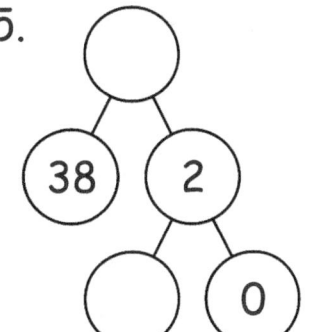

16.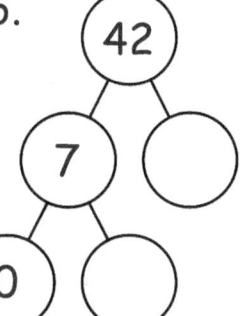

SCORE /16

Number Bonds

Let's create bonds with Numbers 1 - 50.

Date: ___/___/_____

Fill in the empty circle with the missing number.

1.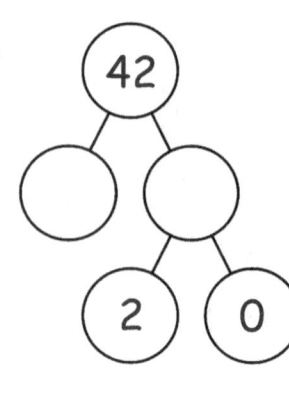

2.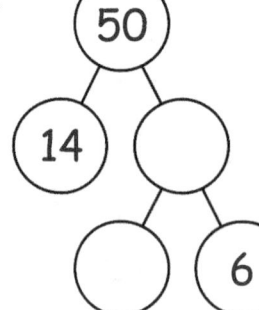

3.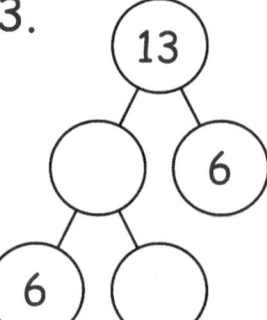

4.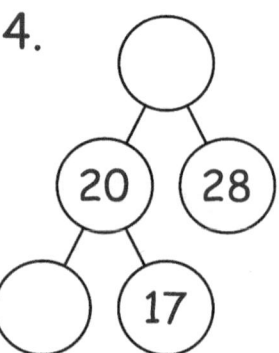

5.

6.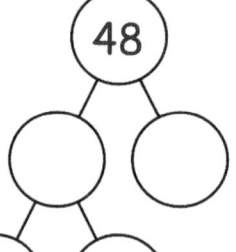

7.

8.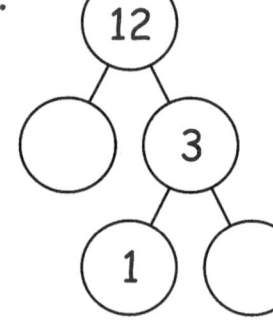

9.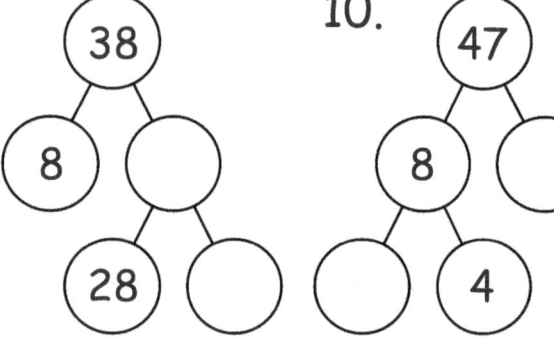

10.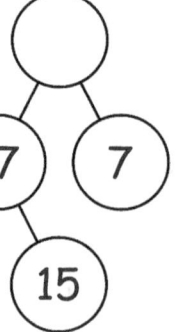

11.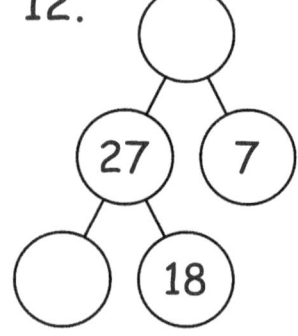

12.

13.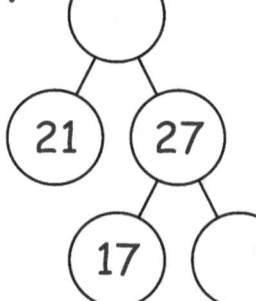

14.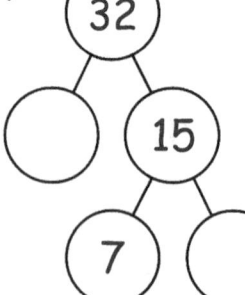

15.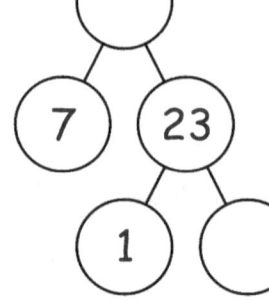

16.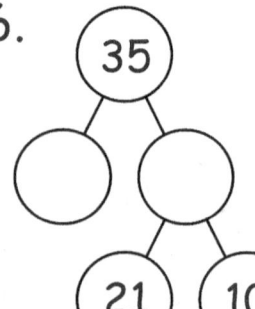

Number Bonds

Let's create bonds with Numbers 1 - 50.

Date: ____ / ____ / _____

Fill in the empty circle with the missing number.

1.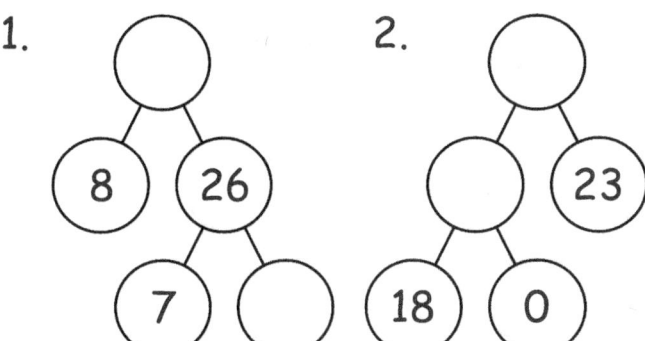

2.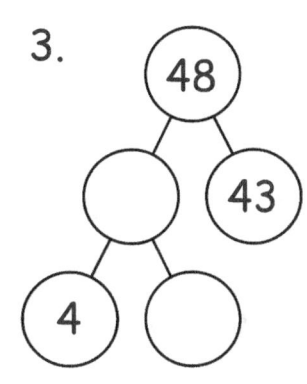

3.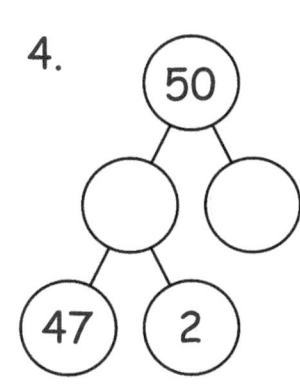

4.

5.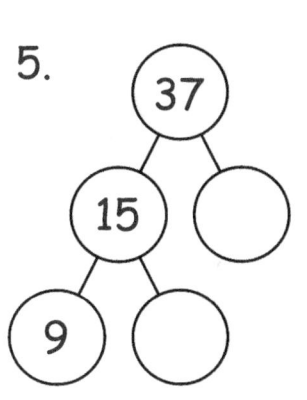

6.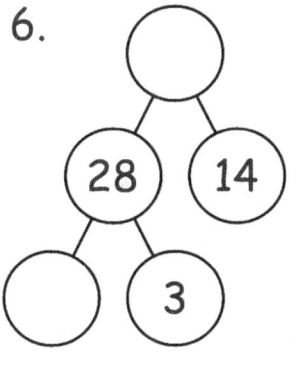

7.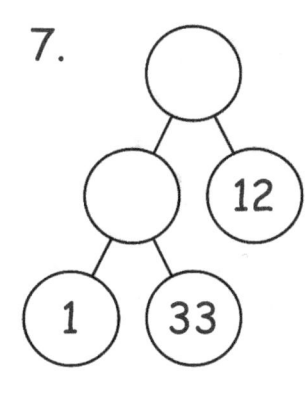

8.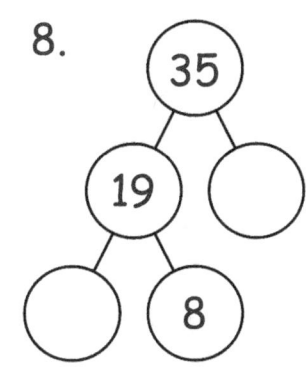

9.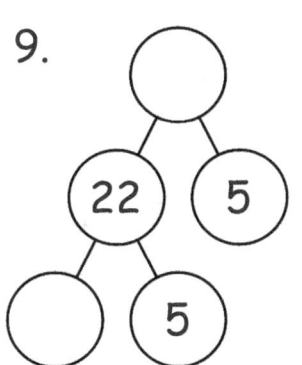

10.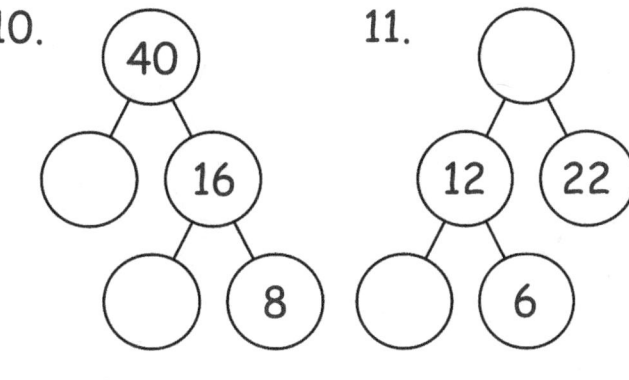

11.

12.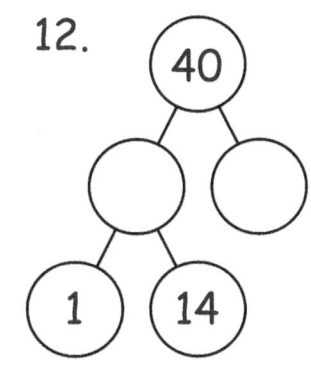

13.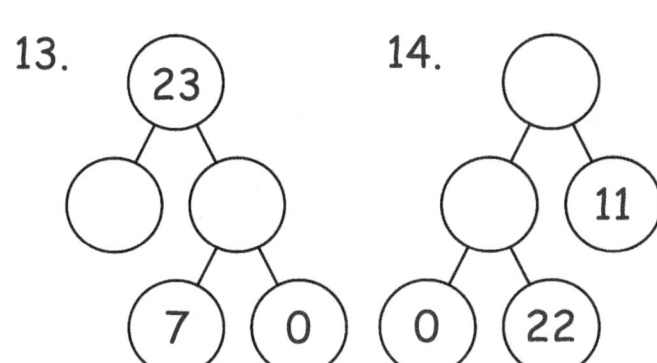

14.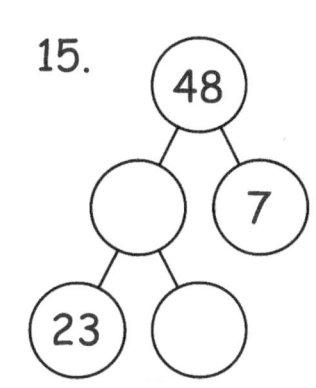

15.

16.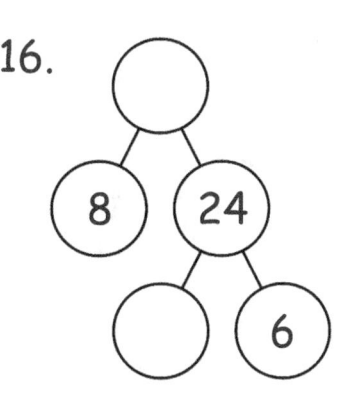

SCORE
/16

Number Bonds

Let's create bonds with Numbers 1 - 50.

Date: ____/____/_____

Fill in the empty circle with the missing number.

1.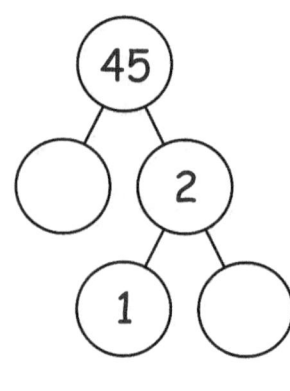

2.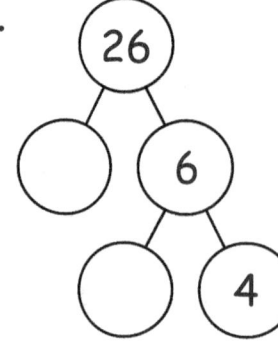

3.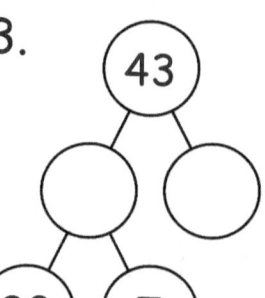

4.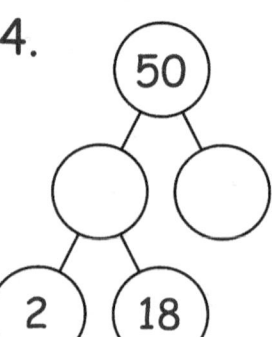

5.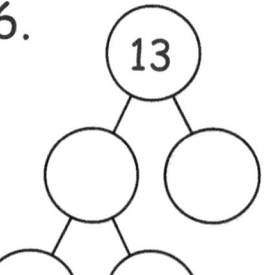

6.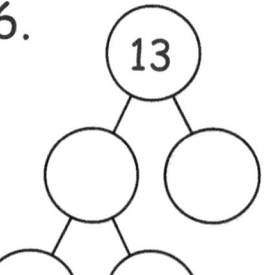

7.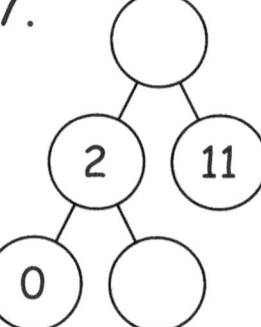

8.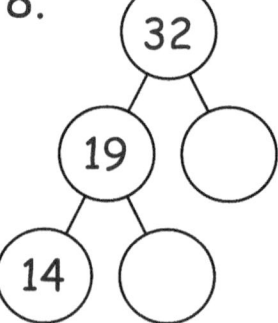

9.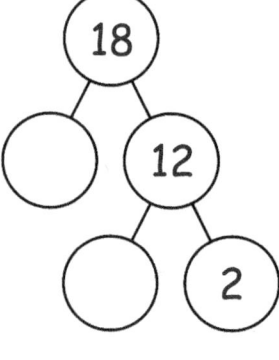

10.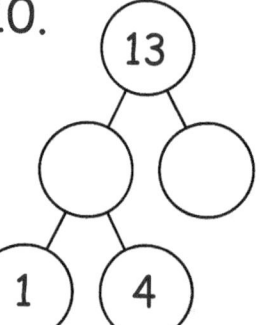

11.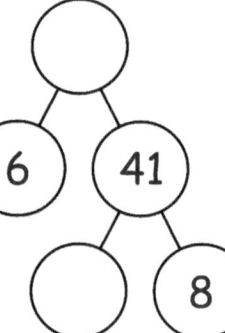

12.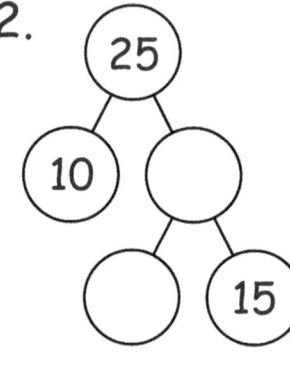

13.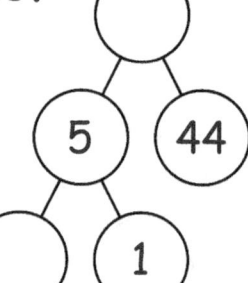

14.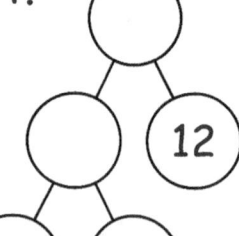

15.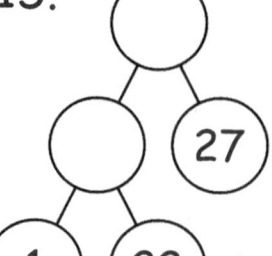

16.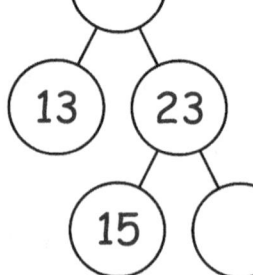

Number Bonds

Let's create bonds with Numbers 1 - 50.

Date: ____ / ____ / ____

Fill in the empty circle with the missing number.

1.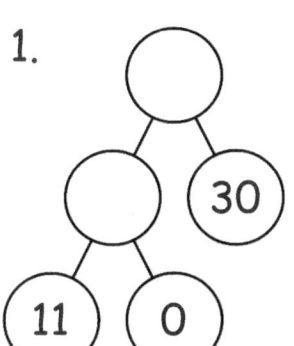

2.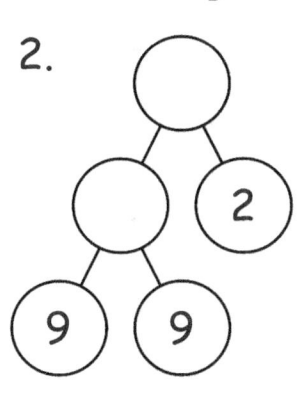

3.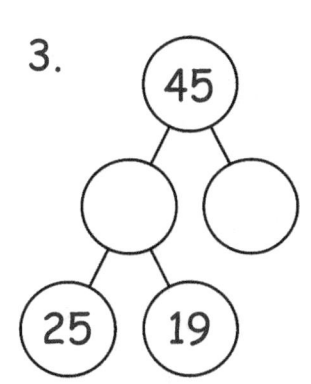

4.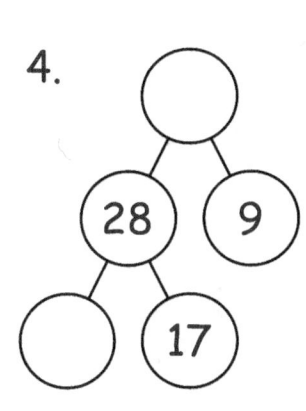

5.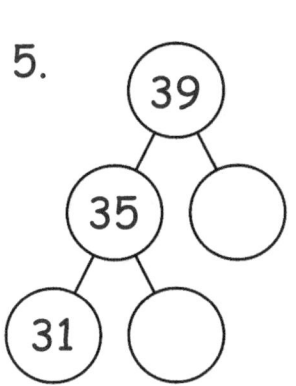

6.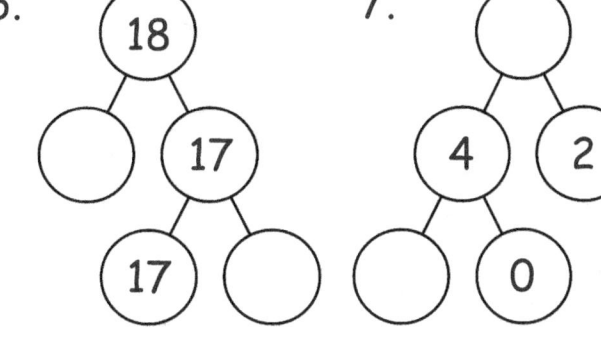

7.

8.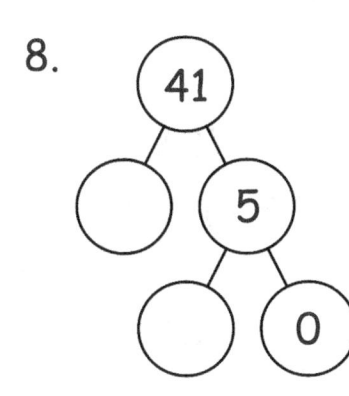

9.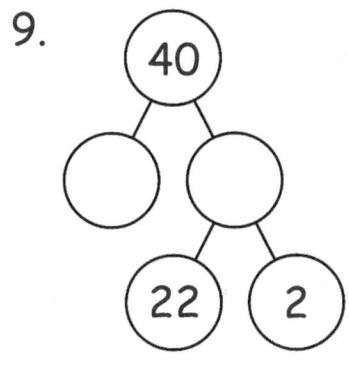

10.

11.

12.

13.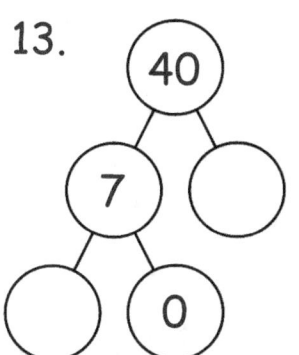

14.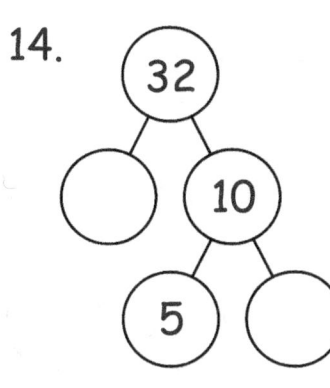

15.

16.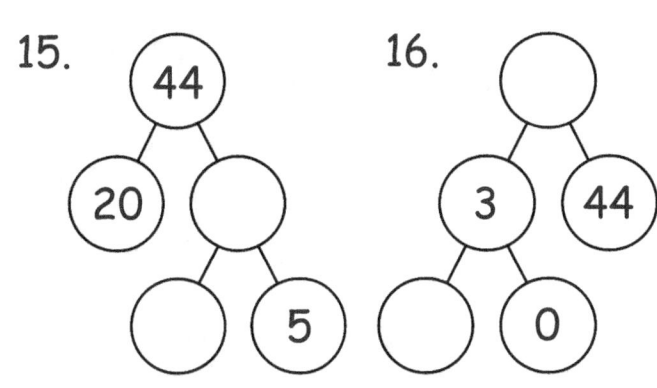

Number Bonds

Let's create bonds with Numbers 0 - 100.

Date: ____/_____/_____

Fill in the empty circle with the missing number.

1.
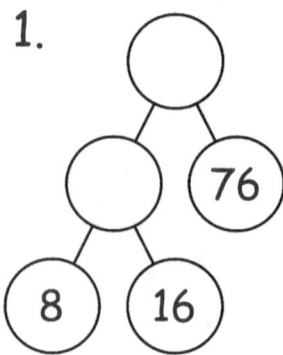
76 / 8 / 16

2.
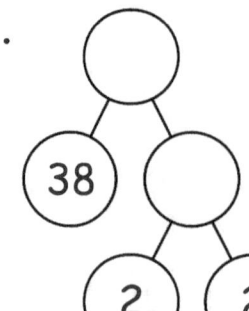
38 / 2 / 2

3.
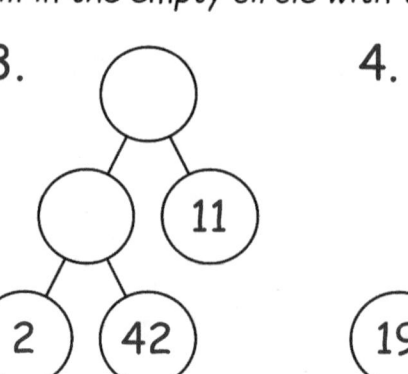
11 / 2 / 42

4.
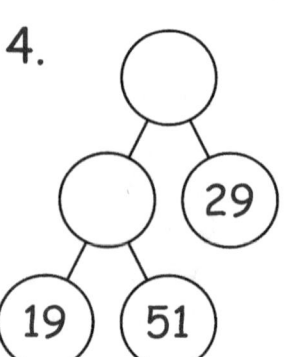
29 / 19 / 51

5.
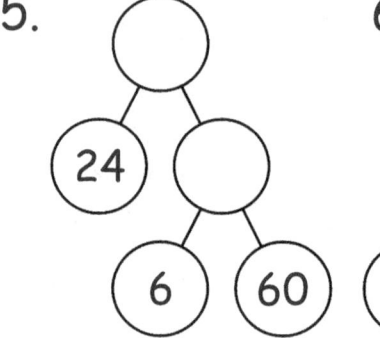
24 / 6 / 60

6.
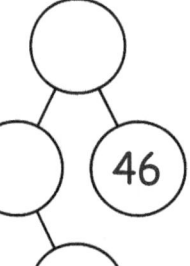
46 / 12 / 15

7.
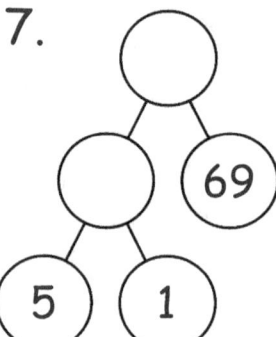
69 / 5 / 1

8.
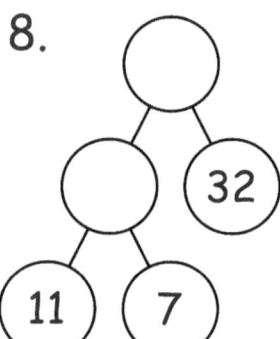
32 / 11 / 7

9.
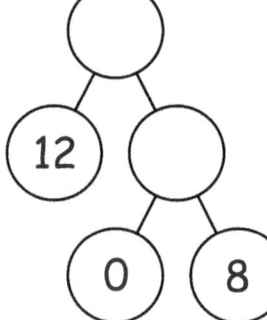
12 / 0 / 8

10.
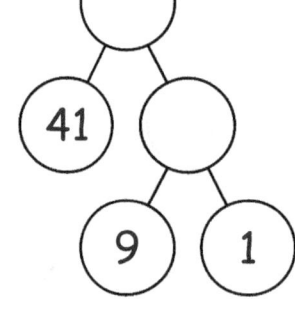
41 / 9 / 1

11.
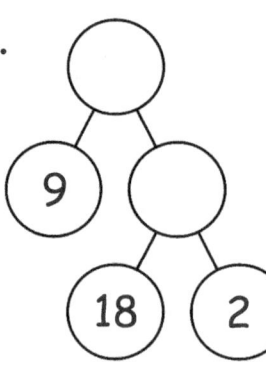
9 / 18 / 2

12.
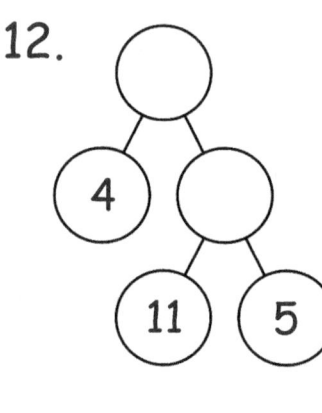
4 / 11 / 5

13.
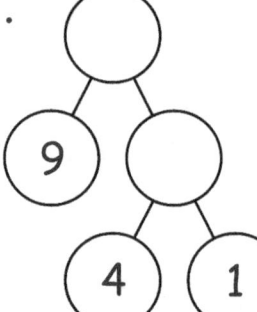
9 / 4 / 1

14.
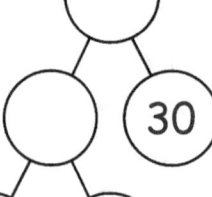
30 / 24 / 39

15.
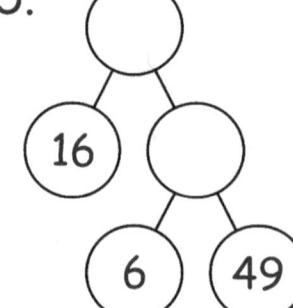
16 / 6 / 49

16.
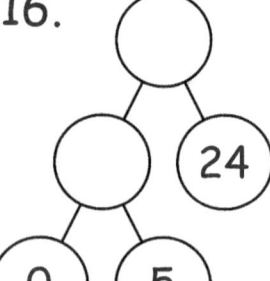
24 / 0 / 5

Number Bonds

Let's create bonds with Numbers 0 - 100.

Date: ___ / ___ / ___

Fill in the empty circle with the missing number.

1.
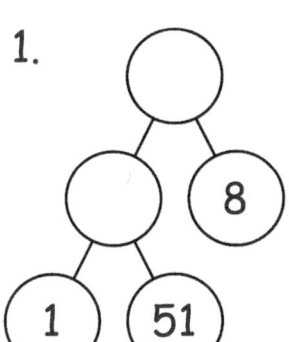
( ) → 8, 1, 51

2.
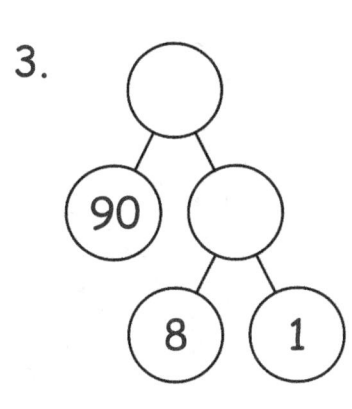
( ) → 47, 36, 12

3.
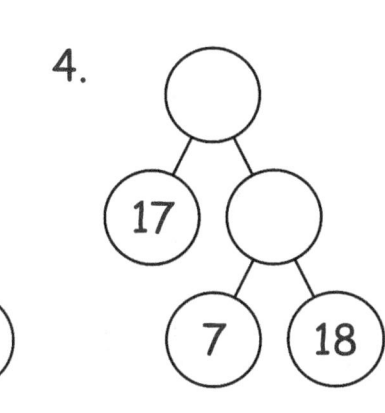
( ) → 90, 8, 1

4.
( ) → 17, 7, 18

5.
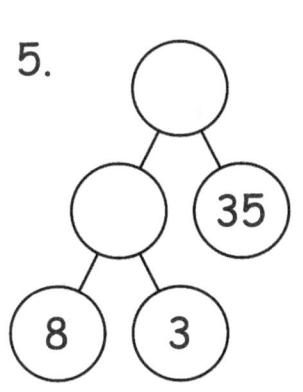
( ) → 35, 8, 3

6.
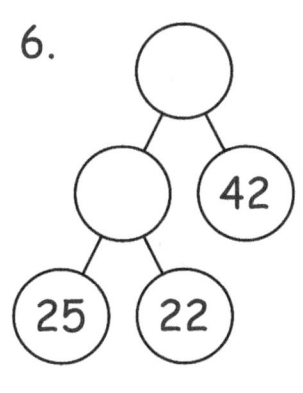
( ) → 42, 25, 22

7.
( ) → 19, 58, 21

8.
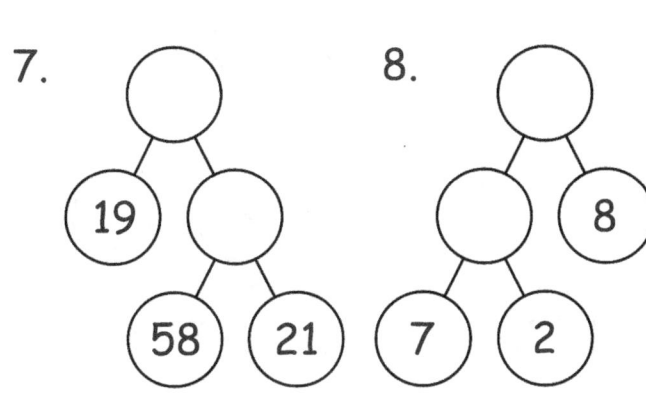
( ) → 8, 7, 2

9.
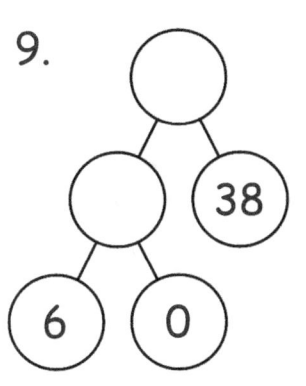
( ) → 38, 6, 0

10.
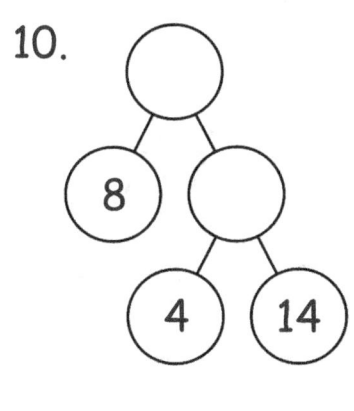
( ) → 8, 4, 14

11.
( ) → 14, 9, 28

12.
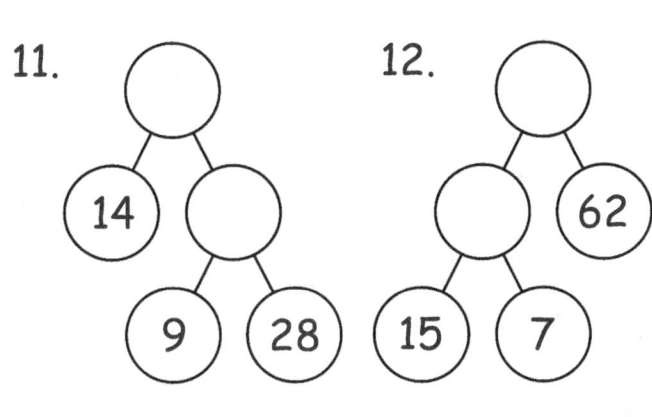
( ) → 62, 15, 7

13.
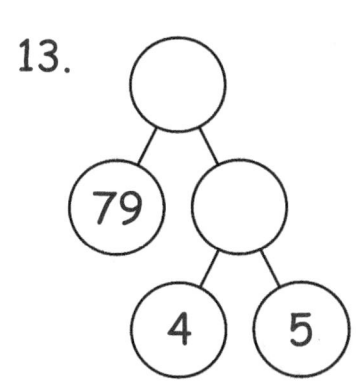
( ) → 79, 4, 5

14.
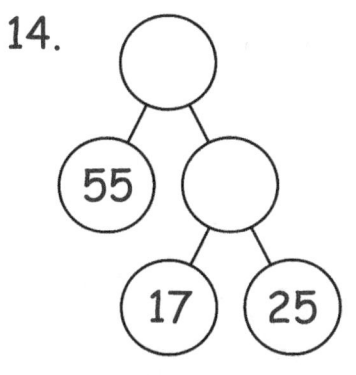
( ) → 55, 17, 25

15.
( ) → 83, 4, 7

16.
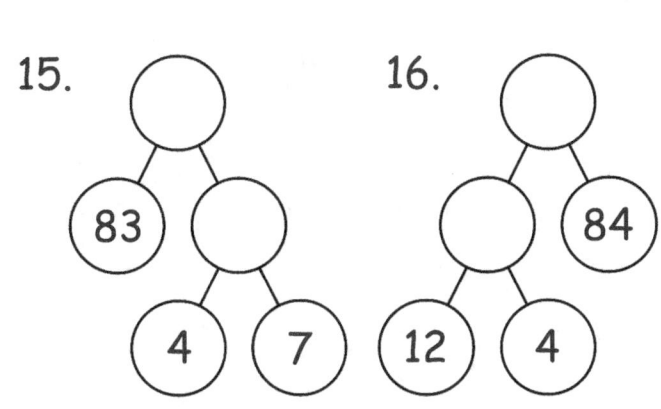
( ) → 84, 12, 4

SCORE
/16

Number Bonds

Let's create bonds with Numbers 0 - 100.

Date: ___ / ____ / _____

Fill in the empty circle with the missing number.

1.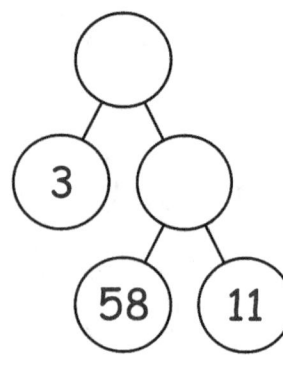

2.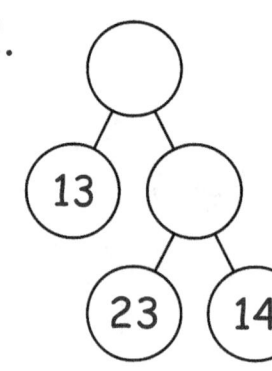

3.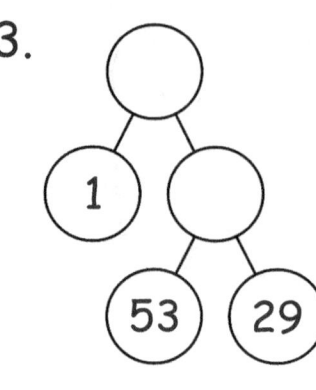

4.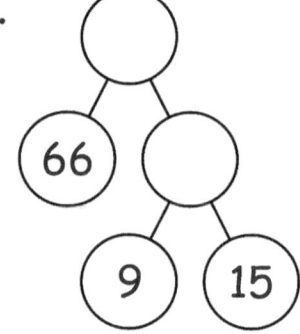

5.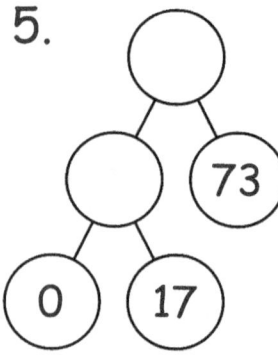

6.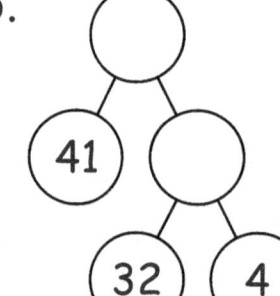

7.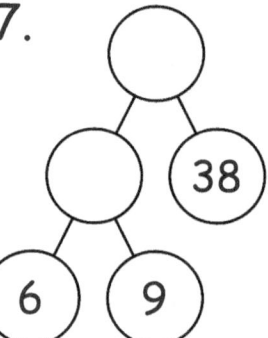

8.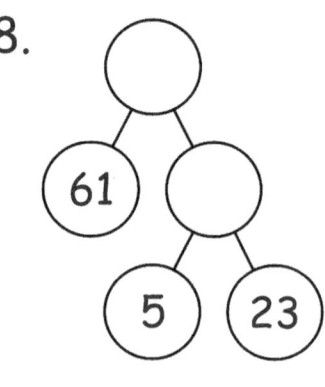

9. 10.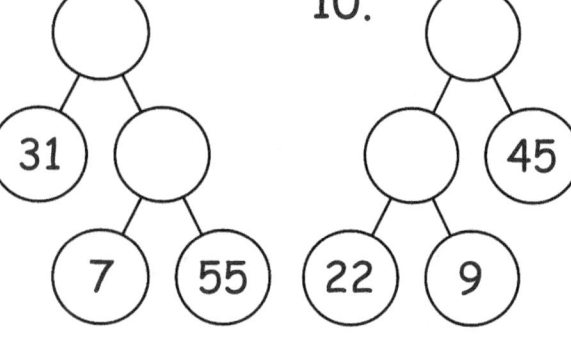

11.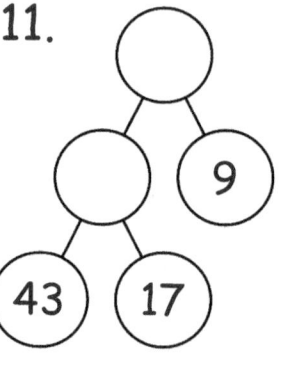

12.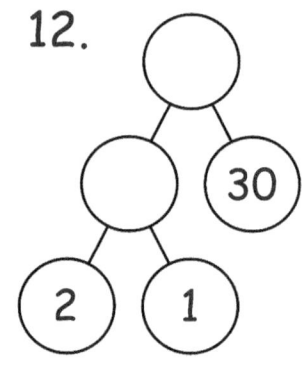

13.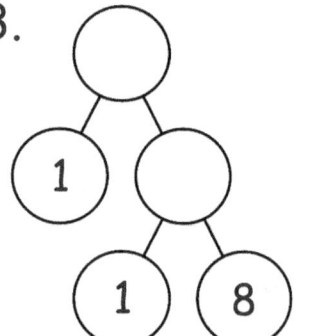

14.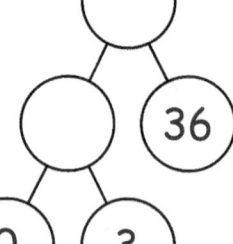

15.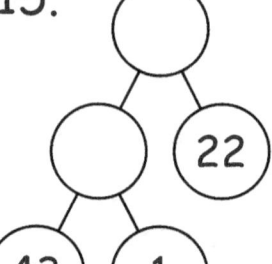

16.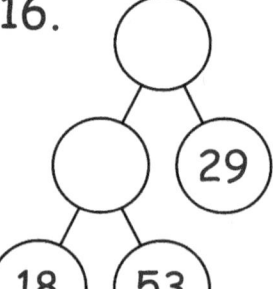

Number Bonds

Let's create bonds with Numbers 1 - 100.

Date: _____ / _____ / _____

Fill in the empty circle with the missing number.

1.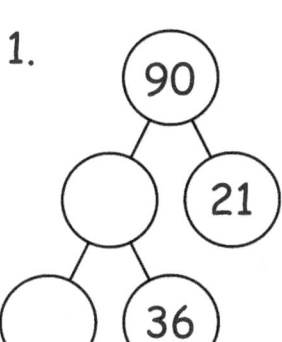

2.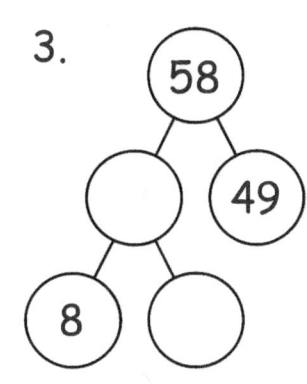

3. 58 / 49 / 8

4.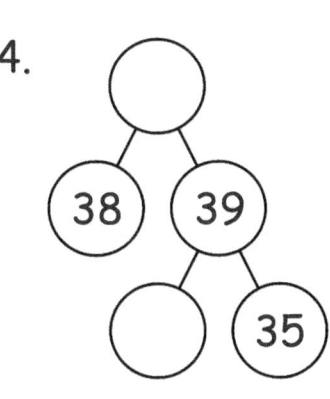

5. 57 / 20 / 35

6. 55 / 7 / 4

7. 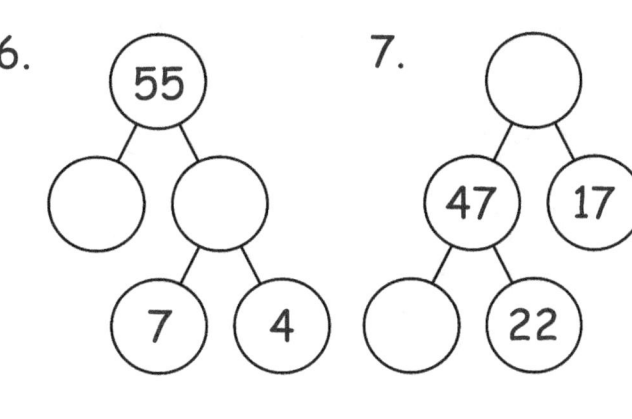 47 / 17 / 22

8. 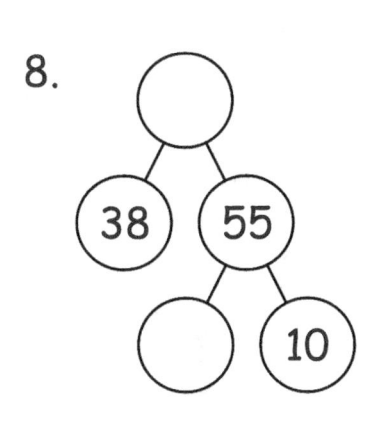 38 / 55 / 10

9. 33 / 11 / 1

10. 99 / 29 / 44

11. 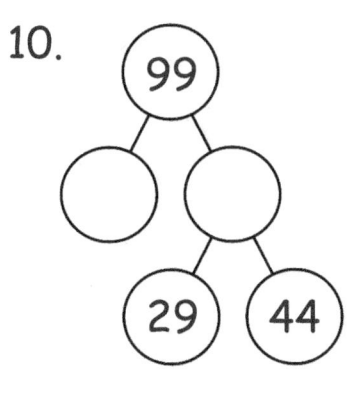 47 / 24 / 6

12. 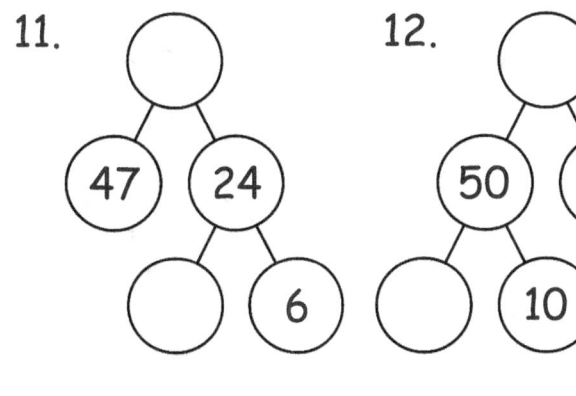 50 / 12 / 10

13. 64 / 23 / 31

14. 83 / 10 / 5

15. 56 / 22 / 7

16. 83 / 4 / 1

SCORE /16

Number Bonds

Let's create bonds with Numbers 1 - 100.

Date: ___ / ____ / _____

Fill in the empty circle with the missing number.

1.
( )
(22) (74)
(11) ( )

2.
(89)
( ) (5)
(26) ( )

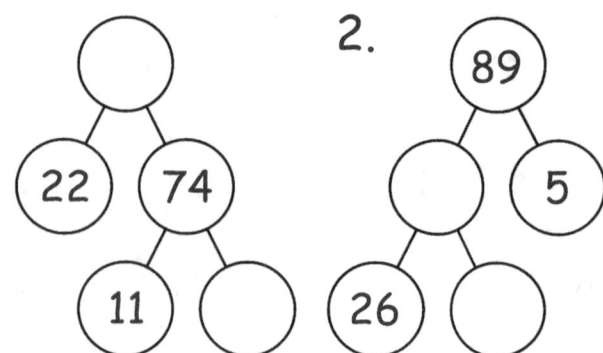

3.
(21)
(15) ( )
( ) (3)

4.
(36)
(22) ( )
( ) (19)

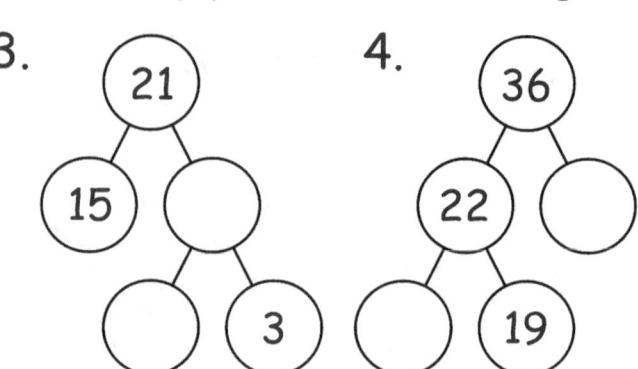

5.
( )
( ) (41)
(16) (32)

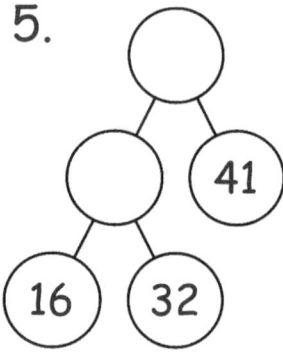

6.
(100)
( ) (60)
( ) (23)

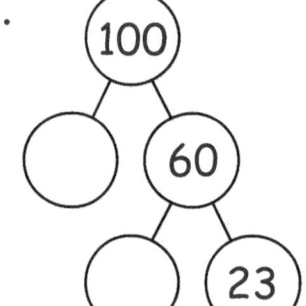

7.
( )
(9) (42)
(8) ( )

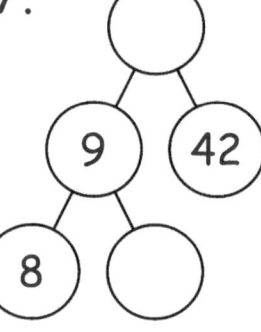

8.
( )
(14) (78)
( ) (8)

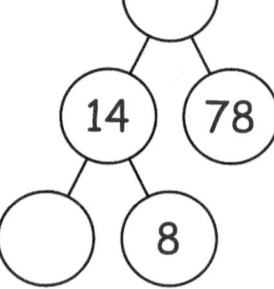

9.
(97)
(50) ( )
( ) (32)

10.
(49)
(20) ( )
( ) (18)

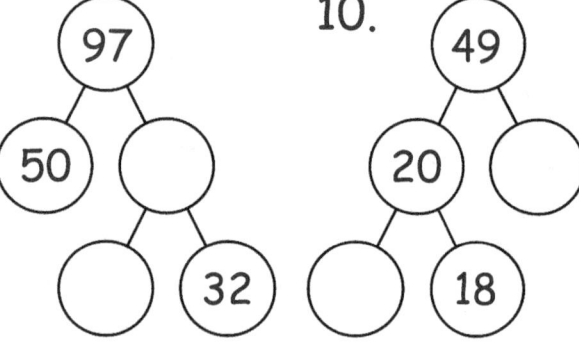

11.
(92)
( ) (39)
( ) (11)

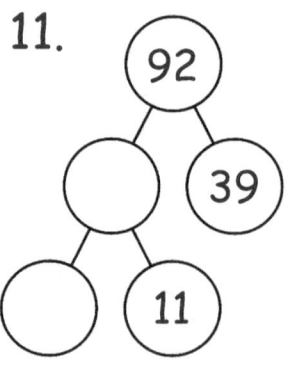

12.
(90)
(62) ( )
( ) (21)

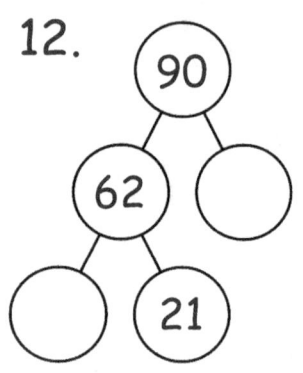

13.
(99)
( ) ( )
(31) (6)

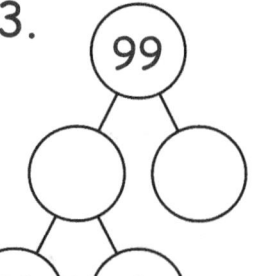

14.
(41)
( ) (38)
(1) ( )

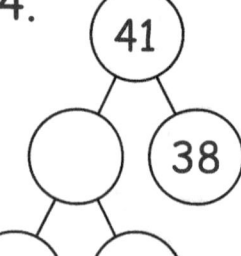

15.
(32)
( ) ( )
(5) (20)

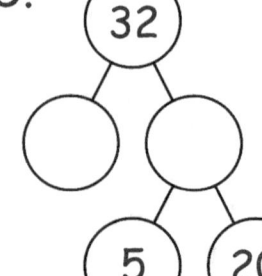

16.
( )
(33) (10)
(21) ( )

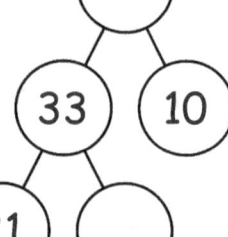

Number Bonds

Let's create bonds with Numbers 1 - 100.

Date: ____/____/____

Fill in the empty circle with the missing number.

1.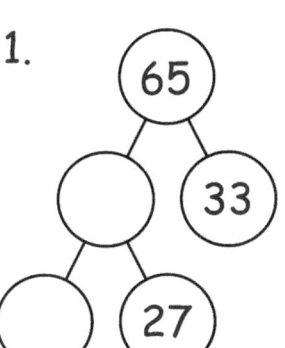

2.

3.

4.

5.

6.

7.

8.

9.

10.

11.

12.

13.

14.

15.

16.

Number Bonds

Let's create bonds with Numbers 1 - 100.

Date: ___ / ___ / ___

Fill in the empty circle with the missing number.

1.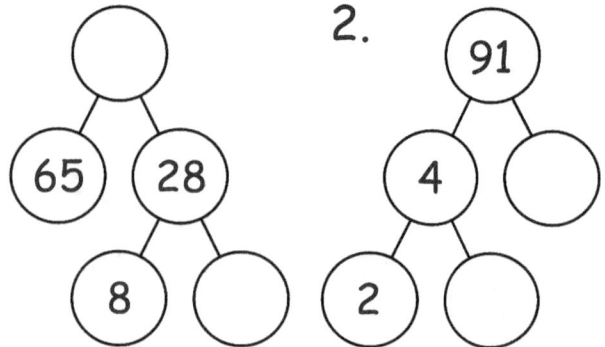

2.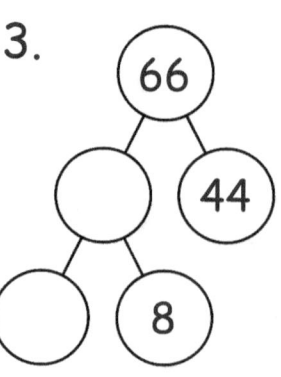

3.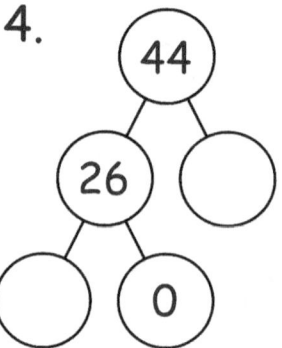

4.

5.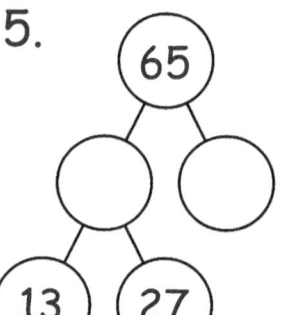

6.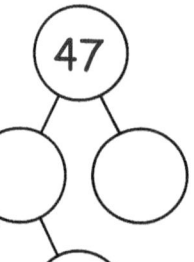

7.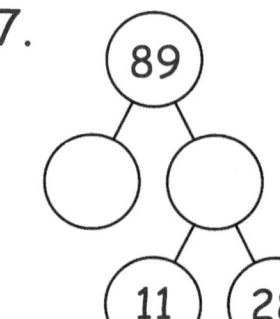

8.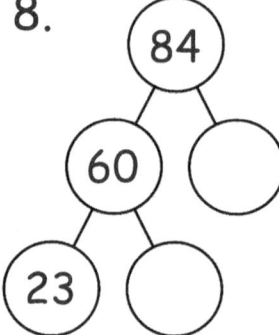

9.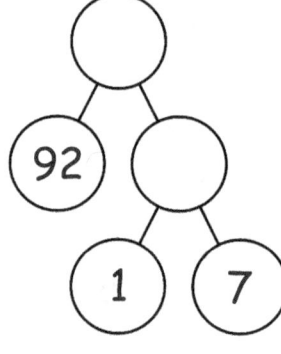

10.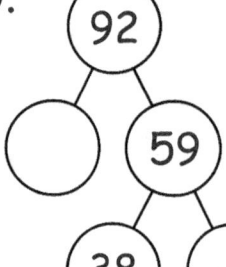

11.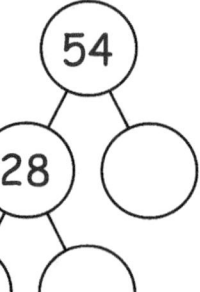

12.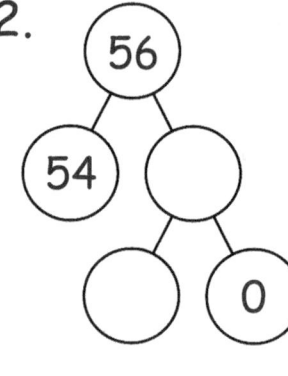

13.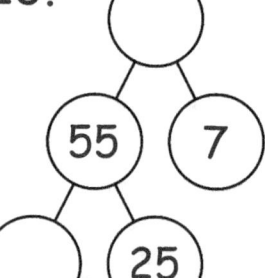

14.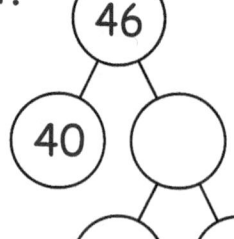

15.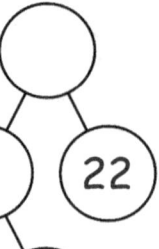

16.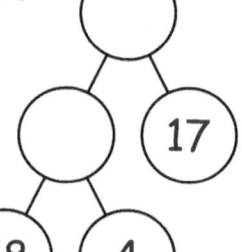

Number Bonds

Let's create bonds with Numbers 1 - 100.

Date: ____ / ____ / ____

Fill in the empty circle with the missing number.

1.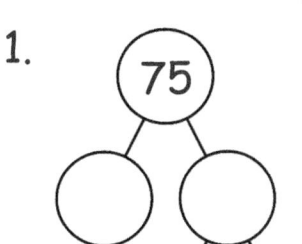
75 / 45, 0

2.
69 / 10, 18

3.
62 / 7 / 55

4.
12 / 71, 17

5.
17 / 0, 3

6.
9 / 8, 36

7.
27 / 12 / 1

8.
11 / 1, 65

9.
64 / 12, 3

10.
47, 38 / 2

11.
79 / 6, 34

12.
18, 53 / 52

13.
37 / 2, 53

14.
82 / 33 / 6

15.
27 / 23 / 0

16.
78 / 65, 1

Number Bonds

Let's create bonds with Numbers 1 - 100.

Date: ____/____/____

Fill in the empty circle with the missing number.

1.
```
    55
   /  \
  36   ○
 /  \
○    29
```

2.
```
    69
   /  \
  ○    19
 /  \
11   ○
```

3.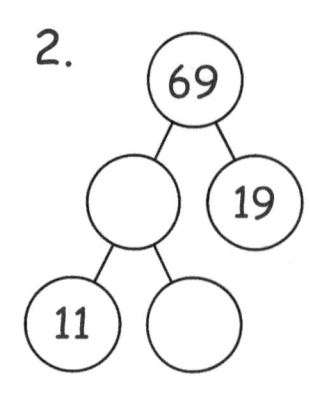
```
     59
    /  \
  46    ○
 /  \
○    17
```

4.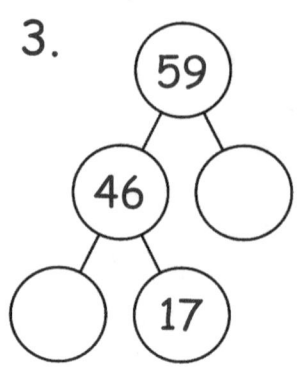
```
     ○
    /  \
  23    10
 /  \
○     0
```

5.
```
    77
   /  \
  25   ○
 /  \
19   ○
```

6.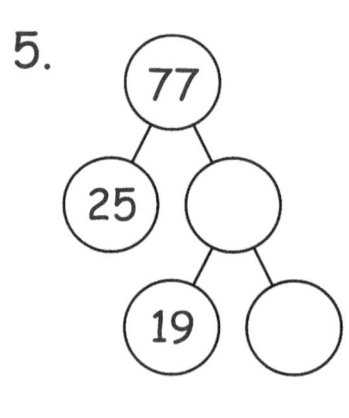
```
     ○
    /  \
  40    ○
 /  \
13    4
```

7.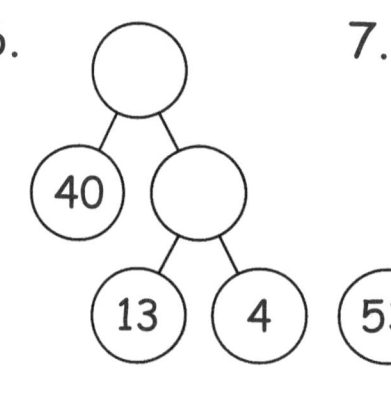
```
     ○
    /  \
  ○     10
 /  \
53   24
```

8.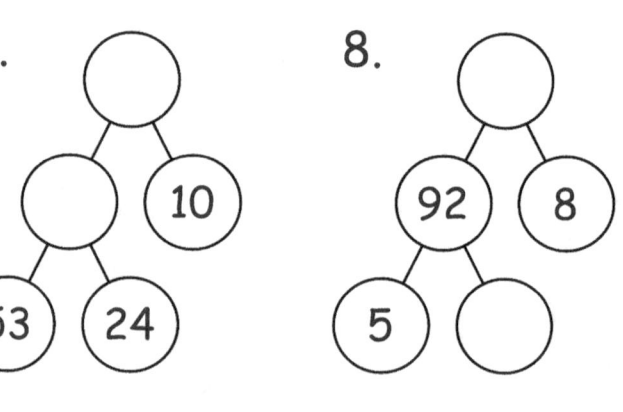
```
     ○
    /  \
  92    8
 /  \
5     ○
```

9.
```
    83
   /  \
  ○    15
 /  \
○    15
```

10.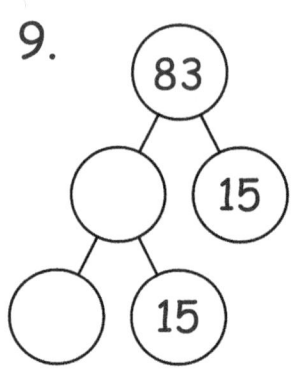
```
    22
   /  \
  ○    13
 /  \
○     6
```

11.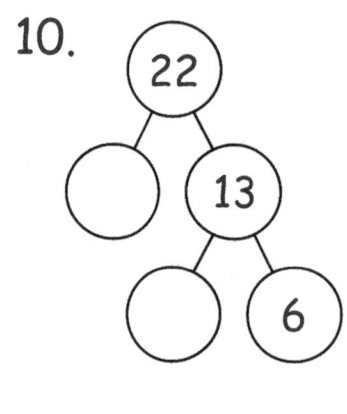
```
     ○
    /  \
  25    45
 /  \
39    ○
```

12.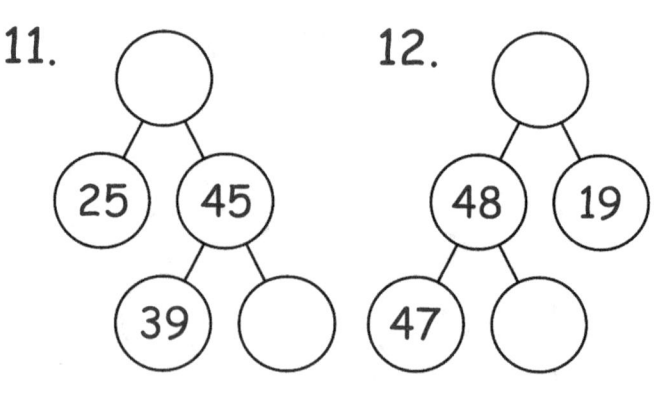
```
     ○
    /  \
  48    19
 /  \
47    ○
```

13.
```
     ○
    /  \
  25    26
 /  \
○     21
```

14.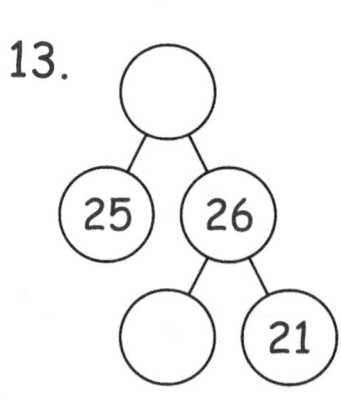
```
    90
   /  \
  ○    ○
 /  \
20   13
```

15.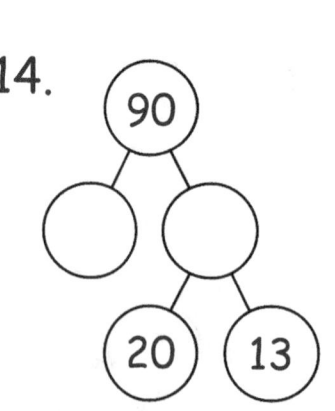
```
     ○
    /  \
  42    16
 /  \
13    ○
```

16.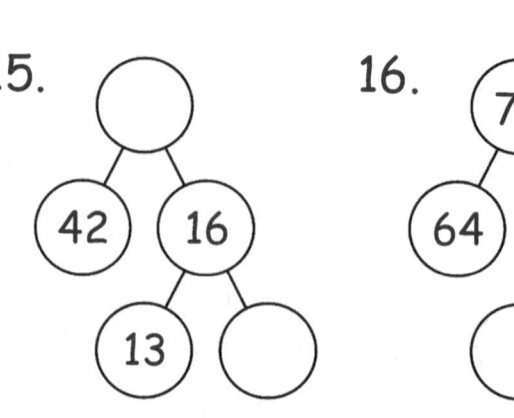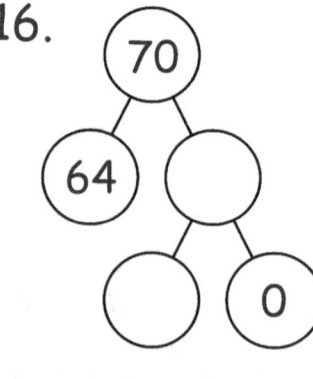
```
    70
   /  \
  64    ○
 /  \
○     0
```

Number Bonds

Let's create bonds with Numbers 1 - 100.

SCORE /16

Date: _____ / _____ / _____

Fill in the empty circle with the missing number.

1.

59 / 2 / 2

2.

43 37 13

3.
13 13 11

4.
83 40 28

5.
95 85 54

6.
49 11 9

7.
46 2 1

8.
100 22 10

9.
100 83 3

10.
18 25 0

11.
95 34 7

12.
82 29 25

13.
57 42 20

14.
48 16 13

15.
26 57 18

16.
66 19 4

SCORE

/16

Number Bonds

Let's create bonds with Numbers 1 - 100.

Date: ___/___/_____

Fill in the empty circle with the missing number.

1.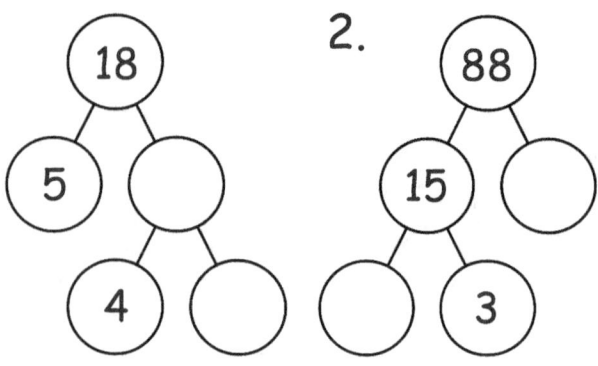

2.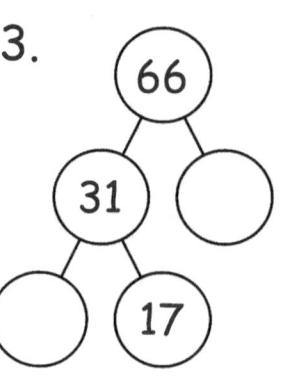

3.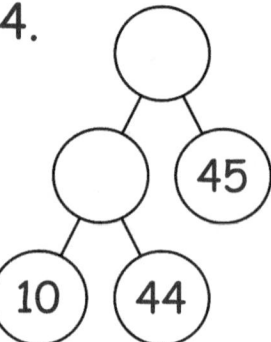

4.

5.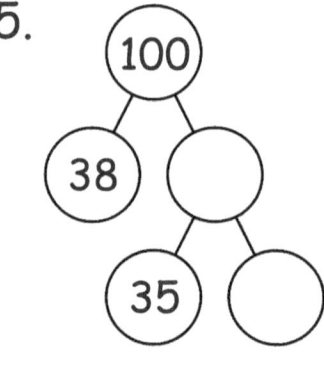

6.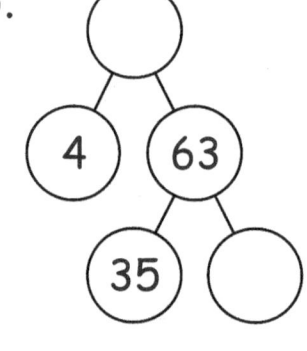

7.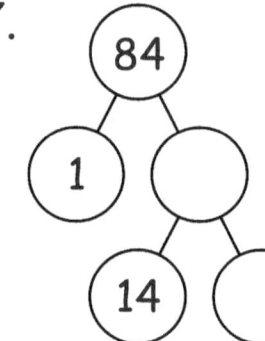

8.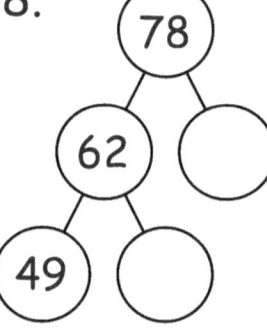

9.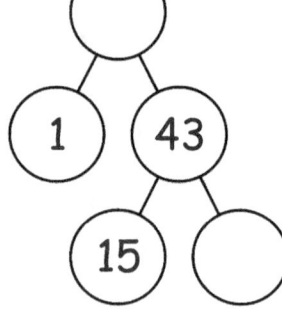

10.

11.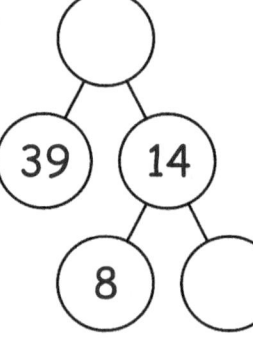

12.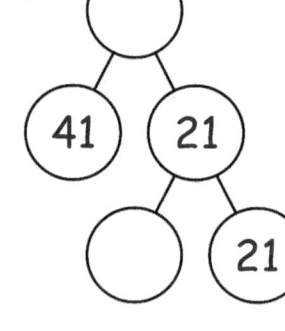

13.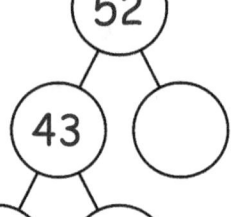

14.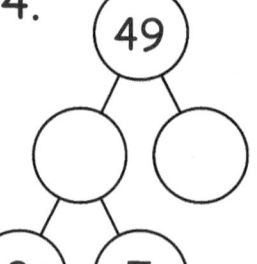

15.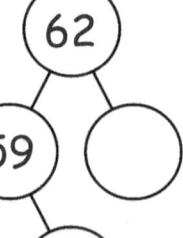

16.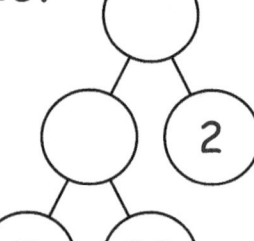

Number Bonds

Let's create bonds with Numbers 1 - 100.

Date: ____ / ____ / ____

Fill in the empty circle with the missing number.

1.
```
      60
    /    \
  ( )    ( )
       /    \
     43      5
```

2.
```
       38
     /    \
   ( )    21
        /    \
      20     ( )
```

3.
```
      ( )
     /    \
   42     ( )
        /    \
      23      0
```

4.
```
          60
        /    \
      37     ( )
     /    \
   18     ( )
```

5.
```
      ( )
     /    \
   23     ( )
        /    \
      21     18
```

6.
```
      ( )
     /    \
   14     ( )
        /    \
       3     81
```

7.
```
       83
     /    \
   ( )    ( )
        /    \
       7     20
```

8.
```
          91
        /    \
      15     ( )
           /    \
         ( )     67
```

9.
```
      45
    /    \
   7     ( )
  /    \
( )     4
```

10.
```
      ( )
     /    \
   ( )    45
  /    \
41     14
```

11.
```
       ( )
     /    \
   97     2
        /    \
       2     ( )
```

12.
```
       89
     /    \
   ( )    ( )
        /    \
      15     40
```

13.
```
      51
    /    \
  ( )    25
        /    \
      ( )     20
```

14.
```
      76
    /    \
  ( )     8
        /    \
       1     ( )
```

15.
```
       ( )
     /    \
   32     12
        /    \
      ( )     2
```

16.
```
          83
        /    \
      ( )    ( )
           /    \
         13     15
```

Number Bonds

Let's create bonds with Numbers 1 - 100.

Date: ____/_____/_____

Fill in the empty circle with the missing number.

1.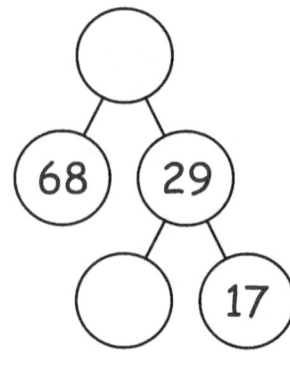

2.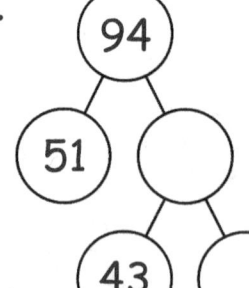

3.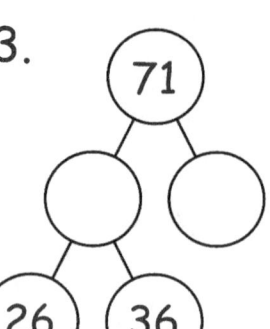

4.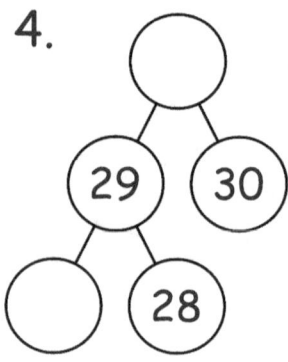

5.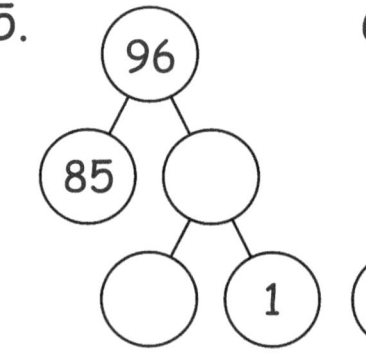

6.

7.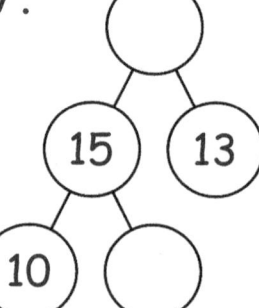

8.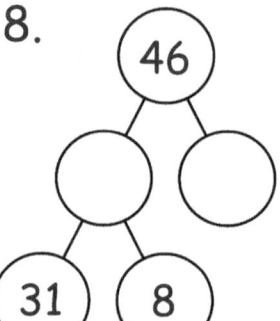

9.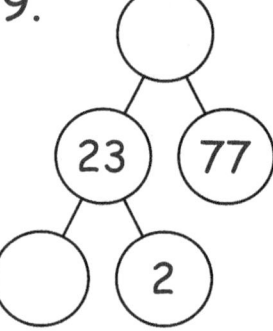

10.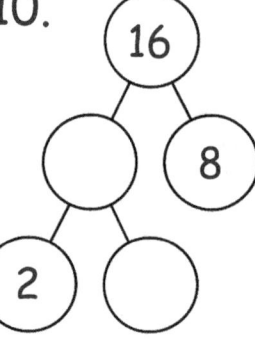

11.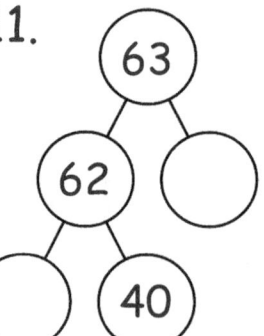

12.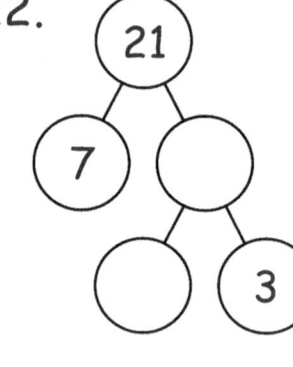

13.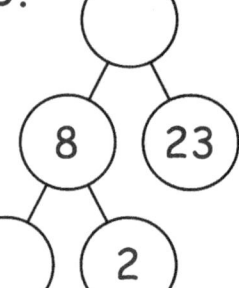

14.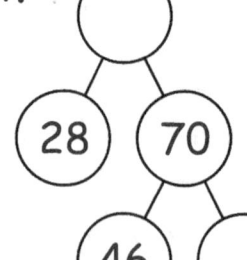

15.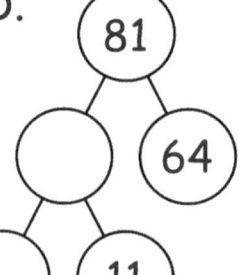

16.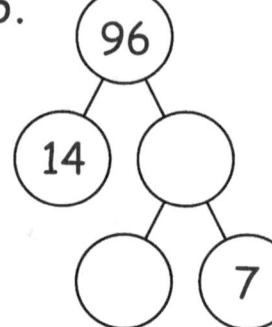

Answer Key

Page 1

1.	2.	3.	4.
5	5	5	5
5. 5	6. 5	7. 5	8. 5
9. 5	10. 5	11. 5	12. 5
13. 5	14. 5	15. 5	16. 5
17. 5	18. 5	19. 5	20. 5

Page 2

1.	2.	3.	4.
4	3	1	5
5. 2	6. 0	7. 3	8. 5
9. 0	10. 2	11. 3	12. 1
13. 3	14. 1	15. 0	16. 3
17. 0	18. 2	19. 4	20. 0

Page 3

1.	2.	3.	4.
5	4	3	0
5. 1	6. 2	7. 1	8. 2
9. 5	10. 1	11. 5	12. 4
13. 2	14. 5	15. 2	16. 5
17. 2	18. 3	19. 4	20. 0

Page 4

1.	2.	3.	4.
10	10	10	10
5. 10	6. 10	7. 10	8. 10
9. 10	10. 10	11. 10	12. 10
13. 10	14. 10	15. 10	16. 10
17. 10	18. 10	19. 10	20. 10

Page 5

1.	2.	3.	4.
10	10	10	10
5. 10	6. 10	7. 10	8. 10
9. 10	10. 10	11. 10	12. 10
13. 10	14. 10	15. 10	16. 10
17. 10	18. 10	19. 10	20. 10

Page 6

1.	2.	3.	4.
4	1	5	2
5. 7	6. 9	7. 6	8. 0
9. 3	10. 10	11. 8	12. 2
13. 9	14. 10	15. 8	16. 10
17. 4	18. 9	19. 1	20. 10

Page 7

1.	2.	3.	4.
7	4	1	0
5. 10	6. 2	7. 9	8. 3
9. 6	10. 8	11. 5	12. 6
13. 2	14. 5	15. 9	16. 10
17. 7	18. 5	19. 2	20. 0

Page 8

1.	2.	3.	4.
20	20	20	20
5. 20	6. 20	7. 20	8. 20
9. 20	10. 20	11. 20	12. 20
13. 20	14. 20	15. 20	16. 20
17. 20	18. 20	19. 20	20. 20

Page 9

1.	2.	3.	4.
20	20	20	20
5. 20	6. 20	7. 20	8. 20
9. 20	10. 20	11. 20	12. 20
13. 20	14. 20	15. 20	16. 20
17. 20	18. 20	19. 20	20. 20

Page 10

1.	2.	3.	4.
20	13	4	8
5. 5	6. 16	7. 7	8. 17
9. 6	10. 19	11. 15	12. 3
13. 11	14. 1	15. 10	16. 0
17. 12	18. 14	19. 18	20. 9

PAGE 11

1. 3	2. 10	3. 11	4. 17
5. 0	6. 4	7. 1	8. 18
9. 15	10. 7	11. 16	12. 19
13. 9	14. 12	15. 8	16. 13
17. 6	18. 20	19. 5	20. 14

PAGE 12

1. 30	2. 30	3. 30	4. 30
5. 30	6. 30	7. 30	8. 30
9. 30	10. 30	11. 30	12. 30
13. 30	14. 30	15. 30	16. 30
17. 30	18. 30	19. 30	20. 30

PAGE 13

1. 30	2. 30	3. 30	4. 30
5. 30	6. 30	7. 30	8. 30
9. 30	10. 30	11. 30	12. 30
13. 30	14. 30	15. 30	16. 30
17. 30	18. 30	19. 30	20. 30

PAGE 14

1. 4	2. 13	3. 18	4. 6
5. 15	6. 26	7. 5	8. 7
9. 8	10. 2	11. 9	12. 1
13. 23	14. 19	15. 29	16. 11
17. 12	18. 3	19. 27	20. 17

PAGE 15

1. 28	2. 1	3. 18	4. 26
5. 27	6. 14	7. 12	8. 30
9. 21	10. 29	11. 9	12. 7
13. 20	14. 16	15. 6	16. 5
17. 19	18. 8	19. 2	20. 11

PAGE 16

1. 40	2. 40	3. 40	4. 40
5. 40	6. 40	7. 40	8. 40
9. 40	10. 40	11. 40	12. 40
13. 40	14. 40	15. 40	16. 40
17. 40	18. 40	19. 40	20. 40

PAGE 17

1. 40	2. 40	3. 40	4. 40
5. 40	6. 40	7. 40	8. 40
9. 40	10. 40	11. 40	12. 40
13. 40	14. 40	15. 40	16. 40
17. 40	18. 40	19. 40	20. 40

PAGE 18

1. 40	2. 14	3. 26	4. 22
5. 32	6. 29	7. 25	8. 31
9. 27	10. 9	11. 34	12. 11
13. 8	14. 33	15. 5	16. 19
17. 23	18. 6	19. 30	20. 20

PAGE 19

1. 15	2. 40	3. 14	4. 9
5. 39	6. 24	7. 23	8. 36
9. 32	10. 18	11. 37	12. 17
13. 0	14. 19	15. 28	16. 34
17. 22	18. 5	19. 11	20. 29

PAGE 20

1. 50	2. 50	3. 50	4. 50
5. 50	6. 50	7. 50	8. 50
9. 50	10. 50	11. 50	12. 50
13. 50	14. 50	15. 50	16. 50
17. 50	18. 50	19. 50	20. 50

Page 21

1.	2.	3.	4.
50	50	50	50
5.	6.	7.	8.
50	50	50	50
9.	10.	11.	12.
50	50	50	50
13.	14.	15.	16.
50	50	50	50
17.	18.	19.	20.
50	50	50	50

Page 22

1.	2.	3.	4.
26	40	4	33
5.	6.	7.	8.
27	11	31	39
9.	10.	11.	12.
12	13	14	30
13.	14.	15.	16.
43	17	8	32
17.	18.	19.	20.
35	16	5	7

Page 23

1.	2.	3.	4.
21	18	15	38
5.	6.	7.	8.
48	43	19	35
9.	10.	11.	12.
22	8	13	31
13.	14.	15.	16.
26	9	36	42
17.	18.	19.	20.
20	40	24	5

Page 24

1.	2.	3.	4.
60	60	60	60
5.	6.	7.	8.
60	60	60	60
9.	10.	11.	12.
60	60	60	60
13.	14.	15.	16.
60	60	60	60
17.	18.	19.	20.
60	60	60	60

Page 25

1.	2.	3.	4.
60	60	60	60
5.	6.	7.	8.
60	60	60	60
9.	10.	11.	12.
60	60	60	60
13.	14.	15.	16.
60	60	60	60
17.	18.	19.	20.
60	60	60	60

Page 26

1.	2.	3.	4.
32	10	25	23
5.	6.	7.	8.
47	24	5	28
9.	10.	11.	12.
59	31	60	58
13.	14.	15.	16.
26	54	4	18
17.	18.	19.	20.
13	34	44	19

Page 27

1.	2.	3.	4.
50	39	41	7
5.	6.	7.	8.
0	16	59	32
9.	10.	11.	12.
24	14	34	48
13.	14.	15.	16.
3	54	18	30
17.	18.	19.	20.
53	4	10	31

Page 28

1.	2.	3.	4.
70	70	70	70
5.	6.	7.	8.
70	70	70	70
9.	10.	11.	12.
70	70	70	70
13.	14.	15.	16.
70	70	70	70
17.	18.	19.	20.
70	70	70	70

Page 29

1.	2.	3.	4.
70	70	70	70
5.	6.	7.	8.
70	70	70	70
9.	10.	11.	12.
70	70	70	70
13.	14.	15.	16.
70	70	70	70
17.	18.	19.	20.
70	70	70	70

Page 30

1.	2.	3.	4.
62	16	61	4
5.	6.	7.	8.
45	9	28	6
9.	10.	11.	12.
36	3	33	57
13.	14.	15.	16.
38	24	21	22
17.	18.	19.	20.
52	39	37	17

Page 31

1.	2.	3.	4.
44	22	45	41
5. 30	6. 14	7. 70	8. 4
9. 7	10. 43	11. 61	12. 1
13. 32	14. 25	15. 42	16. 26
17. 58	18. 63	19. 12	20. 66

Page 32

1.	2.	3.	4.
80	80	80	80
5. 80	6. 80	7. 80	8. 80
9. 80	10. 80	11. 80	12. 80
13. 80	14. 80	15. 80	16. 80
17. 80	18. 80	19. 80	20. 80

Page 33

1.	2.	3.	4.
80	80	80	80
5. 80	6. 80	7. 80	8. 80
9. 80	10. 80	11. 80	12. 80
13. 80	14. 80	15. 80	16. 80
17. 80	18. 80	19. 80	20. 80

Page 34

1.	2.	3.	4.
48	4	12	73
5. 70	6. 36	7. 78	8. 26
9. 40	10. 37	11. 45	12. 77
13. 54	14. 80	15. 6	16. 30
17. 58	18. 10	19. 3	20. 49

Page 35

1.	2.	3.	4.
75	8	48	63
5. 13	6. 27	7. 20	8. 71
9. 65	10. 78	11. 56	12. 68
13. 46	14. 25	15. 23	16. 52
17. 7	18. 74	19. 67	20. 3

Page 36

1.	2.	3.	4.
78	6	24	68
5. 14	6. 47	7. 15	8. 59
9. 66	10. 43	11. 20	12. 38
13. 42	14. 72	15. 64	16. 41
17. 58	18. 28	19. 56	20. 63

Page 37

1.	2.	3.	4.
59	47	75	0
5. 2	6. 41	7. 37	8. 17
9. 57	10. 21	11. 38	12. 63
13. 19	14. 23	15. 74	16. 73
17. 25	18. 71	19. 30	20. 48

Page 38

1.	2.	3.	4.
90	90	90	90
5. 90	6. 90	7. 90	8. 90
9. 90	10. 90	11. 90	12. 90
13. 90	14. 90	15. 90	16. 90
17. 90	18. 90	19. 90	20. 90

Page 39

1.	2.	3.	4.
90	90	90	90
5. 90	6. 90	7. 90	8. 90
9. 90	10. 90	11. 90	12. 90
13. 90	14. 90	15. 90	16. 90
17. 90	18. 90	19. 90	20. 90

Page 40

1.	2.	3.	4.
73	13	10	15
5. 29	6. 30	7. 51	8. 0
9. 44	10. 4	11. 2	12. 7
13. 16	14. 42	15. 48	16. 52
17. 83	18. 79	19. 68	20. 70

Page 41

1. 81	2. 41	3. 65	4. 87
5. 32	6. 28	7. 66	8. 47
9. 13	10. 61	11. 52	12. 36
13. 46	14. 90	15. 60	16. 40
17. 16	18. 35	19. 51	20. 67

Page 42

1. 81	2. 43	3. 68	4. 11
5. 42	6. 79	7. 86	8. 16
9. 13	10. 10	11. 15	12. 35
13. 60	14. 82	15. 49	16. 74
17. 46	18. 62	19. 36	20. 50

Page 43

1. 78	2. 22	3. 48	4. 32
5. 59	6. 4	7. 28	8. 26
9. 13	10. 53	11. 39	12. 18
13. 49	14. 75	15. 12	16. 79
17. 52	18. 70	19. 56	20. 74

Page 44

1. 100	2. 100	3. 100	4. 100
5. 100	6. 100	7. 100	8. 100
9. 100	10. 100	11. 100	12. 100
13. 100	14. 100	15. 100	16. 100
17. 100	18. 100	19. 100	20. 100

Page 45

1. 100	2. 100	3. 100	4. 100
5. 100	6. 100	7. 100	8. 100
9. 100	10. 100	11. 100	12. 100
13. 100	14. 100	15. 100	16. 100
17. 100	18. 100	19. 100	20. 100

Page 46

1. 100	2. 100	3. 100	4. 100
5. 100	6. 100	7. 100	8. 100
9. 100	10. 100	11. 100	12. 100
13. 100	14. 100	15. 100	16. 100
17. 100	18. 100	19. 100	20. 100

Page 47

1. 52	2. 69	3. 24	4. 30
5. 11	6. 13	7. 44	8. 35
9. 25	10. 55	11. 87	12. 65
13. 8	14. 39	15. 81	16. 98
17. 88	18. 93	19. 29	20. 95

Page 48

1. 49	2. 6	3. 65	4. 16
5. 21	6. 98	7. 91	8. 68
9. 8	10. 34	11. 11	12. 39
13. 24	14. 32	15. 82	16. 89
17. 84	18. 43	19. 47	20. 56

Page 49

1. 59	2. 60	3. 79	4. 94
5. 42	6. 96	7. 91	8. 66
9. 74	10. 89	11. 57	12. 16
13. 26	14. 90	15. 55	16. 51
17. 19	18. 27	19. 69	20. 61

Page 50

1. 69	2. 22	3. 6	4. 76
5. 36	6. 55	7. 82	8. 50
9. 73	10. 28	11. 45	12. 48
13. 21	14. 85	15. 77	16. 57
17. 42	18. 88	19. 75	20. 56

Two-Step Number bonds
Answer

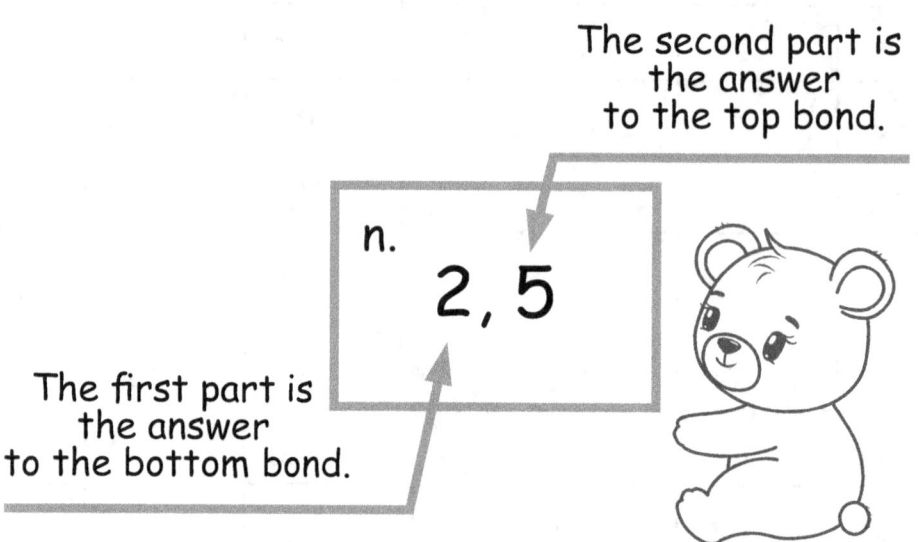

The second part is
the answer
to the top bond.

n.

2, 5

The first part is
the answer
to the bottom bond.

Page 51

1.	2.	3.	4.
4, 5	3, 4	3, 3	2, 4
5. 4, 5	6. 2, 4	7. 2, 5	8. 4, 5
9. 3, 5	10. 3, 5	11. 2, 4	12. 4, 4
13. 2, 3	14. 3, 4	15. 2, 4	16. 2, 3

Page 52

1.	2.	3.	4.
3, 3	2, 3	2, 2	3, 4
5. 3, 4	6. 2, 5	7. 2, 4	8. 3, 3
9. 4, 5	10. 3, 5	11. 3, 5	12. 3, 4
13. 2, 3	14. 3, 3	15. 3, 5	16. 2, 3

Page 53

1.	2.	3.	4.
3, 5	4, 5	3, 5	2, 3
5. 4, 5	6. 2, 4	7. 3, 5	8. 2, 3
9. 4, 5	10. 4, 5	11. 3, 5	12. 4, 5
13. 3, 5	14. 4, 4	15. 2, 3	16. 2, 4

Page 54

1.	2.	3.	4.
1, 1	2, 1	0, 2	3, 5
5. 3, 3	6. 2, 2	7. 2, 2	8. 4, 1
9. 5, 5	10. 2, 3	11. 3, 5	12. 2, 3
13. 1, 4	14. 3, 1	15. 2, 3	16. 2, 4

Page 55

1.	2.	3.	4.
5, 0	3, 4	2, 2	3, 2
5. 3, 0	6. 3, 1	7. 2, 1	8. 2, 4
9. 3, 3	10. 1, 2	11. 2, 4	12. 2, 3
13. 1, 5	14. 0, 2	15. 2, 5	16. 4, 1

Page 56

1.	2.	3.	4.
1, 5	4, 5	3, 5	2, 0
5. 0, 3	6. 3, 4	7. 2, 2	8. 2, 5
9. 1, 4	10. 3, 3	11. 2, 2	12. 4, 1
13. 3, 4	14. 2, 1	15. 2, 4	16. 3, 1

Page 57

1.	2.	3.	4.
1, 5	1, 3	2, 4	2, 2
5. 2, 4	6. 3, 4	7. 2, 2	8. 1, 2
9. 2, 3	10. 2, 3	11. 4, 5	12. 0, 2
13. 0, 0	14. 1, 5	15. 2, 3	16. 2, 2

Page 58

1.	2.	3.	4.
1, 4	1, 3	5, 5	2, 1
5. 2, 4	6. 3, 1	7. 3, 4	8. 1, 3
9. 3, 4	10. 1, 4	11. 4, 4	12. 0, 3
13. 3, 3	14. 2, 3	15. 4, 4	16. 3, 0

Page 59

1.	2.	3.	4.
5, 5	2, 7	3, 9	7, 8
5. 4, 8	6. 2, 4	7. 5, 7	8. 10, 10
9. 3, 9	10. 5, 6	11. 2, 5	12. 6, 9
13. 4, 9	14. 4, 8	15. 8, 9	16. 4, 7

Page 60

1.	2.	3.	4.
2, 9	4, 4	5, 9	2, 8
5. 3, 8	6. 8, 9	7. 5, 8	8. 7, 7
9. 10, 10	10. 5, 5	11. 3, 6	12. 2, 8
13. 2, 7	14. 3, 4	15. 3, 3	16. 2, 5

PAGE 61

1. 6, 6	2. 5, 6	3. 2, 9	4. 2, 3
5. 8, 8	6. 2, 5	7. 4, 5	8. 3, 9
9. 6, 7	10. 5, 7	11. 2, 3	12. 6, 9
13. 9, 9	14. 2, 9	15. 10, 10	16. 3, 8

PAGE 62

1. 3, 6	2. 3, 6	3. 2, 1	4. 0, 1
5. 2, 6	6. 5, 5	7. 2, 4	8. 5, 0
9. 1, 6	10. 2, 2	11. 4, 6	12. 3, 5
13. 3, 1	14. 0, 3	15. 7, 10	16. 7, 10

PAGE 63

1. 0, 4	2. 1, 8	3. 1, 5	4. 1, 8
5. 2, 9	6. 5, 5	7. 7, 3	8. 0, 8
9. 1, 9	10. 4, 6	11. 0, 2	12. 2, 10
13. 5, 1	14. 1, 3	15. 8, 1	16. 0, 7

PAGE 64

1. 4, 8	2. 2, 7	3. 1, 8	4. 1, 10
5. 6, 10	6. 0, 7	7. 4, 1	8. 1, 2
9. 4, 6	10. 7, 3	11. 5, 10	12. 5, 2
13. 2, 8	14. 1, 2	15. 4, 9	16. 6, 7

PAGE 65

1. 2, 1	2. 7, 8	3. 5, 7	4. 9, 10
5. 1, 8	6. 0, 6	7. 1, 10	8. 4, 10
9. 0, 4	10. 5, 7	11. 0, 7	12. 0, 6
13. 0, 4	14. 3, 2	15. 1, 2	16. 2, 10

PAGE 66

1. 4, 6	2. 5, 3	3. 4, 8	4. 6, 4
5. 9, 1	6. 0, 9	7. 2, 5	8. 1, 6
9. 1, 10	10. 2, 4	11. 2, 2	12. 1, 8
13. 3, 7	14. 0, 10	15. 2, 8	16. 7, 9

PAGE 67

1. 8, 16	2. 10, 17	3. 17, 20	4. 7, 13
5. 5, 14	6. 5, 13	7. 5, 19	8. 9, 14
9. 6, 13	10. 9, 13	11. 10, 13	12. 5, 11
13. 2, 2	14. 10, 19	15. 8, 13	16. 12, 13

PAGE 68

1. 5, 8	2. 5, 13	3. 9, 20	4. 6, 20
5. 2, 7	6. 9, 18	7. 19, 20	8. 2, 4
9. 17, 18	10. 6, 7	11. 8, 20	12. 4, 10
13. 9, 13	14. 5, 20	15. 20, 20	16. 3, 14

PAGE 69

1. 15, 18	2. 3, 11	3. 16, 20	4. 4, 12
5. 17, 20	6. 8, 15	7. 7, 18	8. 11, 20
9. 9, 18	10. 4, 20	11. 6, 10	12. 6, 17
13. 12, 16	14. 6, 12	15. 17, 20	16. 9, 9

PAGE 70

1. 1, 16	2. 2, 9	3. 4, 5	4. 7, 8
5. 0, 7	6. 8, 15	7. 12, 20	8. 3, 3
9. 9, 14	10. 1, 7	11. 16, 19	12. 2, 10
13. 2, 20	14. 0, 2	15. 10, 15	16. 12, 15

Page 71

1. 1, 17	2. 1, 2	3. 8, 7	4. 0, 10
5. 5, 6	6. 2, 6	7. 15, 3	8. 14, 18
9. 9, 11	10. 0, 17	11. 3, 16	12. 4, 13
13. 12, 20	14. 9, 13	15. 7, 13	16. 1, 7

Page 72

1. 2, 10	2. 7, 3	3. 0, 5	4. 1, 13
5. 10, 3	6. 11, 9	7. 2, 7	8. 9, 19
9. 7, 14	10. 9, 13	11. 18, 1	12. 7, 9
13. 12, 20	14. 0, 13	15. 3, 4	16. 2, 18

Page 73

1. 8, 8	2. 4, 10	3. 8, 3	4. 1, 5
5. 3, 16	6. 8, 9	7. 6, 12	8. 3, 16
9. 0, 8	10. 3, 5	11. 4, 6	12. 4, 20
13. 1, 10	14. 9, 8	15. 3, 5	16. 5, 14

Page 74

1. 0, 2	2. 2, 4	3. 6, 12	4. 2, 9
5. 7, 15	6. 15, 17	7. 13, 19	8. 8, 15
9. 5, 12	10. 8, 15	11. 9, 11	12. 17, 17
13. 8, 3	14. 12, 19	15. 7, 13	16. 5, 3

Page 75

1. 6, 49	2. 4, 37	3. 7, 18	4. 15, 22
5. 4, 17	6. 3, 26	7. 7, 29	8. 11, 18
9. 21, 29	10. 26, 39	11. 32, 37	12. 25, 33
13. 3, 21	14. 8, 13	15. 49, 50	16. 20, 35

Page 76

1. 36, 39	2. 26, 28	3. 5, 43	4. 11, 15
5. 12, 50	6. 8, 17	7. 5, 42	8. 15, 20
9. 5, 46	10. 35, 40	11. 31, 35	12. 27, 40
13. 18, 27	14. 37, 46	15. 6, 43	16. 38, 41

Page 77

1. 31, 41	2. 9, 46	3. 15, 20	4. 38, 41
5. 19, 39	6. 11, 49	7. 23, 24	8. 14, 23
9. 13, 27	10. 15, 32	11. 27, 49	12. 28, 28
13. 34, 39	14. 5, 29	15. 27, 50	16. 11, 11

Page 78

1. 5, 39	2. 10, 14	3. 2, 16	4. 16, 48
5. 19, 45	6. 0, 32	7. 15, 48	8. 3, 24
9. 14, 18	10. 11, 35	11. 23, 40	12. 20, 9
13. 6, 28	14. 5, 37	15. 7, 12	16. 18, 27

Page 79

1. 17, 40	2. 32, 34	3. 6, 36	4. 2, 36
5. 0, 30	6. 15, 6	7. 16, 14	8. 2, 5
9. 8, 19	10. 8, 9	11. 2, 36	12. 0, 5
13. 15, 13	14. 7, 17	15. 4, 50	16. 2, 13

Page 80

1. 35, 43	2. 0, 16	3. 7, 28	4. 10, 3
5. 3, 46	6. 19, 38	7. 7, 8	8. 12, 22
9. 8, 32	10. 8, 24	11. 2, 35	12. 4, 11
13. 2, 5	14. 3, 47	15. 20, 27	16. 17, 20

Page 81

1.	2.	3.	4.
7, 38	12, 7	19, 20	7, 43
5.	**6.**	**7.**	**8.**
3, 27	4, 15	11, 27	2, 30
9.	**10.**	**11.**	**12.**
7, 35	0, 15	1, 4	0, 30
13.	**14.**	**15.**	**16.**
29, 50	14, 6	3, 2	11, 30

Page 82

1.	2.	3.	4.
3, 45	7, 10	18, 24	0, 21
5.	**6.**	**7.**	**8.**
10, 28	13, 24	11, 50	14, 25
9.	**10.**	**11.**	**12.**
23, 11	7, 7	11, 50	1, 20
13.	**14.**	**15.**	**16.**
12, 15	26, 17	2, 6	14, 22

Page 83

1.	2.	3.	4.
17, 13	21, 6	18, 45	37, 46
5.	**6.**	**7.**	**8.**
2, 7	4, 4	26, 38	22, 26
9.	**10.**	**11.**	**12.**
19, 21	35, 44	0, 25	13, 28
13.	**14.**	**15.**	**16.**
19, 28	2, 33	2, 40	7, 35

Page 84

1.	2.	3.	4.
2, 40	30, 36	1, 7	3, 48
5.	**6.**	**7.**	**8.**
15, 41	5, 18	31, 17	2, 9
9.	**10.**	**11.**	**12.**
2, 30	4, 39	2, 24	9, 34
13.	**14.**	**15.**	**16.**
10, 48	8, 17	22, 30	31, 4

Page 85

1.	2.	3.	4.
19, 34	18, 41	1, 5	49, 1
5.	**6.**	**7.**	**8.**
6, 22	25, 42	34, 46	11, 16
9.	**10.**	**11.**	**12.**
17, 27	8, 24	6, 34	15, 25
13.	**14.**	**15.**	**16.**
7, 16	22, 33	18, 41	18, 32

Page 86

1.	2.	3.	4.
1, 43	2, 20	39, 4	20, 30
5.	**6.**	**7.**	**8.**
6, 16	5, 8	2, 13	5, 13
9.	**10.**	**11.**	**12.**
10, 6	5, 8	33, 47	0, 15
13.	**14.**	**15.**	**16.**
4, 49	15, 27	23, 50	8, 36

Page 87

1.	2.	3.	4.
11, 41	18, 20	44, 1	11, 37
5.	**6.**	**7.**	**8.**
4, 4	0, 1	4, 6	5, 36
9.	**10.**	**11.**	**12.**
24, 16	11, 17	0, 50	8, 27
13.	**14.**	**15.**	**16.**
7, 33	5, 22	19, 24	3, 47

Page 88

1.	2.	3.	4.
24, 100	4, 42	44, 55	70, 99
5.	**6.**	**7.**	**8.**
66, 90	27, 73	6, 75	18, 50
9.	**10.**	**11.**	**12.**
8, 20	10, 51	20, 29	16, 20
13.	**14.**	**15.**	**16.**
5, 14	63, 93	55, 71	5, 29

Page 89

1.	2.	3.	4.
52, 60	48, 95	9, 99	25, 42
5.	**6.**	**7.**	**8.**
11, 46	47, 89	79, 98	9, 17
9.	**10.**	**11.**	**12.**
6, 44	18, 26	37, 51	22, 84
13.	**14.**	**15.**	**16.**
9, 88	42, 97	11, 94	16, 100

Page 90

1.	2.	3.	4.
69, 72	37, 50	82, 83	24, 90
5.	**6.**	**7.**	**8.**
17, 90	36, 77	15, 53	28, 89
9.	**10.**	**11.**	**12.**
62, 93	31, 76	60, 69	3, 33
13.	**14.**	**15.**	**16.**
9, 10	3, 39	44, 66	71, 100

Page 91

	1.	2.	3.	4.
	33, 69	32, 71	1, 9	4, 77
	5.	6.	7.	8.
	55, 2	11, 44	25, 64	45, 93
	9.	10.	11.	12.
	21, 22	73, 26	18, 71	40, 62
	13.	14.	15.	16.
	10, 41	5, 73	27, 34	5, 78

Page 92

1.	2.	3.	4.
63, 96	58, 84	3, 6	3, 14
5.	6.	7.	8.
48, 89	37, 40	1, 51	6, 92
9.	10.	11.	12.
15, 47	2, 29	42, 53	41, 28
13.	14.	15.	16.
37, 62	2, 3	25, 7	12, 43

Page 93

1.	2.	3.	4.
5, 32	58, 42	4, 79	24, 21
5.	6.	7.	8.
6, 79	29, 8	8, 40	29, 32
9.	10.	11.	12.
15, 6	24, 20	4, 65	28, 93
13.	14.	15.	16.
1, 45	53, 93	46, 31	25, 41

Page 94

1.	2.	3.	4.
20, 93	2, 87	14, 22	26, 18
5.	6.	7.	8.
40, 25	21, 26	39, 50	37, 24
9.	10.	11.	12.
8, 100	21, 33	21, 26	2, 2
13.	14.	15.	16.
30, 62	3, 6	7, 29	62, 79

Page 95

1.	2.	3.	4.
45, 30	28, 97	0, 55	88, 100
5.	6.	7.	8.
3, 20	44, 53	11, 15	66, 77
9.	10.	11.	12.
15, 79	36, 85	40, 39	1, 71
13.	14.	15.	16.
55, 92	43, 49	23, 4	66, 12

Page 96

1.	2.	3.	4.
7, 19	39, 50	29, 13	10, 33
5.	6.	7.	8.
33, 52	17, 57	77, 87	87, 100
9.	10.	11.	12.
53, 68	7, 9	6, 70	1, 67
13.	14.	15.	16.
5, 51	33, 57	3, 58	6, 6

Page 97

1.	2.	3.	4.
0, 57	30, 80	2, 26	68, 15
5.	6.	7.	8.
31, 10	20, 29	45, 48	12, 78
9.	10.	11.	12.
14, 17	25, 43	27, 61	54, 28
13.	14.	15.	16.
22, 15	35, 64	8, 83	15, 47

Page 98

1.	2.	3.	4.
9, 13	12, 73	14, 35	54, 99
5.	6.	7.	8.
27, 62	28, 67	69, 83	13, 16
9.	10.	11.	12.
28, 44	55, 1	6, 53	0, 62
13.	14.	15.	16.
9, 9	10, 39	28, 3	43, 45

Page 99

1.	2.	3.	4.
48, 12	1, 17	23, 65	19, 23
5.	6.	7.	8.
39, 62	84, 98	27, 56	9, 76
9.	10.	11.	12.
3, 38	55, 100	0, 99	55, 34
13.	14.	15.	16.
5, 26	7, 68	10, 44	28, 55

Page 100

1.	2.	3.	4.
12, 97	0, 43	62, 9	1, 59
5.	6.	7.	8.
10, 11	3, 4	5, 28	39, 7
9.	10.	11.	12.
21, 100	6, 8	22, 1	11, 14
13.	14.	15.	16.
6, 31	24, 98	6, 17	75, 82